Manabu Yuasa

ライク・ア・ローリングカセット

カセットテープと私――インタビューズ61――

湯浅学

はじめに

♪まわるまわるよ～人生はカセットテープ～♪とガロの〈地球はメリーゴーランド〉の節で歌いながら、みなさんのカセットテープ話を伺いに行きました。煙草の箱より小さな平たいプラスティックの中で回っては音をつかまえたり、聴かせてくれたりする。思えば不思議な物体です。メディアの変化、世の流れの中で、人類の営みのあちらこちら、世界の横丁や部屋、鞄の中、背広のポケット、人によってはズボンの尻ポケット、ベビーベッドの下、沼の中や犬小屋の隅や竹藪の奥にも置かれたりうっちゃられたりしていたカセットテープもいつの間にかいずこへかとその姿を消してしまったようです。しかし、彼らは消滅したわけではありますまい。まだ、どこかで息をひそめているに違いない。持ち主のうっかり忘れた場所で思い出話をしたがっているかもしれない。そんな思いでカセットテープとその持ち主の方々の思いを集めに行ってまいりました。歴史を語るなどといった御大層なことではありません。カセットテープが使われていた頃の暮らしや音楽や人とのお付き合いの御様子などをお話しいただけたらなあ、という思いでカセットテープと皆様の小さな物語を記録させていただきました。私もカメラマンも編集者もそれぞれがカセットテープレコーダーになったつもりで静かに回っておりました。時に爆笑、時にしみじみ、時には数奇な御縁に驚いたりすることもありました。音の出る／音の入る人類の偉大な発明に改めて二礼二拍手一礼です。

CONTENTS

SIDE B

EXTRA TRACKS

※各インタビューの収録年は各 vol. の本文最後に記載しております。例：（2011年）

SIDE A

vol.
01

衣笠祥雄

Sachio Kinugasa

球界きっての音楽好きとして知られた元祖〝鉄人〟はどのような音楽体験を経て、いかにしてカセットテープと出合ったのか——今も捨てられないカセットテープとその人生をたずねる音楽の旅が始まる。

「スポーツ選手は、みんな音楽好きなんじゃないですか？　僕に限らず。スポーツっていうのはリズム感でしょう。そういう意味ではみんな常日頃から音楽に親しんでいると思いますよ」

プロ野球の〝鉄人〟、2215試合連続出場の偉業を達成した男の言葉は柔軟で説得力がある。音楽とスポーツの関係の核心をさらりと突く。

「プロに入ってからですね、きちんと聴くようになったのは。平安高校時代はもう起きてから寝るまで野球だけですから。音楽を聴いている暇がないですよね。プロになってからは多少時間もできましたし、自分で使えるお金もできましたから、ステレオを買ってレコードを買って、初めて音楽をきちんと聴くようになったんですね」

プロ入りは昭和40（1965）年。世はエレキ・ブームに突入。ビートルズ旋風が吹き荒れるまさに直前だった。

「僕の世代はちょうどエルビス・プレスリーとビートルズに挟まれた中間なんですよ。上の世代はプレスリーでしょう。僕らはポール・アンカとかニール・セダカと

1947年京都府生まれ。京都・平安高校から65年に広島カープ入団。70年から始まった2215試合連続出場記録は、87年にルー・ゲーリックの世界記録を塗り替え、同年国民栄誉賞受賞。96年野球殿堂入り。2018年の死去直前まで解説者として野球に関わり続けた。

か、そういうものを耳にして育ちましたから。ビートルズが凄く流行ってた頃にはもう社会人になってましたし、ああいうふうにワーワー言うのはちょっと、と思いましたねえ。当時は。でも、この間探し物があったんでレコード棚を見直したら、結構たくさん持ってるんですよ、ビートルズのレコード（笑）。なんだかんだ言ってもやっぱり聴いていたんですかねえ」

同年代の海兵隊との出会いが自分と〝音楽〟を変えた

プロ入り3年目頃から熱心に聴くようになったのはジャズだった。広島市内のジャズクラブに通うようになった。それまでとは違った音楽との付き合い方を知った。

「広島市内の流川（ながれかわ）ってとこの店へ、自分もハワイアンをやるトレーナーの福永※さんが連れて行ってくれましてね。そういうとこは飲み物が安いんですよ。当時は給料も安かったしね。自分の野球がうまくいってない頃ですから。ベトナム戦争全盛の頃で、その店にアメリカ軍の海兵隊の兵士が結構来るんですよ。そういうこれから前線へ行く人たちがね、ジャズを聴きに来るんだよね。そういう交流の中で、音楽を学んだ。（ジョン・）コルトレーンとかJ・J・ジョンソンとか。意味は分かってなかったと思います（笑）。ただ若く、野球がうまくいかずに腐ってたところで、ジャズ独特の重さ、それがその頃の自分の気持ちにリンクしたんじゃないですか？　切なっていうか。

僕にとってそういう音楽の入り口っていうのはモータウン※なんですよ。スモーキー・ロビンソン＆ザ・ミラクルズとかダイアナ・ロスとシュープリームスとかよく聴いてましたね。その、いわゆるオールディーズというようなもののすぐ後がモータウンだったんです。合宿所でジャズやソウルを聴いていた人？　他はいなかったですね。やっぱり僕は変わり者だったんでしょ。

ある日、そのジャズクラブで仲良くなった黒人兵が言ったんですよ。〝明日ベトナムへ行く〟って。同年代の彼はこれから前線へ行く。腐ってた僕が本気で野球に取り組み始めたのは、そこからです」

鉄人と FM HIT SPECIAL 1983

カセットテープに親しむようになったのはウォークマンの登場（昭和54年）がきっかけだった。ウォークマンの登場で球場へ行くバスの中では皆いっせいにヘッドホンをするようになったという。この頃、弱小だった広島カープは黄金時代に突入している。

「カセットテープは、球場へ行く時はやっぱりアップ・テンポの曲中心で、帰りはバラード系で、っていう使い方をしてましたね。やっぱり帰りは落ち着きたいからね（笑）。テープは自分で作る時間もないですから、僕が音楽好きなのを知ってるトレーナーの種田君が作ってくれまして〝衣さん、新しいの出たよ〟なんてね（笑）。

FM HIT SPECIAL 1983

▷SIDE A

1. セパレート・ウェイズ／ジャーニー
2. フォール・イン・ラヴ／アース・ウィンド&ファイアー
3. ワーリー・ガール／オクソ
4. 愛のハートライト／ケニー・ロギンス
5. アフリカ／トト
6. アレン・タウン／ビリー・ジョエル
7. ドライビング・ミー・クレイジー／サミー・ヘイガー
8. アイ・ラン／フロック・オブ・シーガルス

▷SIDE B

1. 恋はあせらず／フィル・コリンズ
2. 君に想いを／スティーヴン・ビショップ
3. モーニン／アル・ジャロウ
4. ワンダフル・ドリーム／マンハッタン・トランスファー
5. ロックン・ロール・ハート／エリック・クラプトン
6. ワーズ／F.R.デイヴィッド
7. ジャック&ダイアン／ジョン・クーガー
8. 素直になれなくて／シカゴ
9. チェリー・ピンク・チャチャ／モダン・ロマンス

あと、ファンの方が時間と労力をかけて作ったものを送ってくださった。今日持ってきたのもその中の1本です。こうやって丁寧に曲目も書いてくれて。ありがたいですね。洋楽のヒット曲ですね、このテープは。これを作ってくれた方は何本も送ってくださいました。よく聴いてましたよ。ああまたこの人だ、って。中でもこのテープは僕の好みにあってたんだよ。

アース・ウィンド&ファイアーでしょ、シカゴやエリック・クラプトンは結構好きでしたね。アース・ウィンド&ファイアーはステージがド派手でねえ。一発で虜になった。

そして何より、1983（昭和58）年は、かつて野球が花開かなくて腐ってた僕が2000本安打を打って、昔憧れた一流選手たちの仲間入りをした年だった。

その頃には日本の曲もテープでよく聴いてました。ちょうどチームが優勝した（昭和）54年、僕は紅白歌合戦に応援団で出てサザン（サザンオールスターズ）のリハーサルを生で見たんですよ。テレビだと何言ってるんだか全然分からない（笑）彼らの歌詞が、その時初めて耳にピーンと入ってきた。当時CMにも出てて自分の中では格上だったゴダイゴと比べて、〝ああこっちが残るな〟と感じたのは印象に残ってます」

地道な野球人生、孤独な連続試合出場に寄り添うように、カセットテープはずっと回っていた。しかし、そのカセットテープたちも今では聴くことはなくなった。

「さすがに普段は聴かないですけどね。今はiPodです。娘も音楽が好きなんで色々教えてもらって聴いてますよ。それこそレディー・ガガだってね。でもカセットテープは捨てられないですねえ。広島の家を探したら100本近く持ってましたよ。やっぱり愛着があるんですね」

年齢を重ねてからのほうが、聴いてきた音楽に対する思いは強くなった。今でもテープの曲を聴くとその時代、その時の自分、1983年が甦る。そんな時、音楽の力は凄いと思う、と言う。

「音楽には耐久性がある。意味じゃないんだろうね、音楽は」

〝鉄人〟の言葉には、マニアではないベテランの音楽好きならではの含蓄があった。

（2011年）

※福永さん
福永富雄。広島東洋カープトレーナー部長を経て同部アドバイザー。トレーナーとして昭和38年以降、長きにわたりチームを支え、2020年に勇退。

※モータウン
モータウン・レコード。アメリカ、デトロイト発祥の音楽レーベル。1959年設立。スティービー・ワンダー、マーヴィン・ゲイ、シュープリームスなどを輩出し、「モータウン・サウンド」と呼ばれるソウルミュージックで、60年代を中心にヒット曲を量産した。

vol.
02

絲山秋子

Akiko Itoyama

群馬県高崎市の自宅で芥川賞作家・絲山秋子と共に取材陣を出迎えてくれたのは、2匹の犬と2台のイタリア車。そして、馴れ合いを拒む彼女の小説の言葉のように、独自に歩んだ音楽聴取歴から生まれた1本のカセットテープだった。

「やっぱりテープ作るうえで大事なのは、B面の1曲目ですよ」

自分選曲のカセットテープ作りに精魂傾けたことがあるだけではない。作ったテープのやりとりにも並々ならぬ想いを感じさせる発言である。

「B面の最後は意外とどうでもいいんですよ、尺合わせだから。A面の最後とB面の1曲目がどう繋がってるか、っていうのが重要ですね。(テープの最後部分が)曲の途中で切れるテープをもらったりすると当時はカチンときました(笑)。それで性格

1966年東京都生まれ。メーカーでの営業職を経て、2003年『イッツ・オンリー・トーク』で文學界新人賞を受賞しデビュー。05年に『沖で待つ』で芥川賞、16年、『薄情』で第52回谷崎潤一郎賞。『海の仙人』『逃亡くそたわけ』『まっとうな人生』など著書多数。FMぐんまやラジオ高崎でラジオパーソナリティーも務めた。

分かりますよね」

カセットテープ1本でいくつもの人間の綾を紡ぎ出すことができるに違いない。絲山秋子の小説の中で、音楽は背景や小道具ではない。人間の業の煮こごりのようなものであったり、想いの濃縮物であったりする。音楽の魔力を絲山の作品からしばしば感じる。

「私が洋楽を聴き出したのは兄の影響があって小学生の頃からです。兄は今50(歳)。私は小学生のくせにピンク・フロイドなんかを〝そういうもんだ〟と思いなが

ら聴いたり、泉谷しげるなんかもデビューの頃から聴いているような、周りと話の合わない子供でした。まあ今でもそんな感じなんですけど（笑）」

少ない小遣いをやり繰りし、貸しレコード屋や図書館を活用しながら人と貸し借りをして音楽体験を拡充していく学生時代。音楽好き同士のやりとりの中心にあったのはカセットテープだ。

「私、（東京都の）世田谷（区）だったんですけど、三軒茶屋の下馬図書館にカセットが（貸し出し用に）あったんです。そこの趣味が変わってまして。

そこであんまりみんなが借りてないんで私がしょっちゅう借りてたのが、※パティ・スミスとイエスとエアロスミスなんですよ。私が小学生の頃ですか。なんでその当時にパティ・スミスなんか（図書館に）入れてたんだろう？　と思うんですよ。きっと好きな人がいたんでしょうね。見えない師匠みたいな（笑）。昔は借りるのに判子ついてましたから、他に誰も借りてないのが一目瞭然だったし、よしよしこの子また聴いてるなって思われてたのかな（笑）。それからはニューヨーク・パンクにどっぷりでした」

福岡で営業職時代に生まれた〝バカテープ1〟

自作カセットのやりとりは当然よくやっていたという。ここに引っ張り出されたのは通称〝バカテープ1〟。自家用車中で聴くために自作したものだ。〝B面1曲目〟、流れてきたのは、ザ・ジャムの〈イン・ザ・ストリート・トゥデイ〉。

「私が初めて買った車がフィアットのパンダだったんですけど、オーディオがカセットだったんですね。だから車用に作ったんです。このテープは福岡にいた時です。23から26まで、3年半おりました。その当時好きだったものというより、車だと人も乗るから、馬鹿馬鹿しいものを入れて明るいテープにしようと。パティ・スミスなんか入れても興味ない人多かったし、あの頃福岡で夏休みと言えば、海でした。

でもまず自分のためですね。馬鹿な曲を集めようというコンセプトがありました。しかも車でひとり聴く分にはあんまり恥ずかしくないじゃないですか。車のほうが自分の部屋より圧倒的に狭いですから、恥ずかしさが少ない。当時営業車にはカセット付いてないから、自家用車でいかに仕事とプライベート空間とを違うものにするか、と。

仕事はトヨタのカローラバンでAMラジオ。休みの日はイタリア車で自分のテープ。そうすると風景がまったく違いますから。じゃないとなんか日常の続きみたいになっちゃうんで。

仲良しの女の子なんかは私の車に乗っても、相変わらず変なの聴いてるね、としか言わないですけどね（笑）。でも凄くびっくりしたのは、XTCの〈ピーター・パンプキンヘッド〉が流れたらその曲を知ってたこと。それで、ああこの曲って流行ってたんだって、逆に知りました」

車中で音楽聴いてハイになる。車という乗り物が音楽の魅力を増幅させることはし

バカテープ 1

HF-ES46
TYPE I (NORMAL) POSITION
NORMAL BIAS 120μs EQ
SONY
Single Crystal Gamma
A

▷SIDE A
1. ボラーレ／高橋ユキヒロ
2. スタンド・アンド・デリバー／アダム&ジ・アンツ
3. フー・イズ・イット／トーキング・ヘッズ
4. アメリカン・ガール／トム・ペティ&ザ・ハートブレイカーズ
5. ウィズ・ザ・T.V.オン／ジ・インベーダーズ
6. レット・ミー・テイク・ユア・フォト／ザ・スピーディーズ
7. トゥー・メニー・クックス・イン・ザ・キッチン／XTC
8. カム・オン／ザ・ローリング・ストーンズ

▷SIDE B
1. イン・ザ・ストリート・トゥデイ／ザ・ジャム
2. レット・ミー・ドリーム・イフ・アイ・ウォント・トゥ／ミンク・デヴィル
3. イン・ザ・シティ／マッドネス
4. (シーズ・ア)ラナラウンド／ジ・アンダートーンズ
5. キング・ロッカー／ジェネレーションX
6. レックレス・クレイジー／デビッド・ヨハンセン
7. デスティニー・ストリート／リチャード・ヘル

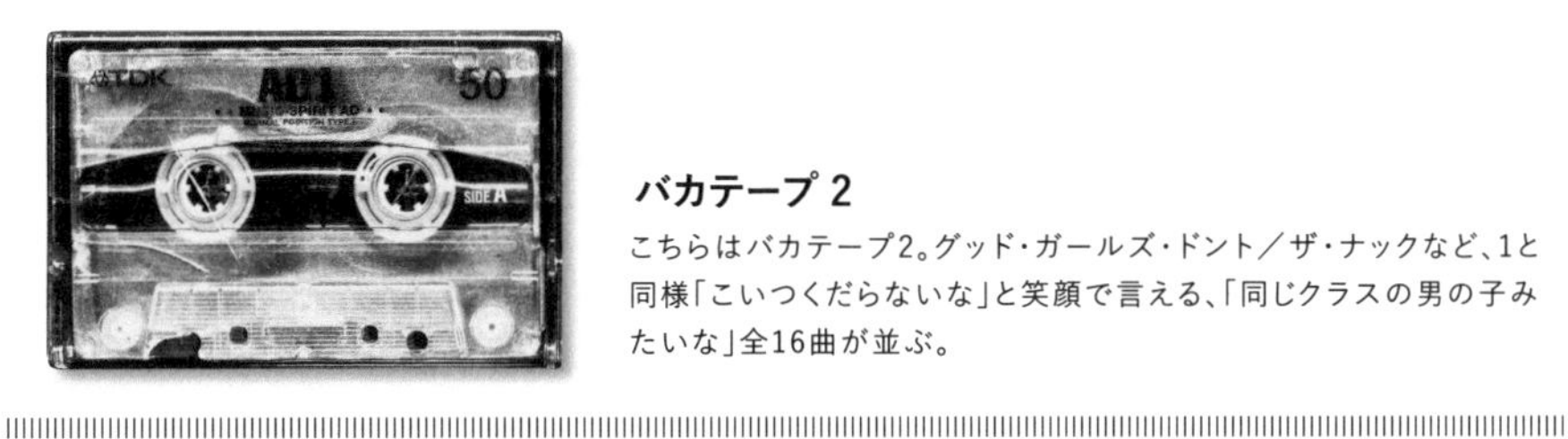

バカテープ 2

こちらはバカテープ2。グッド・ガールズ・ドント／ザ・ナックなど、1と同様「こいつくだらないな」と笑顔で言える、「同じクラスの男の子みたいな」全16曲が並ぶ。

ばしばあるだろう。絲山作品のスピード感、ビート感の爽快さとそれは連関している部分がある。では、小説の中に音楽を登場させるポイントとは？

「そうですね、結構サラッと。自分では迷わずやってるつもりですけど、多分読んでる人には凄い違和感あると思うんですよ。聴いたことのないバンド名の意味とか考えるでしょうし。ただ私の文章は読みやすいほうだと思うので、そういう違和感も必要だと思うんですよ。これがなんなのか分からないけど、先を急ごう、みたいな。固有名詞は、せっかく出すんだから、そこでがっかりされたくはないな、とは思ってました。あと、流行り廃りがあんまりないこと。初めから流行ってない曲なら劣化もしないですから（笑）」

魅力的な〝欠点〟を持つ音楽たちと、共に

カセットテープもひとつの物語を伝える。図らずも心の内を描き出したりもするもの

だ。しかしそれはしばしば笑いを呼びもする。

「〝こいつくだらないなぁ〟っていうのが私は好きなんですよ。何かこう〝クラスの男の子〟みたいに言い合いたいんですよね。〝こいつこういうとこ抜けてるけどいいやつだ〟みたいに。男友達って欠点のほうが魅力的だったりするじゃないですか。

　人からカセットをもらうことって、人から見た自分を知ることですよね。ああこう見えてるんだ、って。客観性を差し込まれるっていうか。やっぱり恋人からもらったテープってつまんないんですよね、もう惚れちゃってるから。だからちょっとしか接点がない人にもらったテープのほうが、意外と面白い。恋人はダメですね（笑）。だいたい恋をするとプレゼントのセンスって落ちますからね。たかがカセットテープでそんなこと言われたらたまんないと思いますけど（笑）」

　しかしそれは真理である。カセットテープに気をつけろ、と絲井秋子は言うのである。

「私、自分の葬式はルー・リードの『ブルー・マスク』流しっぱなしでいいな、と思ってるんですけど、葬式が誰かの編集テープだったらかっこ悪いですよね（笑）」

〝バカテープ1〟のB面ラストはリチャード・ヘル※の〈デスティニー・ストリート〉だった。

「最近〈港のヨーコ・ヨコハマ・ヨコスカ〉を聴いてて思ったんですけど、この曲、似てません？」

　確かに似ている。〈デスティニー・ストリート〉を聴く我々は、いつしか馬鹿な男たちと語らい合うように笑顔だった。

（2011年）

※パティ・スミス
ゴッドマザー・オブ・パンクとも呼ばれるアメリカのミュージシャン・詩人。1970年代、ニューヨークで生まれたパンクムーブメントの代表的存在であり、現在も現役で活躍している。

※リチャード・ヘル
ニューヨークパンクのシンガー&ベーシスト。リチャード・ヘル&ヴォイドイズを結成し、アルバム『ブランク・ジェネレーション』を発表。その破滅的な生き方とともに、パンクミュージックのアイコンとなった。

vol.
03

佐野史郎

Shiro Sano

自著『怪奇俳優の演技手帖』にもあるように、時に人は彼を怪優と呼ぶ。今からおよそ50年前、島根県松江市に住んでいた未来の怪優、佐野史郎の蒼き心を揺さぶったのは、1本のカセットテープに収められた、〝新しい〟ロックバンドの言葉だった。

「高校時代から、カセットの愉しみっていうと〝会話〟ってのがあるんだよね。（当時組んでた）バンドのメンバー、ベースのやつとリードギターと俺が部屋に集まるんだけど、だいたいリードギターのやつが最初から〝これやろう〟なんて言わずに、〝ハアッ、ハアッ、苦しいなあ〟って（即興で）突然演技を始めて。〝もうちょっとだなゴールまで〟とか言うと、こっちも〝ああ、こいつ走ってるんだな〟って設定が分かるわけ（笑）」

1955年生まれ。小・中・高と島根県松江市で過ごす。75年劇団シェイクスピアシアターの創立に参加。状況劇場を経て86年『夢みるように眠りたい』で映画デビュー。99年には監督第1作『カラオケ』を発表。数多くの映画・テレビ・舞台で活躍。音楽活動も精力的に行う。

俳優でミュージシャンで写真家でもある、マルチな才能をさりげなく発揮し続ける異能の人、佐野史郎のカセットとの付き合いは四十余年前に遡る。会話劇とでもいうものを仲間と録音しては盛り上がっていた。

「でね、こっちもその台詞を受けて〝頑張れ！〟とか言って（笑）。そういうやりとりをずーっと録ってたの。間合いがテンポ良くて、いい掛け合いになったりなんかすると、〝おい、今のところちょっと聴いてみようぜ〟って。それで同じところを何回も聴いて〝ウハハハ〟って笑う。そういう遊びを一番やってたね。バンドのリハーサルよりも（笑）。それが原点。とにかくマイクで録るほうが」

演劇的、というよりも音楽と同じような存在価値と興味をその〝会話録音もの〟に見いだしていた、というのが佐野独自の視点を物語っている。

「その頃芝居も始めてたけど、真面目な演劇よりやっぱり〝そっち〟のほうが今に繋がってる。［会話も音楽も一緒だ］、［演劇も音楽も一緒だ］っていう俺の持論は、16歳ぐらいの時に無意識に確立されてたんだね。でも当時、その録音をクラスメートに聴かせたんだけど、どうも反応が今ひとつで（笑）、面白さが誰にも分かってもらえないわけよ。25歳、80年代になって（所属していた）状況劇場の仲間に聴かせた時、初めて面白さを共有できた。だから俺にとっては会話と音楽……、やっぱりラジオなんだよね」

青春は深夜ラジオと共に

そもそもカセットレコーダーを購入したのも、深夜放送を録音したいがためだった、という。昼間の放送とはまったく別の、音楽と若者を中心とする文化的新メディアとして、AM各局の深夜放送は60年代末から70年代を通じて日本全国の青少年に広く影響を及ぼした。放送文化の重度なエポックだった。佐野はその潮流の起点近くからの聴取者だった。

「68年かな。当時としては（カセットレコーダーの購入は世間的に）割と早めだったよ。ニッポン放送のオールナイトニッポンが（放送開始したのが）67年の10月で、俺はだいたいその年の11月か12月に聴き始めたから。高校生になって周りが受験態勢になっていっても、部屋にこもりゃラジオ聴いちゃうしね。医者だった親の前行くと、〝勉強しろ〟って言われちゃうし。ラジオから色んな情報が得られた。はっぴいえんど※や遠藤賢司をリリースしていたURCレコードの曲もラジオだったら聴けた。地方では最初買えなかったんだよ。そんな流れで、高校生の時に【若いこだま】っていうNHKラジオの番組の、吉見佑子さんがやってた日のを聴いてたんだ」

佐野史郎の1本、それがこの71年12月3日放送の【若いこだま】エアチェック・テープ。ゲストはセカンドアルバム『風街ろまん』をリリースしたばかりのはっぴいえんどの面々。そしてはっぴいえんどの作詞担当・松本隆が少なからぬ影響を受けた詩人・渡辺武信※、というプログラム。大のはっぴいえんどフリークならではのカセットだ。当時、青年・佐野はこの若きロックグループの虜となっていた。

「はっぴいえんどの〈12月の雨の日〉をビクターの『中津川フォークジャンボリー』の70年のライブ盤で聴いた時、♪ナナナー♪ってイントロが流れた瞬間のね、〝これだ！〟っていう、あの日のことは絶対に忘れないですよね。もう一発だった。のぼせて、翌年の中津川フォークジャンボリーには、はっぴいえんどを見るために松江から単身行っちゃうわけですけど」

自分に永遠のテーマを投げかけたテープ

他人とは簡単に面白さを共有できない。チンピラにも空っぽにもなれず後ろめたかった時代、このエアチェック・テープは即座に愛聴の1巻となった。

「俺はその頃現代詩にハマってたから、松本隆と渡辺武信の会話がなおさら腑に落ちた。音と言葉の関係、としてね。ロックっていうと攻撃的なイメージがあるけどもっと優しいあり方もある、とか、(はっぴいえんどが)何故〝ですます調〟で歌うのか、っていうことを音で聴いて理解していった。この中で松本さんが〝失われてしまった幼年時代の風景を取り戻さなきゃ……〟っていうようなことを言ったら、司会の吉見さんに〝なんでですか? なんだかそれって胎内回帰みたいな気がするけど〟って、バッサリやられるんだよね。松本さんもちょっと言葉に詰まってさ。でもそのもどかしさが、俺には良かったんだよ。それで松本さんはその言葉に対して〝限り

対談 はっぴいえんど―渡辺武信(詩人)

▷**SIDE 1**
未収録

▷**SIDE 2**
1. NHK-AM『若いこだま』/1971年12月3日放送 司会:吉見佑子 ゲスト:はっぴいえんど、渡辺武信
曲〈夏なんです〉 ※曲は全てアルバム『風街ろまん』より トーク/松本隆、渡辺武信登場
曲〈花いちもんめ〉 トーク/松本隆×渡辺武信
曲〈春らんまん〉 トーク/はっぴいえんど×渡辺武信

録音当時16歳。はっぴいえんどの虜だった佐野史郎は、箱の中に入れたラジオにマイクを向けながら、松本隆の一言一句に耳を研ぎ澄ませた。

なく明日があるから"って答えるんだよ!」

過去と今は地続きだ。ということを佐野史郎は実感し、そのことを意識的に立証してやろうと、活動し続けている。感傷や過去への単なる思慕ではない。

「昔は良かったんじゃないんだ。今だって昔なんだよ。今だって江戸川乱歩を読めば(自分が生まれる前の)東京の街があるし、俺がやってる小泉八雲の朗読だって、100年前の八雲を読めば、それは今と地続きな風景として現れる。昔は失われてなかったんだ、と。失われたという実感こそが幻覚じゃないかと思ってる。実際に人が死んで、空間が変わったということと、彼等が生活していた時間や風景があったという事実は並列だよ。昨日は失われてなくて、10年前は失われたの? と問いかける。演技にしろ音楽にしろ、俺の理想はそういう身体感覚だよね。過去と今を区別なく、行ったり来たりできれば、と思うよね」

音と言葉を分けない。過去と現在とを分断しない。佐野史郎という人物の明るい妖気の源はそこにあるのか。

「実はこの放送聴いてる時には、まだ渡辺武信さんを知らなかったわけよ。この人誰? みたいな。それで放送翌日、すぐに本屋へ行って現代詩文庫コーナーですよ(笑)。それが三十数年後結局、『続・渡辺武信詩集』(思潮社刊)の裏表紙の解説文、俺が書いたからねえ」

そしてこのエアチェックは、2004年にリリースされた『はっぴいえんどBOX』にCD-EXTRAとして収録された音源の大本として、40年を経た現在、日本の音楽史上たいへん貴重かつ重要な"特級"資料になった。佐野史郎、執念の不思議である。

(2011年)

※はっぴいえんど
細野晴臣、大瀧詠一、松本隆、鈴木茂という、後の日本の音楽に大きな影響を与えたメンバーによって結成された伝説的ロックバンド。高い音楽性と松本隆による独自の詩世界によるサウンドは、今なお多くのフォロワーを産み続ける。

※渡辺武信
1938年生まれ。建築家。詩人・映画評論家としても知られ、東京大学工学部在学中に天沢退二郎、鈴木志郎康らと同人誌『赤門詩人』、『凶区』を創刊。「60年代詩」を主導する。

vol.
04

清水ミチコ

Michiko Shimizu

真似るんじゃなくて「なる」——声や顔だけでなく、音楽性すらも取り込む圧倒的パフォーマンスについて、そう語る才女・清水ミチコを、現在のステージへ導いたのは、若き日に作り上げたあるテープだった。

「ラジオ、というよりテレビをよく録音していました。ドラマ。あのドラマをもう1回見たい！　だけどビデオがないので、もう1回自分の中で再生するために（笑）」

音を聴いてテレビドラマを頭の中で〝再生〟する。清水ミチコならではのカセットとの付き合い方である。

「カセットテープとの出合いはよく覚えてます。えーっと、自分の人生の中で、〝本当に欲しくって手に入った物〟のひとつで、お願いしてお願いして両親に買ってもらった物で。ソニーのラジカセです。中1の時で、すっごく嬉しかったんですよね」

テレビはドラマだけではなく、もちろん歌番組も録音していた。テレビの前にラジカセを置き、本体内蔵のマイクで録る。

「買ってもらった当初は愛川欽也さんの『ベスト30歌謡曲』とか。やっぱり可愛い女の子が好きだった。浅田美代子さんとか桜田淳子さんとか、山口百恵さんとか。男の歌手、特に新御三家などにいく女子は私の周りにいっぱいいたんですけど、私は断然女の子のほうが好きだったんですね。もう男が踊るっていう時点で全然（笑）。着

岐阜県高山市生まれ。文教大学短期大学部卒業。83年にラジオ番組『クニ河内のラジオ・ギャグ・シャッフル』にて構成兼出演者となり、86年にライブデビュー。以後、独特の音楽パロディーやモノマネでテレビ・ラジオなどで活躍を続ける。著書多数。『歌のアルバム』『バッタもん』ほかCD多数。2021年、第13回伊丹十三賞受賞。

飾っている！　っていう時点でもう……（笑）。なんでいいのかさっぱり分からなかった。あ、でもジュリーの良さは分かりました。〝あの人は色気がある〟って言ったら、〝子供のくせに気持ちの悪いことを言うな〟って親に言われたのを覚えてる」

自分の声も録音して聴いてみたが、あまりの違和感にがっかりし、しばらくやらずにいた。だが、高校1年生の時に矢野顕子の音楽に出合い、すっかりハマり、再び自分の声を録音するようになる。その声は、同時に〝他人〟の声でもあった。

「小（ちっ）ちゃい頃から、あっ、この人の声いいなって思うと、誰に聴かすっていうわけじゃなくて、自分なりにその人の声をたどっていくのが好きだったので。それを中学の時に褒められて。中学の頃は百人一首クラブと放送部にも入ってて、給食の時間に浅田美代子さんのモノマネで曲紹介したりしてました。でも中学の頃はみんなそれをやってたんですよね、周りの子も。高校ぐらいになったら、色気づいた女子はやらなくなってきて（笑）。色気なく〝面白がる組〟の子だけが残されたって感じですね。

とにかく高校の頃はタモリさんと、矢野顕子さんが好きだった。私は矢野顕子布教活動をやってたんですよ。当時、岐阜の高山で矢野さんの真似をしても、友達には全然喜ばれなかったけど（笑）。あとビック※リハウスが好きだったっていう、やっぱりお笑いと音楽ですよね」

自分と世界を繋いだテープ

清水ミチコの〝この1本〟はいわゆる〝ネタ集〟。桃井かおりや矢野顕子まで、現在の活動に直結している楽しい構造になっている。ここに入っているのは、ラジオスタジオで仕事の合間合間に録ったものだ。

「これは（レコード）デビューするっていう頃だと思いますね多分。86年に渋谷のジァン・ジァン※でライブやってて、それを永六輔さんが偶然見にいらしてて、それで知り合って色んな人を紹介してくれたんですけど。その頃に〝どういうネタをやってるの？〟って人から言われた時、名刺代わりっていうか、こういうデモテープを渡すのが一番早かったんですよね」

そんな今に至る道が開き始めたのは、ビックリハウスに憧れ、矢野顕子と同じ空気が吸いたくて上京した2年後。81年から勤めていた田園調布のデリカテッセン『パテ屋』の女主人・林のり子さんにラジオの仕事を紹介されたのがきっかけだった。

「ビックリハウスに投稿して載ったのを林さんに見せたりしてるうちに、〝そういうの書くの好きなら〟ってラジオのディレクターさんを紹介してもらって、その方に渡したのが最初です、デモテープの。当初は、自室で布団をかぶってこっそり吹き込んで。当時住んでた四畳半のアパートが隣の部屋に筒抜けだったんで。ひとりで録っているところを人に見られると嫌ですもん。

ラジオの仕事を始めてから、昼間『パテ屋』で働きながらネタを書くんですよ。昼間働きながらラジオ聴いてて〝こういうネタどうかな～〟って考えてて、〝よし今夜ネタ書くぞ！〟っていう生活がもの凄く充実してて。ずーっとこの仕事ができたらい

清水ミチコ　デモテープ

SONY
清水ミチコ　デモテープ
HF

▷SIDE A（SIDE Bは未収録）

1. 放送特別音楽講座
2. 丘をこえて
3. 日本三大女性司会者
4. 世界のくしゃみ
5. ドレミのうた
6. ヤパテ語講座
7. 清純派三人娘
8. 渡米するあなたに
9. 謎の中華三昧
10. ここは私が
11. 夫婦観光バスの旅
12. ホテルについたところ
13. み〜ちゃった
14. 昔のひと
15. ためごろう

若き清水ミチコの息吹が詰まったデモテープ。
後に発売されるアルバム『幸せのこだま』『幸せの骨頂』に収録される曲の原型が多く詰め込まれている。

いなーって思っていましたね。未だに自分のレギュラー番組も、ラジオが一番多いんですよね」

このカセットに入っている〝清水ミチコのもと〟の数々が熟成され、今に生き続けている。原点であると同時に、ストックでもある。

「あんまりここから変わってないような気がしますね。数は増えていきますけどね。でもその分〝引退〟した人がいたり。桃井さんとかね、芸能生命が長い人はホントありがたいです（笑）。真似をする相手の方が若い人たちにとって現役じゃないと。だから私の吉田日出子さん凄い似てるのに、若い人は知らないかー、もう！　って感じです。逆に岸田今日子さんとかね、亡くなったのをいいことに、って言ったら失礼なんですけど、ちょっとラジオなんかでオバケの物真似をする時……（笑）。私はね、そういう人、オーラっていうか、〝ステージの高い〟人ほど真似が上手って言われているので、最近は瀬戸内寂聴さんがイチオシ……（笑）」

一昨年のアルバム『バッタもん』には、矢野顕子さんとの共演曲も収録された。一方、今はもうカセットとの付き合いはない。しかし中学1年の時以来長きにわたるカセット人生、愛着は並々ならぬものだ。

「何しろ今でも人生で〝本当に欲しくって手に入った物ベスト3〟のうちのひとつですから。あとのふたつ？『パテ屋』で使っていたロボクープっていうフードプロセッサーがあって、当時それが買えなくて、デビューしてから買ったんですけど、未だに大事に使ってますね。もうひとつはね、ママ・レンジ。小さい頃欲しかったんです、凄く。ママ・レンジは、それがねえ、どういうわけか近所のおじさんが買ってくれたんですよ。ああ、〝神様〟っているんだなあ……って思った。しかもその神様が偶然、山下清さんっていう名前なの（笑）」

（2011年）

※ビックリハウス
1974年から85年まで発行され、一世を風靡したパロディ誌。読者からの投稿が柱となり、様々な伝説的コーナーを生み出す。常連投稿者には後の著名人も多くいた。

※ジァン・ジァン
渋谷ジァン・ジァン。1969年から2004年まで、渋谷の山手教会地下にあった前衛小劇場。

※ママ・レンジ
1969年にアサヒ玩具が発売。当時まだ普及していなかったシステムキッチンのガスコンロ型をした、おままごと用の玩具。発売当時は2500円と高価だった。

vol.
05

都築響一

Kyoichi Tsuzuki

ジャーナリストとして、写真家として日本の、世界のロードサイドを巡り続ける都築響一は言う。カセットテープは、昔回ってた懐かしの品じゃない。今も当たり前に回っている圧倒的に優れたメディアなんだ――。

「大人になって雑誌の編集部に入って、アメリカとか行くようになったでしょ。海外取材とか連れてってもらうようになってね。でさあ、行ってみると、アメリカのラジオ局の音楽が凄くいいわけよ。日本じゃ考えられない。録音機能付きのラジオウォークマンっていうのがあってさ、あっちの安物屋で随分買ったよ。それで夜ホテル帰って、暇を見つけては録音してたもん、ラジオを」

奇想とも思える視点で世界を鋭く探査する怪人、ジャーナリスト／写真家の都築響一は、カセットテープに今も日常的に親しんでいる。その魅力について語ればとめどなく時は過ぎてゆく。

「中学生の頃から深夜放送の録音とか、その後はFMのエアチェックでしょ。FM雑誌で入念に検討するっていうさ。当時はレコードがホントに大事なものだったわけよ。だからそれを補う物としてFMエアチェックは欠かせなかったもの。そういう意味では、カセットはレコードが高価だった時代が生み出した物かもしれないね。日本でカセットがダメになっていったっていうのは

1956年東京都生まれ。雑誌『POPEYE』『BRUTUS』などの編集を経て、全102巻の現代美術全集『ArT RANDOM』など、美術、デザインの分野での編集・執筆で活躍。96年、写真集『ROADSIDE JAPAN 珍日本紀行』で木村伊兵衛写真賞を受賞。著書に『夜露死苦現代詩』『圏外編集者』など。

さ、ラジオがダメになっていったっていうのと関連してると思うね」

近年、アメリカ大陸のロードサイドを巡る取材※を都築は8年にわたって続けた。最初から最後まで、それはひとりで行われた。

「空港で車借りて、2~3週間ずーっとひとりで朝から晩まで運転して、取材して帰ってくるんだけどね。一日中誰とも会わない日ってあるわけよ。それでもひとりでずっとできたっていうのは、アメリカのラジオのお陰なんだよね。どんな小さな町でも固有の局がたくさんあるわけよ。人口1000人ぐらいの町でもFM局で50個ぐらい聴けると思うんだ。ホンットに凄い山の中とかでFM入らないところでもAMは聴けるし。そういう地方局がもの凄く充実してるわけ。それに、アメリカの地方のレコード屋とかスーパーとか行ったら新譜はCDとカセットだよね。今もカセットで聴いてる人多いんだよね。特にカーステレオで」

アメリカは広大な田舎社会だからこそ、車とラジオとカセットテープが今も重要な役割を担う。

「それで車でラジオ聴いてると、忘れてた曲を思い出すわけよ。で、急に欲しくなって、ショッピングモールの一角のスーパーの、洋服とか下着とか色々ある中にCDもあってさ。そこ行くと髪を束ねた推定55歳ぐらいの、40年前はブイブイ言わしてました、みたいな親父がさ、ガキにエミネムとか売ってるわけじゃん(笑)? そういうところでジョージ・ハリスンの『オール・シングス・マスト・パス(すべては流れてゆく)』とか買うわけよ。明日もドライブだし。と親父が〝いいの選んだね〟みたいなさ(笑)、始まるわけよ。そういう束の間の心の交流(笑)? そういうのが凄い良かった。だから長い間ひとりでやれた、って気がする」

カセット文化は全然滅んじゃいない

都築の持ち出したカセットは広大なアメリカから一転、現役の演歌歌手の作品2本。これも、ここ数年行っているインディーズ演歌歌手の取材で出合ったものだ。

「インディーズ歌手に会い始めて、インタビューして音源もらう場合、ほとんどカセットなわけよ。大門信也さんはゴミ収集の仕事をしながら自分の歌を歌いつつ、結構老人ホームの慰問とか凄い頑張ってやってるんですよ。寝たきりの人たちも集めて、ひとりずつ握手して。見に行ったら凄くいい感じなの。で、いただいたのがこの『苦労は茄子の花となる』。それからこの玉村静一郎さん。玉ちゃん。この人なんで知ったかっていうと、青山通りを僕が歩いてたらでっかいトラックに、〝70歳の演歌歌手玉ちゃん〟って書かれたエアブラシのポスターを張った車が停まってたの。それで車の人に聞いてね。実際に会いに行ったら、この人ツヤツヤ。70いくつなのに。色々苦労もした挙句、とてつもない低周波治療器を発明して富を築いた人なの。説得力が凄いもん。〝私も色んな病気をしてきたけど、これのお陰で元気になった〟って。9歳の孫娘がいるんだけど、再婚した奥さんとの

『男富士』玉村静一郎（2002・日本クラウン）

▷SIDE 1	▷SIDE 2
1.男富士	1.男富士
2.男富士〈オリジナル・カラオケ〉	2.男富士〈女声カラオケ〉

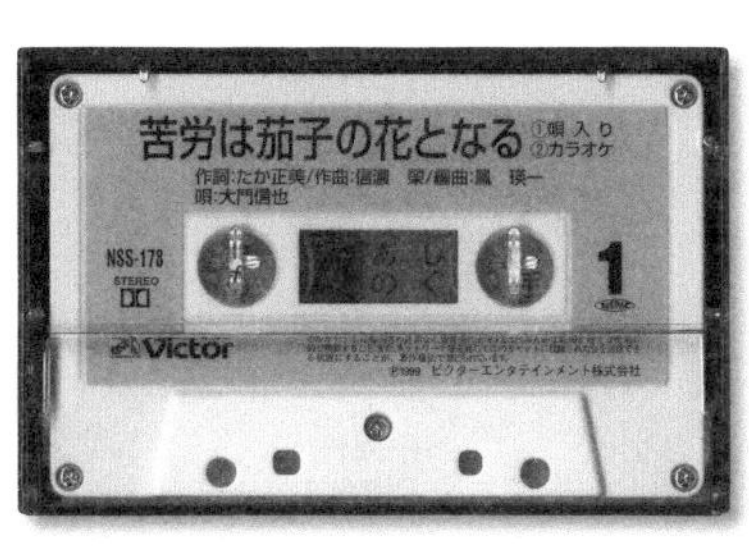

『苦労は茄子の花となる / 潮来路（いたこじ）の女（ひと）』大門信也（2000・ビクターエンタテインメント）

▷SIDE 1	▷SIDE 2
1.苦労は茄子の花となる〈唄入り〉	1.潮来路の女〈唄入り〉
2.苦労は茄子の花となる〈カラオケ〉	2.潮来路の女〈カラオケ〉

巨万の富を築いた後、齢70歳でデビューした〝玉ちゃん〟玉村静一郎（1932年生まれ）。ゴミ回収の運転業に携わりながら、老人ホームの慰問を続ける大門信也（1944年生まれ）。都築響一が追う〝インディーズ演歌〟の住人たちは、背負う人生こそ違えど歌を信じ、愉しみ、愛する。彼等の歌心は、今もカセットテープから流れている。

間に9歳の娘もいるの。娘と孫が同い年っていう男の夢状態（笑）。しかも同じ時期に同じ病院で生まれたから、玉ちゃんは娘の病室と奥さんの病室を行ったり来たり。病院の人も唖然」

歌と共に人に歴史あり、というが、それにしても玉ちゃん、何故70歳を過ぎて演歌歌手活動の道を志したのか。

「実は70近くなった頃社員と宴会してる時に、その中のひとりから〝社長は凄いけど歌は下手ですね〟って言われて、カチンときた、と。それで〝俺は70になったら演歌歌手としてデビューする！〟って言っちゃって、猛練習してデビューしちゃったわけ。今凄い頑張ってる。ホント、インディーズ歌手は面白いよ。僕も最初は面白がって取材してたわけね。でも、やっぱりさ、〝これは本当に凄い、本気でやらなければまずい〟っていう瞬間があったんだよ。

ハイエースを改造して、作詞・作曲・プロデューサー兼マネージャー兼運転手のおじさんと二十何年も全国回ってる40代の女性演歌歌手と出会ったりね。月に1〜2回だけ東京に帰ってきて、またツアー。道の駅とか車中で寝るっていうロード生活で。それに付いて行って取材したり色々聞いたよお。そしたらそのおじさんがさ、〝そんなに珍しいですか？　普通ですけど〟って。いやいやいや普通じゃないって（笑）。〝いやいやいや普通に好きでやってるだけですから〟って全然気負いがないわけ。それが凄いっていうかさ。なんでやっているのか？というよりもう歌の力しかないわけ、そこには」

怪人は今日も怪人のもとへ取材に赴く。そして取材を進めるほどに、演歌の現場では今もカセットが有力メディアであることを思い知ったという。

「演歌専門のレコード屋が都内にも何軒かあるんだけど[※]。そういうところは未だに店頭で生カセットを売ってるの。演歌の新譜も絶対カセット出すもんね。カラオケやるとするでしょ？　家で練習する時、ここが歌いにくい、なんて時にちょっと戻して何度も歌うっていうのが、CDじゃ難しいんだよね、CDJとかがない限り。だけどそれは演歌の主力ユーザーたる老人には無理でしょ？　ユーザーインターフェイスはカセットのほうが遥かに優れてるんだよ、CDより。CDはさ、一発傷ついたら全部聴けなくなるけど、カセットは聴ける。それに自分で録音できるし簡単に。よれたって鉛筆で巻けば戻るし。CDとかデジタル音源って遅れてんじゃん。使い勝手悪いもん。iTunesでカラオケ練習したいとは思わないでしょ。やっぱりカセット文化、ラジカセなんかはさ、日本が生み出したカラオケと並ぶ20世紀の一大発明だと思うよ」

（2011年）

※アメリカ大陸の取材
取材の成果は著書『ROADSIDE USA　珍世界紀行　アメリカ編』（2010年／アスペクト）にまとめられた。

※都内にも何軒か
小岩・亀戸・赤羽・錦糸町・十条など、主に23区の北と東に集中している（取材時）。

vol.
06

Mr.マリック

Mr.Maric

1989年『木曜スペシャル』での登場以来、今までにない革新的パフォーマンスでお茶の間の心を摑んだ日本のマジック界のパイオニア・Mr.マリック。彼の謎を解く鍵は、聴き込まれたカセットにあった。

「もともとは、カセットというのは、マジックのバックミュージックを録って、人前でやる時に持っていく。そんなお付き合いから始まりました。だからマジックに使えない曲には昔から興味がなかったですね。今でも演歌しか聴きませんし（笑）」

後に〝ハンドパワー〟でマジックの世界の奥深さを人類に知らしめたMr.マリックは、まだ自らそう名乗る前の若き日に、手品用品の実演販売を務めていた。

「19歳からデパートのおもちゃ売り場でやっておりました。14年ぐらいになりますね。八重洲大丸、渋谷東急東横店、それから新宿の伊勢丹です。ロイヤリティー形式といって、その場の売り上げの何%かをいただくわけですから、売り上げゼロだと収入がゼロ。あの大根削ったりするやつを売ってる人たちと同じ条件です。ですから、何がなんでも売らないと食べていけないわけですよね。ところがデパートは、開店と閉店の時間が決められています。しかも平日なんて誰もいないんですよ、お客さん。おばさんばっかりで、手品とはなんら縁がない（笑）。だから土日で1週間分売らな

1949年岐阜県生まれ。マジック用品の実演販売員を経て、88年日本テレビ系列『11PM』にて〝超魔術〟を引っさげテレビデビュー。「ハンドパワー」など数々の流行語を生み出し、名実ともに日本マジック界を代表する存在に。現在もテレビ出演の他に、舞台の演出から特殊効果・技術指導まで幅広く活躍中。

ければいけない。それも普段の土日でも人の数は少ないですから、暮れのクリスマス・シーズンですよ。もう、1年分稼ぐぐらいの気合いを入れないと（笑）。でも1日8時間しか営業できない。〝ありがとうございました〟と言って、お金を受け取って包装してまた実演して、というんじゃ知れてるじゃないですか。そうなると〝一気に売る技術〟がいるわけですよ。しかも暮れは売り場全体がガヤガヤやかましくて、手元は見えるようにやりますが声が聞こえないんですよ。店内放送もありますし。そこでハタと考えたんです」

1本のカセットテープに手品実演の全ての台詞と客寄せのコメントを入れて、エンドレスでかけ続ける。若きマジシャンのアイディアはそれだった。

「マジックが趣味で友達になった人がフジテレビにいまして。そのつてで、マジックに使えそうな曲を資料室に行ってかたっぱしから録音させてもらいまして。さらにナレーターもただでプロの人に頼み込んでやってもらいました。素人の喋りでは全然説得力がないんで。売る商品も高くて効率のいい手品セット※にしぼって、縁日みたいな平台に山積みにしてね。包装も事前にやっておく。包んでいる時間も、レジ打ちの時間ももったいない。とにかく限界を目指したんです」

〝ようこそ、手品コーナーへ〟と始まり、軽快なインストに乗って〝さあ見てください。いつでもどこでもあなたは手品師！〟と流暢に男性が解説するこのテープ。途中SF調になったり、エコーが妖しくかかったりと、完成度は非常に高い。

「買おうと思った人がお金を出そうとするじゃないですか、ね？　でもその人にすぐに売っちゃったら残りの人はいなくなっちゃうんですよ。だから最初の人は待たせて、もっと、欲しい人が出てくるまで待つんです。お金を出そうとした人っていうのは、もう欲しいと心が決定してるわけですから。そこで待って、欲しい人がどんどん出てきたところで、集団心理が働き出したところで〝はいどうぞ〟と、タッタッタッタとお金を集める。

一瞬ですから、物を欲しいっていう心は。例えば、お客さんから〝あの、ウチの子幼稚園なんですけど、この手品できますか？〟って聞かれた時に、〝あー、幼稚園ですか……〟って間を置いた瞬間に、その人が引くと、周りの全員が引きますね。ホント、不思議なもんですよ。〝やっぱりできないんじゃないか？〟って出したお金を引っ込めた瞬間から、もう絶対出てこない（笑）。親切心で〝幼稚園の子にはちょっと早い〟というひと言を言ったら、もう全滅です、全滅。そういう商売の難しさ、コツを色々覚えていくうちに、このテープと私の実演が綺麗に噛み合ってきて、ある日、1日でね、売り上げ70万円という限界までいきましたね。それは1000個ぐらい売ったっていうことなんですよ。この記録は未だに破られていません。そもそもデパートへ入ってきた時、手品セット買うつもりで来てる人なんていないんだから（笑）。私の場合は指名買いゼロ、全部衝動買いですよ（笑）。それを本当に助けてくれたのが、このカセットなんです。擦り切

あなたは手品師（宣伝用）—1976—

※〈SIDE A〉のみ、『手品セット』を実演販売するための台詞と効果音をループで収録。
作成当時28歳。テープは「さあ見てください。いつでもどこでもあなたは手品師！」と幕を開ける。プロのナレーターを起用、音楽にはエコー処理も施したこの本格的テープを相棒に、1日70万円という、マジック用品の実演販売売り上げ記録は作り出された。

①

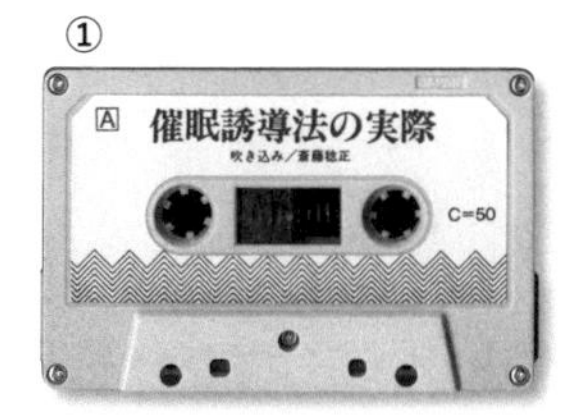

②

③

① 催眠誘導法の実際　吹き込み／斎藤稔正　創元社刊（1987）
② OSTERLIND'S JOURNEY INTO HYPNOTISM ©Lee Walkup/Fred Rossomand 1988
③ 催眠術（1989）

1987〜89年にかけて、ユリ・ゲラーが残した課題を克服すべく、Mr.マリックは①通販→②渡米→③ジャイアント吉田と巡ることで、テープと共に催眠術を磨き、"超魔術"として完成させていった。

れちゃいますから10本ぐらいコピーしました。3年は使ってましたね。3年間、よく頑張ってくれましたよ」

カセットと研磨した心理の操作

そんなMr.マリック以前のMr.マリックを支えた1本のカセットに続いて置かれたのは、催眠術に関するものだった。

「ユリ・ゲラーのね、スプーン曲げはなんだろうというね、それを研究するのに、このカセットテープが役に立ったんです。まだ私がマリックじゃない頃ですよ。スプーンを曲げるなんてことは、マジシャンも解決してるんです。ところがマジシャンには、テレビの前の人たちのスプーンが曲がった事実が説明できなかった。それで催眠術のことが気になって。以前から催眠術をやってらっしゃった（先代の）引田天功さんが、スプーン曲げについて〝あれは、曲げられるっていう暗示をかければ曲げられる〟とおっしゃっていたのを伝え聞いたんです。

その時、もしかしたらテレビというメディアで、そういうものを上手く利用すると、今までマジシャンができなかった不思議な世界が作れるのではないか、と考えたんです」

通信販売で購入したきな臭い1本に幻滅した後、ニューヨークへ渡り、催眠術ショーをやっているマジシャンに直接教えを受けた。その人物のテープが1本。さらに帰国後、ジャイアント吉田氏※に教えを請うた。もう1本は、その時の様子を録音したものだ。

「ニューヨークのものは、催眠術をかける時の音楽が入っています。この人は2部構成でやっていました。第1部がマジックショー、第2部が催眠術。ジャイアント吉田さんは空手家としても凄いんですが、退行催眠といって、その人の何年前や前世に行ったりする、結構深い催眠術をやられていました。実際にかけているところを収録したテープですね。それをそっくり真似て練習したんですよ。繰り返し繰り返し聴いて覚えました。あなたはスプーンを曲げる、と先にイメージさせるのが催眠術なんですよ。暗示ですね、ひとつの。それを催眠術から〝超魔術〟に取り入れました。ちょうどその頃からです。私がMr.マリックとして皆さんの前に姿を現し始めたのは」

実演販売のカセットと催眠術学習のカセット。それは心を動かす陰と陽として、後の一大超魔術ブームの養分となった。

「人間を相手にしている芸ですからね。人間の心理を操るのがマジックですから。(実演販売のほうは)人を集めてどう心を捕まえるか。もうひとつは深層の世界ですね。この両方をカセットを通して学べたから、超魔術というものが生まれたんでしょうね」

(2011年)

※手品セット
初心者向けの8つの手品がセットになった商品。高いほうは当時2000円だった。

※ジャイアント吉田
1960〜70年代に、コミックソング・コントなどで活躍したバンド「ドンキー・カルテット」の一員。催眠術師としても著名人で、日本催眠術協会の理事。Mr.マリック氏とも日本テレビ系『木曜スペシャル』などで共演した。

vol. 07

伊東四朗

Shiro Ito

80代も半ばを迎えた今も多分野で活躍する〝タフマン〟伊東四朗。作家・小林信彦氏をして〝最後の〟と言わしめたベテラン喜劇人は、時に自らも歌いながら、1本のカセットテープを紹介してくれた。

「ウチの中に子供の頃から〝音〟がありましたね。親父はよく長唄歌ったり小唄歌ったりしてました。姉は合唱団に入って、クラシックを歌ってましたし、やっぱり三味線や長唄もやってましたね。母親は歌謡曲が大好きで、私をおぶいながら一日中歌ってましたからね。自然に耳に入ってきた」

日本の喜劇界にはなくてならない重要な存在であり、個性的で幅広い演技力で人々を唸らせる役者・伊東四朗は、音楽をごく身近なものとして成長した。

「家に手巻きの蓄音機がありましてね。借りてきたのかウチのだったのか定かじゃないんですがね。義太夫なんてよくそれで聴いたこともありました。で、私が中学1年生で妹が小学4年生の時、妹がバレエ団に入って、発表会があるって。その時、主催者である森先生という女の先生が、私に音をやってくれって言ってきまして、音楽係をやったんですよ。今考えると凄く怖いことをやったんですよね。中1ですよ？ よくやらせたなあと思ってね。『白鳥の湖』から色々やるんですけど、当時はテープも何もないもんですからね。同じレコードを

1937年東京都生まれ。58年劇団「笑う仲間」に参加し舞台デビュー。その後、三波伸介・戸塚睦夫と共にてんぷくトリオでの活動後、個人でも一世を風靡した〝ベンジャミン伊東〟など、喜劇を中心にテレビや舞台で活躍。

2枚並べて置いといて、片方が終わる頃になったらこっちの裏面をかけて、とやる。1枚をひっくり返してる時間がないから。
会場が映画館でね。昔芝居をやっていたようなところだから、下座をやるところが御簾（みす）みたいになってて。隙間からのぞき込みながらレコード係をやったんですけどね。それもSP盤だから、1枚がすぐ終わっちゃう（笑）。その時は電蓄（電気蓄音機）だったんで、手で巻くまではやらなかったんですけど（笑）」

薄暗い中で、舞台を見ながらレコードを繋ぐ中学1年生は、さぞかし必死だったことだろう。裏方とはいえ、初めて舞台に接した伊東にとってその場所はまた、喜劇人としての原点でもあった。

「会場だった映画館の館主とウチの兄貴が友達だったもんですからね。顔で入れたんですよ、子供でも。もう見放題、好きとか嫌いとか関係なく全部。中でも音楽映画だとか喜劇映画ですね。ローレル＆ハーディ、アボット＆コステロ、チャップリン、バスター・キートン、ハロルド・ロイド、マルクス兄弟、好んで観ましたね。今でも頭の中に入っている財産です」

忘れ得ぬ先輩と、その歌

幼少期から映画、音楽と浅からぬ関係を結んでいた伊東四朗が取り出した1本のカセットテープ。それは役者として、喜劇人としての先輩・森繁久彌の歌声を収めたものだった。

「これは昭和54年なんですがね。森繁さんと京都で一緒に仕事をやっている時に、私があんまりしつこく（森繁さんに）歌のことだとかなんか聞くもんだから、〝今度おまえ、録音機持ってこい！〟っておっしゃってまして。本人は冗談半分に言ってたんですけど、私がホントに撮影所の門の前で録音機持って立ってたら、森繁さんが大笑いしましてね。〝お前、本気か!?〟って（笑）」

あたりの人の声、場所のざわめきも生々しく、それだけ身近で親しみの湧く音で聴く森繁久彌のその歌声は麗しい。

「〝よろしくお願いします。ガチャ〟って私がテープを回してる間に、色んな歌を歌ってくれました。アカペラでね。撮影の合間ですから、喫茶店の中とか、楽屋っていうより撮影所のセットの前でね、撮影の合間にみんなが外へ出て車座になって喋ってるようなところで録音したものなんです。
というのも森繁さん自身が忘れてる歌を私が知ってるんですよ。例えば映画の中で歌った歌だとかね。ラジオ番組のテーマ曲だとか。というのも忘れるはずで、本人は1回歌ったら終わりなんですから。そういうのを私はリスナーだから毎回聴いてたんで、私のほうがよく知ってる、という変な話で（笑）。そんな歌を私が歌うと〝そりゃいい歌だな、誰の歌だ？〟〝いやいや、先輩の歌ですよ〟って（笑）。大笑いしたこともあるんですけどね。
ある時、森繁さんがたいへんな風邪をひいて、お付きの方に〝今日は先生機嫌も悪いし、伊東さんあまり近づかないほうがいいわよ〟って言われて。それでセットで私がいつもとは違うとこに座ってたら、森繁さんが遅れて入ってこられてキョロキョロしてる。どうしたんだろう？　と思ったら〝おい！　シロちゃん、こっちおいでよ。で？　今日は何歌う？〟（笑）なんって。具合の悪い日でも歌ってくれた」

このテープが録音された時に撮っていた作品は、郷ひろみ主演の『夢一族　ザ・らいばる』。監督は久世光彦。

「この時の森繁さんは今の私よりずっと若いですよ。32年前だから、私が42歳。森繁さんは66歳。ちょうどふた回り違いだから。あの時は〝お前よく知ってるな。そんなの〟って、自分の忘れた歌を掘り起こしてくれるから嬉しかったんじゃないですか。森繁さんはNHKで満州の放送局にいたから、当時のロシア民謡だとかね、恐らく誰も知らないような歌を歌ってくれたりしました。〈知床旅情〉※にしても、みんなが知ってるのとは違う歌詞がもうひとつあるんですよ。そっちのほうがとてもいい歌詞なんですけどね。

　私が森繁さんの新東宝※時代の映画をたくさん観てるもんですからね。新東宝時代も

先輩　森繁さんと大いに唄ふ（1979.10）

▷SIDE 1　映画『夢一族　ザ・らいばる』撮影期間中の3か所での録音を収録
※伊東に促されるかたちで森繁久彌が自らの歌を朗々と歌い、歌にまつわるエピソードを軽妙に語る。

▷SIDE 2　森繁久彌のレコード音源の録音：『函館哀歌』『ちぎれ千鳥に雲が飛ぶ』

録音当時、伊東四朗42歳。森繁久彌66歳。
かつて映画館の中やラジオの前で必死に書き留めた森繁久彌の歌を目の前で聴き、背中をそっと押すように共に歌う伊東四朗の喜びが伝わってくる。今、伊東はこの時の大先輩の年齢を8つ超えた。

面白い映画いっぱいあったんですよ。高島忠夫さんとやったサラリーマンものとか。その中で必ず歌うんですよ、劇中で突然。またいい加減な歌を歌ってるんですよ(笑)。一緒にいたお弟子さんが大笑いして〝先生、そんなの歌ってたんですか!〟って。私はそういう歌が大好きだったもんだから、この世界に入る前、暗い映画館の中で大学ノートに書き写してね。で、もう1回観に行ってメロディーを覚えた。日活で撮った『スラバヤ殿下』(1955年)ってやつは、本当にインドネシア語で歌ってるんじゃないか、っていうような。でたらめなんでしょうけど。ちょうど詐欺師の話ですけどね(笑)。ああいうところは森繁さんの凄いところですね。評論家なんかは目くじら立てて怒るような作品ですよ(笑)。でもそういう作品があるから、またいい作品が引き立つんですよ。映画っていうのは、今、撮影本数が少ないから一本一本力が入りすぎちゃうんだと私は思うんですよね」

そして歌は続く

森繁久彌の歌声は実に美しく、身に染み込むような豊かな味わいだった。かつて暗闇で聴いた歌を含め、様々な映画、芸能を吸収し自らの芸力を切磋琢磨してきた伊東四朗だからこそ、森繁の〝歌う心〟を開いたのだろう。そんな伊東四朗、最近のお気に入りの歌は?

「三大テノール※ですね。テレビ番組で、息子とイタリアに行く機会があったもんですから、よし、僕も現地で歌ってやろうと思ってね。『帰れソレントへ』と『サンタ・ルチア』を覚えていって歌いました。サンタ・ルチア港に行ってそこの漁師さんたちと。番組で仕込んでとかではなく、一緒に歌ってね(笑)。嬉しかったですよ」

イタリアの夏空に伊東の笑顔は、よく似合ったに違いない。

(2011年)

※知床旅情
1960年発表。森繁久彌自身が作詞・作曲をした代表曲のひとつ。この曲で紅白歌合戦にも出場した。

※新東宝
1947年から61年の間に数々の映画を製作した映画会社。森繁は50年、コメディ映画『腰抜け二刀流』によって映画初主演を果たす。

※三大テノール
ルチアーノ・パヴァロッティ、ホセ・カレーラス、プラシド・ドミンゴの3人のテノール歌手を指す。

vol.
08

直枝政広

Masahiro Naoe

1984年のデビュー以来、ソロとして、バンド「カーネーション」として、長きにわたりエバーグリーンなロックを生み続けるミュージシャン・直枝政広。ひたむきに歩んだロックの道は、デビューからさらに遡ること11年、1本のテープから続いていた——。

「なんか、買わなきゃいけない物だったんですよ（笑）。それまでまるでそういう物を持ってなかったから。中学1年の時かな。まずはラジカセです」

キュートな女性から、むくつけきマニアの男性まで幅広い、熱いファンを持つバンド、カーネーションの主宰者でシンガー・ソングライターの直枝政広にとって、カセットテープ、ラジオ付きカセットレコーダーは、まさに人生の重要物体であった。

「急にラジカセが発達した瞬間だったんですよ。それは内蔵マイクが入ってるやつで、

1959年東京都生まれ、千葉県松戸育ち。83年カーネーション結成。84年にオムニバス『陽気な若き博物館員たち』にてソロデビュー。40年近い活動期間に多くの作品を発表する。カーネーションの最新作は2021年の『Turntable Overture』。鈴木惣一朗とのSoggy Cheerios、楽曲プロデュース、執筆など、多方面で活躍。

しかもそのマイクが取り出せて、ワイヤレスマイクになる。チューナーを78なんかに合わすと自分の声が飛ばせるんです、FMで。ちょっと遠くから自分でこう飛ばして、ラジオのDJやってるつもりになれる。誰も聴いてないんですけど（笑）。それまでは、【電子ブロック】という玩具でゲルマニウム・ラジオとかお風呂の水が溜まったら鳴るブザーとか作って遊んでました。そういう電気との付き合い方だった。それが、ついにワイヤレスマイク。これまでよりもっと具体的に自分が参加できる、表現で

きる、というのを感じましたよね」

自分のお小遣いでレコードを積極的に買うようになって、音楽に没入していったのもラジカセ購入と同時期だった。ディープな音楽リスナー人生の始まりにも、カセットテープ、ラジカセは強く関係していた。

「同時ですよね、ほぼ。ビートルズとかベンチャーズとか五木ひろしとか、その辺をセレクトして自分で聴くようになる。ラジオを聴くようにもなるし、エアチェックもできる。しかも、自分の演奏もラジカセのマイクで録音できるっていうのは、ビートルズと同じスピーカーから自分の声も流れてくるわけだから。じゃあ自分の歌も吹き込んじゃえ、って」

1973年 ビートルズ to APPLE

曲を聴くことにハマると同時に作ることにも目覚めた。ここがマニアとミュージシャン、どちらの心も日々深化させていった直枝政広という人間の尊い特性の〝臍（へそ）〟であろう。

「友達とギターを……みんな一緒に買う時期だったから、中学1年って。で、ベンチャーズとかみんなでコピーした後、曲も英語で作り出すんです。

　恥ずかしいですよ（笑）。ホント、辞書の例文から抜き出してやってたんです。〝教会の鐘が鳴っています〟とか（笑）、〝なんてバカなんだろう〟とか（笑）、そういう文章。片岡義男の『ビートルズ詩集』とか、ああいうのかっこいいなあ、と思ってましたね。直訳な感じが。ビートルズと共に英語を勉強するっていうか、ちょっとプライドがあった。〝ビートルズ聴いてる〟っていうのは、イコール英語の勉強もちゃんとやんなきゃ、みたいな（笑）。それで、英語クラブとか入っちゃうんですよ。英語のカセット教材みたいなのを買ってきて、人よりも先にリーディングの勉強をしてました。でもあれ全然役立ってない（笑）。学校で使ってたのがあんまりいい教科書じゃなかったんですよ、多分。で、別の『トータルイングリッシュ』っていう教科書を扱う塾に行ったら、英語ができるようになっちゃったんで、ますます天狗になって。英語で曲作って。いっぱいアルバム作って（笑）。

　アルバムはオリジナルが6〜7枚あったんじゃないですか。最初にAPPLEっていうバンドで、それが中学卒業で解散するからって宣言して、その後それぞれがソロ活動に入った（笑）。曲は英語で作り始めて途中から日本語も入ってきますけど……アシッドですよー（笑）。新しいギターのコードを覚えると1曲できるんですよ。1個覚えると曲ができるんで、Eマイナーと Eだけでできてるとか（笑）。それはもう、今のスタッフにも聴かせてないですから。昔の仲間だけです。

　それから、ビートルズと同じようにビルの屋上で映画撮ろうっていうことになって、8ミリで映画を2本撮りました。友達が銀座の風呂屋の息子なんで、銀座のビルの屋上で、中学2年の時ですね。気持ちはビートルズなんだけど、歌ってるのはオリジナル曲とニール・ヤングの〈ザ・ブリッ

『NEW NATURAL APPLE BAND』
APPLE（1973）

作成時、直枝政広14歳。文字通りのファースト・オリジナルアルバム。加工されることのない黄色い色紙1枚。さながら『イエロー・アルバム』とでも呼べそうな素朴で静謐なアートワークは、色を変えてAPPLEの後のアルバムに引き継がれる。

NEW NATURAL
APPLE BAND
・APPLE

SIDE one
1. WHAT A FOOL YOU ARE (2'58")
2. FOOLISH (2'27")
3. NEW NATURAL APPLE BAND (2'10")
4. 果てしない旅 (3'52")
5. YES (3'30")

SIDE two
1. モノワロ人生 (2'10")
2. 君は幸わせ者 (2'18")
3. 幸わせをつかもう (0'29")
4. ISOLATION (2'00")
5. LOOK OUT (1'12")
6. PARTY (4'56")
7. THE END (1'55")

同じく74年、NHKで放送していたJames Paul McCartney Showのエアチェック・テープ。
雑誌をコラージュした自作ジャケットからは、直枝少年を襲ったロックの熱量が伝わる。

ジ〉とか（笑）。映画のタイトルは1本目が『APPLE』。2本目は『俺たちのバンドを探せ』っていう、なんかよく分からない題で（笑）。（ポール・マッカートニーとウイングスの）『バンド・オン・ザ・ラン』みたいなイメージですね」

話をするうちにどんどん、その中学時代のバンドのテープが聴きたくてたまらなくなってくる。しかし直枝は〝さすがに聴かせられるようなものではない〟と言った。この日直枝が持参したのは、テレビの音楽番組を録音したもの。1本は76年のボブ・ディラン『激しい雨』、もう1本は74年にオンエアされたテレビショー『ジェイムズ・ポール・マッカートニー』。

「テレビの前にラジカセを置いて〝ガチャン〟と。よく聴くと番組が始まる前に、親父が話しかけてる。録音する準備してんのに。当時のテレビの洋楽番組って、数少ないけど一個一個が濃いんですよ。『ヤング・ミュージック・ショー』っていうNHKの番組で、フェイセズとかストローブスまでやってたしね」

テレビの音をマイクで直録り。今では考えられないであろうが、かつては誰もがやっていた。音楽に餓えていたからこその行為でもある。すでに音楽活動に邁進していた直枝の〝カセット録音魂〟は、現在に至るまで折に触れて甦っているのではないか。

「ラジカセの後、カセットデンスケ※を買ってステレオのワンポイントマイクで録音するようになりました。高校時代には麻呂っていうフォーク・グループを始めて。それはそれでまた、歴史（カセットアルバム）がいくつか作られるわけですよ。それと同時にソロ活動もやっていて、そっちは英語詞なんです（笑）。つまりAPPLE時代の人間がそのまま成長しているコンセプトなわけです。

その後もバンドとソロは並行して続いてますね。結局最初ソロでプロデビューするんですけど、傍らでナゴム※でカーネーションでデビューして。もうその頃（80年代中頃）には〝宅録は俺に任せとけ！〟みたいな感じでプライドがあった。アルバム何枚も作って録音キャリアが長いですから（笑）。録音にはホント、ついこないだ、1999年ぐらいまでカセット使ってたんですよ。でも考えると、この2本のテープの幅である73年から77年ぐらいが、俺がロックに対して一番純な時だった。いつ帰っても気持ちのいい時であって欲しい。この2本は、APPLEのアルバムと同じ大切な箱に入ってたものですから。あー、やっぱりそのAPPLE時代のカセット持ってくればよかったですね、今日（笑）」

というわけで数日後、APPLEのファースト・アルバム『NEW NATURAL APPLE BAND』と対面した。40年近い歳月を経て封を解かれたその音楽は、無垢の創造力をビートルズにひたむきに融合させた結果、極少ない音と無限大の思いで、模倣の壁を強引に打ち破っている。ギターをかきむしり、歌を吠え、ラジオを楽器にしてみせもしていた。純粋な創造力が圧倒的に力強く美しい、直枝政広が全開になった心だけで奏でた音楽がそこにあった。

（2011年）

※カセットデンスケ
バッテリー駆動のスピーカーを内蔵した、持ち運び用小型録音機。もともとはオープンリールだったものをソニーがカセット用にして発表した。

※ナゴム
ナゴムレコード。1983年より活動している日本のインディーズレーベル。電気グルーヴの前身である「人生」など、様々な個性的バンドを輩出した。

vol.
09

坂本慎太郎

Shintaro Sakamoto

ゆらゆら帝国の一員として多くの支持を集め、ソロ活動に転じた後、独自の世界観にますます磨きをかけるミュージシャン・坂本慎太郎。ファーストアルバム『幻とのつきあい方』の発表を機に封印を解いた才人の秘密の箱には、まだ自らの音楽を確立する前の、熱いひと夏が残っていた。

「友達が、古い……平らでカセット入れて〝バチンッ〟て閉めるデッキみたいなやつを持っていて、そいつの家に行って自分らのワーワーやってる声とか録って聴いたりして遊んでいたんです。小学校5年生の時ですね。それで、録音できる物が欲しい、と思ったんじゃないかな」

元ゆらゆら帝国の坂本慎太郎はカセットテープとそのように出合った。

「歌謡曲のラジオ番組をエアチェックしたくて親に頼み込んで買ってもらったんですよ。それでずっとラジオ聴いて好きな曲だけエアチェックして、あとはテレビですね。その頃スーパーカーブームで、『(対決!)スーパーカークイズ』っていうテレビ番組やってて、番組の最後にスーパーカー同士がレースするってのがあったんですけど、それを録音してたんですよ、毎回。(ラジカセのマイクのところを)テレビにくっつけて〝うるさくすんな!〟って言って。それでただ、〝ブーン〟っていう音を(笑)録ってました」

フェラーリやポルシェ、ランボルギーニと、世界の飛び切り速い自動車に全国の少

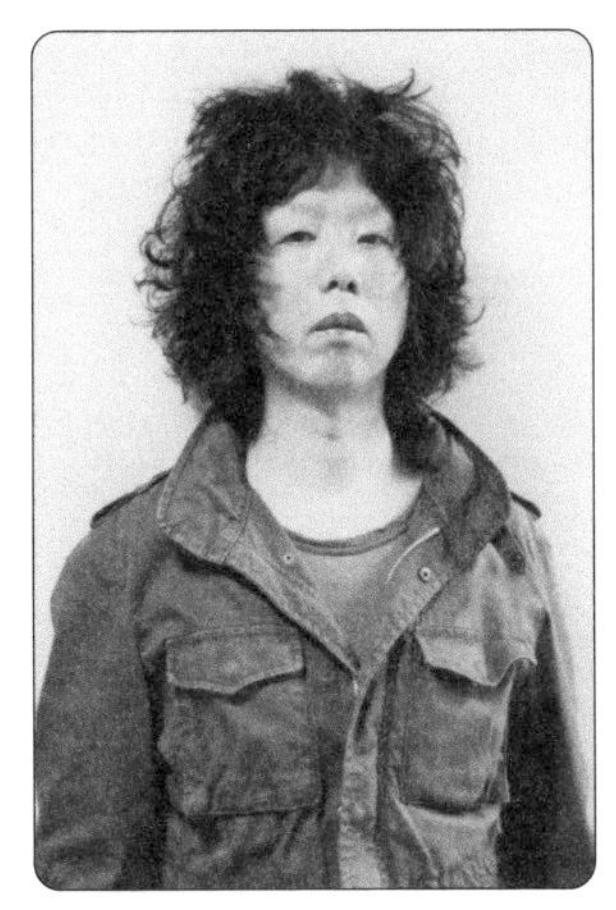

1967年生まれ。幼少期から日本各地を転々とする。多摩美術大学入学後の89年、ゆらゆら帝国を結成し、92年にファーストアルバムを発表。98年の『3×3×3』にてメジャーデビュー。海外を含め多くの熱狂的ファンを生み出すが、2010年に解散。翌年『幻とのつきあい方』でソロデビュー。22年に4作目『物語のように』をリリース。

年の熱いまなざしが注がれていた時代があったのだ。車がヒーローだった。

「いやー、ハマってましたね。写真とか撮りに行ってましたからね。撮影会も行ったし。その頃は（神奈川県）川崎の宮前平っていうところに住んでて、ちょっと自転車で行くと東名（高速道路）に架かる橋があって、その上にずっとこう（カメラを構える仕草）。向こうからちょっとかっこいい車が来たら、こうやってカメラでバシャッと（笑）」

写真を撮ると言っても、小学生が望遠レンズをズドンと装着しているわけではない。

「撮ったんですけど、（車は）豆粒みたいな……（笑）。友達と見せっこしてたと思うんですけどね。好きな車は、僕は（ランボルギーニ・）ミウラかな。ミウラとイオタが好きだったっすね。『スーパーカークイズ』の主題歌ってのも、そういう車の名前連呼して、エンジンの音バババッてかぶせてる曲でした。スーパーカーのその後への影響ですか？　いやあ考えたことないっすね。分かんないです（笑）」

今回選んだのは、スーパーカーのテープではない。

「ずっと引っ越しの度に捨てないで持ってきてる箱があって。開けたら出てきたやつです」

坂本慎太郎が取り出したのは、高校時代に録音したエレキ・ギターの演奏テープだった。坂本が友人とふたりで神妙にギターを弾いている。歌は入っていない。

「中学校ん時の一番仲良かった会津君って人がいて。その人の影響でエレキ・ギター買ったんですけど。ちょうど中学卒業するぐらいの頃。で、転校したんですよ僕が。親が転勤族だったんで福岡から松本に。それからずっと文通してたんです会津君と。音楽情報とか、ギター情報とかやりとりしてて。高2の夏休みに福岡へギター持って遊びに行って。その会津君家に泊まって、その時ふたりで録ったやつです。夏休みの思い出みたいな。（このテープのことを）完全に忘れてたんですけど、〝開けちゃいけない箱〟に入ってた（笑）」

捨てたくはないけれど、その存在は自分にとっては決して他に誇れるものではなく、恥ずかしいと言えばかなり恥ずかしい物。というのは誰にでもあるもので、そういう物はしばしば仮に封印されどこかにしまわれ忘れられていることが多い。坂本慎太郎のその箱には、このテープの他に何が入っていたのだろう。

「高校の時やったコピー・バンドの学園祭のやつとか。ゆらゆら帝国で最初に（渋谷のライブハウス）ラママに持っていったデモテープとか。中学の時、『ミュージックライフ』とか『中一時代』にイラスト描いて送ったんですけど、その掲載号とか（笑）。あと、手紙とかね。その会津君と文通してた時の手紙もいっぱい入ってました。

会津君っていうのはなんかこう、僕の常に先をいってて。フォーク・ギターとか持ってて、そのフォーク・ギターで（レッド・ツェッペリンの）〈天国への階段〉のイントロを弾いてて、〝うわ、すげえや〟と思って真似して僕も買って。そうしたら今度会津君がエレキ・ギター買っちゃって。んで、僕も買った（笑）。お互いちょっと

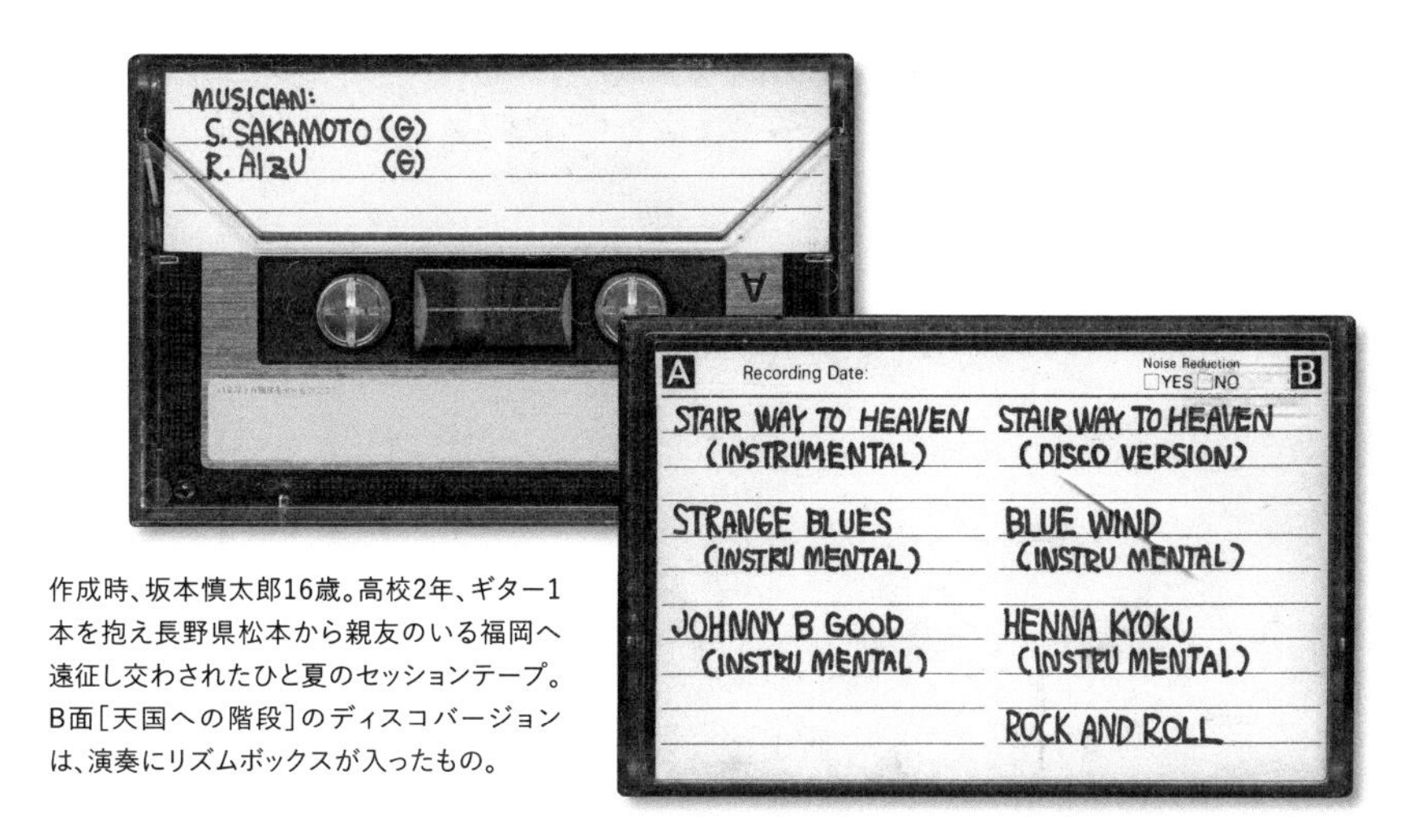

作成時、坂本慎太郎16歳。高校2年、ギター1本を抱え長野県松本から親友のいる福岡へ遠征し交わされたひと夏のセッションテープ。B面［天国への階段］のディスコバージョンは、演奏にリズムボックスが入ったもの。

SUPER SESSION'84 IN FUKUOKA（1984） MUSICIAN:S.SAKAMOTO（G） R.AIZU（G）

▷SIDE A

1. STAIR WAY TO HEAVEN(INSTRUMENTAL)
2. STRANGE BLUES(INSTRUMENTAL)
3. JOHNNY B GOOD(INSTRUMENTAL)

▷SIDE B

1. STAIR WAY TO HEAVEN(DISCO VERSION)
2. BLUE WIND(INSTRUMENTAL)
3. HENNA KYOKU(INSTRUMENTAL)
4. ROCK AND ROLL

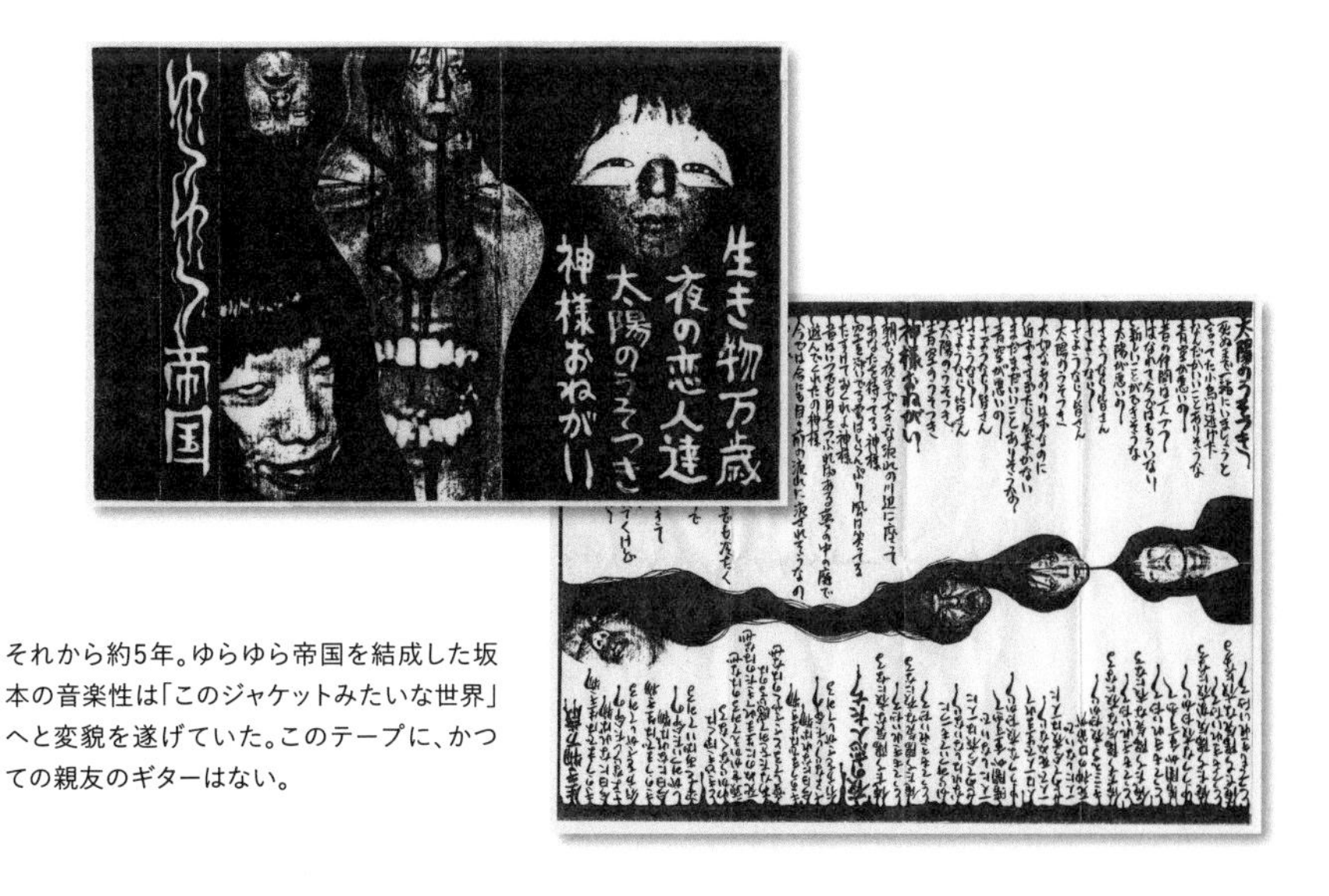

それから約5年。ゆらゆら帝国を結成した坂本の音楽性は「このジャケットみたいな世界」へと変貌を遂げていた。このテープに、かつての親友のギターはない。

なんか周りからハズれた感じだったかもしれないです。メインストリームから。これ録った頃は自分になんの音楽性もなかった。エレキ・ギター始めて1年ぐらいの時だったんで。松本に越したらホントに音楽友達いなくて。エレキ・ギター持ってるのは校内で僕だけで。その噂だけで知らない人が〝ギター見せてくれ〟って（笑）来るような世界。福岡時代は洋楽聴いたり、自主制作のパンク聴いてるやつとかいたんですけど。高校行ったら一切そういう情報もなくなって。唯一の情報がこの会津君の手紙っていう（笑）。もう高校時代はせっせと練習ですね。ヴァン・ヘイレンとかレインボーとかゲイリー・ムーアとか、そういうのを聴いて。どっちかっていうとギター少年の流れにいたもんで、パンクとかニューウェーヴとかのかっこいいのは知らなかったですね。吾妻光良のブルースギター読本、上中下みたいの買って練習（笑）。会津君とは凄い仲良くて、結構長い手紙くれてて。〝お前この間出たあれ聴いたか？ あれはいいぞ〟とか、〝なんとかのギター、あれは凄いぞ〟とか。みたいな感じで。多分こう……向こうもギターにハマってて、僕も凄いハマってたから、なんつうの？ お互いライバルじゃないですけど、そういうのがちょっとあったと思うんですよね。で、1年半ぶりぐらいギター持ってって会って、どんだけ上達したかを、こう（笑）。見せ合った夜、みたいな感じのものだと思うんですけど」

そして、ゆらゆら帝国へ

音楽の親友、という存在だった会津君とはその後、大学進学時にお互い上京、再会する。文通時代すでにふたりは〝大学受かって東京行ったらバンドしような〟と確認し合っていた。

「最初、ゆらゆら帝国やる前は、ギターだけ弾いてて。誰かボーカル探して、会津君とツイン・ギターで、ローリング・ストーンズ形式でって（笑）。ミック・ジャガーみたいなの探してギター2本でからむような。そのつもりでメンバー探してたんですけど、見つかんなくて自分で曲作り出した。自分で歌うのが手っ取り早いかなと思って。それでゆらゆら帝国ですね。ゆらゆらに、最初いたんですよ、会津君。最初の頃ライブ2回か3回くらいいて辞めたオリジナル・ギタリスト。でも音楽性が合わなくなっちゃったっていうか、当時、僕の作る歌詞が暗すぎて（笑）。サビで♪人だらけ〜♪って何回も繰り返す曲があったんですけど、ある日スタジオで練習した後に会津君が、〝そんな何回も人だらけって言うな！ こんな暗い曲もうやりたくないんだよ〟って言って、別れることになった」

暗澹たる世界を描いていた初期のゆらゆら帝国は恐ろしい、ともいえる存在だった。不良性を越えた破壊力を発揮していた。

「その頃、オシャレな80年代の文化っていうのに、異常に憎悪を持ってました。対バンする軽いやつとかを、嫌な気持ちにさせようと（爆笑）。原動力はそれだったですね、なんか。暗いやつのほうが恐ろしい音楽できる、相手をビビらすことができるんじゃないか、みたいな。腕力で行くんじゃなくて相手を嫌な気持ちにさせて、勝つ（笑）。殴るのさえ気持ち悪い、向こうがもう近寄ってこれないぐらい気持ち悪くなって勝つ、そう考えてました。ライブハウスで、リハーサルの時から女連れてるバンドとかいたんですよ。なんか膝の上に女座らせてリハの順番待ってるバンド。本番になるとその女はスタッフに早変わりして、もぎりとかやったりしてる。そういうバンド、ホントに嫌で。そういうのを、ライブハウスに登場した瞬間から嫌な気にさせてやるって。もう見た目から、雰囲気から」

そう考えるに至ったきっかけはなんだったのだろうか。

「やっぱりジャックス※かな？　ジャックスと三上寛さんの『ひらく夢などあるじゃなし』を聴いて。あとはマリア観音かな。マリア観音とはずっと仲良かったから。そういうのに凄い感化されちゃって。なんていうんですかね、昔ってもっとバンドやっている人たちって不良っぽい感じあったじゃないですか。今はもうまったくそんなことないですけど。キース・リチャーズみたいなかっこうして、酒飲んで暴れてみたいな。その世界に入れずにもんもんとしていた時にジャックスに出会った（笑）。ジャックスって不良じゃない暗い人なんだけど、音楽恐ろしいじゃないですか？　これだと思って」

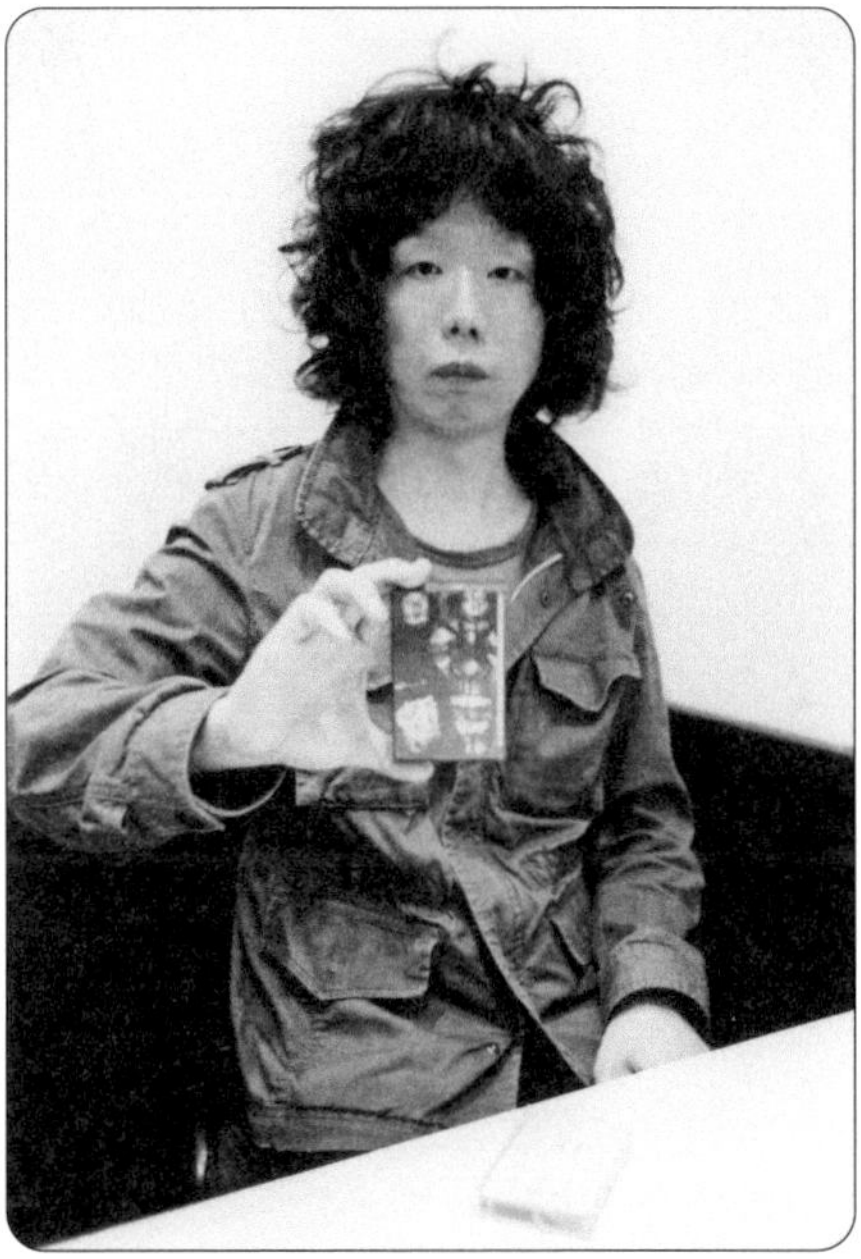

確立した無二の音楽性と、袂を分かった親友。そんな坂本はカセットテープのヘビーユーザーでもあった。初期の作品はカセットテープで発表したりもしていた。

「僕割と最近までは使ってましたねカセット。２００９年までは。練習をカセットで毎回録音してたんで。曲が家でできるとメモ代わりに使ってたんですけど、デジタルのポータブルレコーダー買ったら便利すぎて。カセットやってらんないなって思って（笑）。カセットってどこに曲入ってんのか分かんなくなっちゃうし、いらないところだけ消すわけにいかないでしょ？　結局何も書いてない裸のカセットが籠に山盛りになっちゃって。で、去年の大掃除の時ほとんど捨てちゃったんです。45リットルのゴミ袋に3袋ぐらい。

でも今回、本当に久々にヘッドホン差して聴いたんだけど、何かまたカセット聴きたいなと思った。車乗ってたんで、車内用に自分を盛り上げるテープみたいなのを、どんどん編集して番号つけてやってたんです。押し付けがましく人にあげたり。友達になったらまずテープを（笑）。あとね、メンバー代わったら教育用のやつ（笑）。あの楽しみももうなくなっちゃいましたよね。今iTunesでデータパパパっとやったら終わりだし、メールで送れちゃうし。カセットはたいへんですよね。録音がリアルタイムかかるしね。あと（テープを指さしながら）ここにもう1曲入るか？　とかね。それでもギリギリ入った時の嬉しさね（笑）」

ガールフレンドへのカセット・プレゼントというのはどうなのか？

「いやもう定期的にやってましたね。〝これ今週のやつ〟みたいに（笑）。インターネットができる前の世の中って、情報の伝わり方にズレがあって、そのズレの中で情報自体が捻じ曲がっていくのが良かったと思うんですよ。話がなんとなくでかくなってたりするじゃないですか。それでなんか妙に興奮するというか、興味を持って、情報が入って、実際に見るまでの間に自分の中で変なふうにしちゃったり。雑誌のちっちゃい記事だけ見て凄い想像して。でも実際はそんなに盛り上がっていなかったりするんだけど（笑）。

　この間ホームページを開設したんですよ。そうしたら昔のオリジナルメンバーがコンタクトをとってきました。20年会ってないのに。めんどくさいことになったらやだなと思って、ちょっと怖かったですよ。そしたらただ〝飲みに行こうや〟って（笑）。それで会って飲んだら〝俺、お前の最初のテープまだ持ってるぞ〟って言われて（笑）。もう〝頼むから絶対誰にも聴かさないでくれ〟ってお願いしました。持ってんだよね、結構。しかしまだカセットのままのうちは安心できますよね。この中身が1回データ化されると、果てしなく拡散していって大恥かくことになる。世の中に何本か絶対抹殺しなきゃいけないテープってのがあるんですよね（笑）。今回みたいに、そういうのが発掘されることがないように祈ってるんですけど（笑）」

（2011年）

※ジャックス
1968年にシングル〈からっぽの世界〉にてデビューした、日本のサイケデリック・ロックの先駆け的バンド。解散後、ボーカルの早川義夫はシンガー・ソングライターとしても活躍。

vol.
10

長与千種

Chigusa Nagayo

15歳で全日本女子プロレスに入門、20歳で一大ブームを巻き起こし、日本中の少女を熱狂させるヒロインとなった長与千種の闘いには、ブラックミュージックと、カセットテープがいつも寄り添っていた。

「初めて先輩の家でアース・ウィンド&ファイアーの〈レッツ・グルーヴ〉を聴いて衝撃を受けまして。それがディスコで聴けるっていうのを聞いて、六本木まで行きましたね」

クラッシュ・ギャルズとして女子プロレスの歴史を変えたプロレスラー・長与千種は、ディスコ・フリークであった。

「クラッシュを組むちょっと前ぐらいまでですね。結局私は雑草組で他の同期に置いていかれてましたから。ずっとファーム暮らしで毎日が練習じゃないですか。エリートだった（ライオネス）飛鳥もそうですけど、他の同期のみんなが巡業に出ると、やっぱり上手くなって帰ってくるわけですよ。試合にも出るし、先輩にも稽古をつけてもらえるし。そうすると俄然差がつくじゃないですか。だんだんファームにいる私は腐ってきますよね。やってられないって。でも、リズム感が良くなったのはディスコのおかげと思う。逆に。だから踊る場所っていうのは（スピーカーの）ウーファーの前ですよ。体に全部振動がくるんで。※ボディソニックですね完全に」

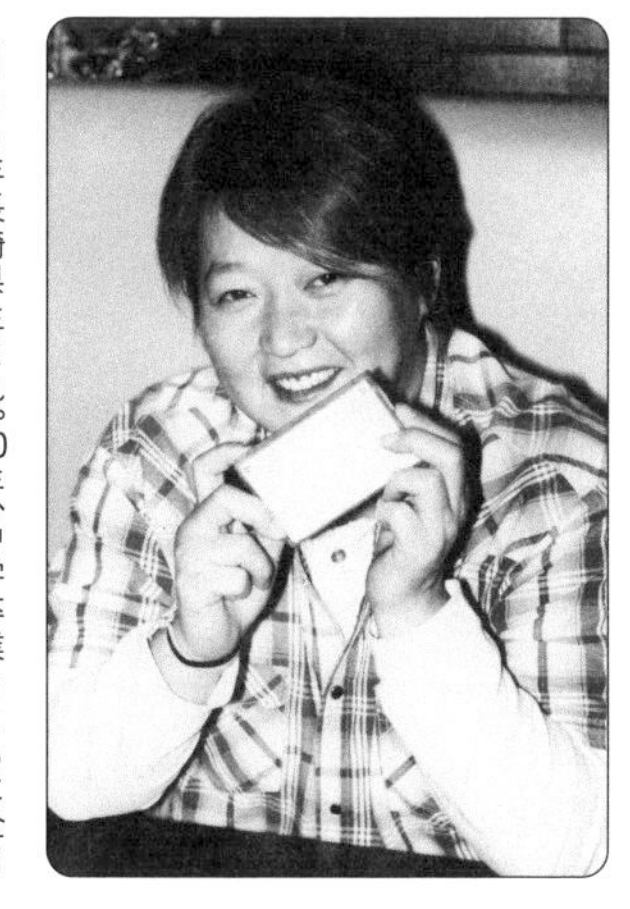

1964年長崎県生まれ。80年、中学卒業とともに全日本女子プロレスに入門。83年ライオネス飛鳥と「クラッシュ・ギャルズ」を結成し、空前の女子プロレスブームを巻き起こす。89年の引退後も2度の現役復帰を果たし、「ガイア・ジャパン」や「Marvelous」などの団体を設立。名実ともに女子プロレス界のレジェンド。

ディスコに育てられ、守られていた、と言えるのかもしれない。かつてのディスコは居心地の良い場所であった。

「当時住んでいたアパートより、ディスコにいたほうが全然暖かい（笑）。女の子でいくらだっただろう……1500円ぐらい出せば入れたんじゃないですか。当時はフリードリンク、フリーフードだったんですよ。だから食事するのも困らないし、好きな音楽はバンバン流れてるし。リズム感だって良くなるし。ずっといましたね。あと黒服と仲良くなると、顔を覚えてくれて中に入れてくれるんですよ。DJと仲良くなると、お客さんが少ないデッドタイムにレコードを回さしてくれたりとか。

その当時って赤色灯とかまだバンバンあったし、ウーウー鳴ってるサイレンもあったし。何やってんだろう、と思いますけど（笑）。今考えると。※スクエアビルは全部制覇しましたね。近くにエル・コンドルっていうのもあったし。色んなとこに行きました。G－ZAからNepentaから全部。レスラー仲間とじゃなくて、ディスコで仲間ができるんですよね。半分は顔で入れてもらってました。服も1着2着持ってれば十分だった。まだ細かったから服も既製品が着れたし（笑）。当時のディスコってとにかくゴージャスだった。それこそ回る照明っていうんですかね、中にガラスがたくさん張られてたんで、別に洋服が真新しくなくても全てが輝いて見えた。

16歳ぐらいから通ってましたから、3年ぐらいじゃないですかね。3年、疲れなかったですよね。他の同期に比べて発散したいものが出せてなかったし。そこで汗かいて、朝からまた練習っていうのは全然平気だった」

1985年 彼女は特別だった

生家で両親がバーを営んでいたこともあり、階下のジュークボックスで毎日かかる〈ブルーライト・ヨコハマ〉を夜、布団の中で耳にしていた。やがてテレビの歌番組から録音した曲を聴くようになった。中学時代、ソフトボール部の部活の時、部活部屋でみんなの持ち寄ったテープを聴いた。

「入門してからは移動中のバスの中でずっと聴いてましたね。ずーっと音楽を聴くしかなかったんですよ。75分とか90分のテープを、遠征にいっぱい持っていきました。九州で試合をやって、その次の日に関東で試合やらなきゃいけないことがあって（笑）。もう終わった途端バスで夜通し走るわけです。どこにも停まらない。それでようやく次の日の昼過ぎに着くわけです。民家の軒先の水道を借りて、歯磨きしたのを覚えてますね。

実はレスラー時代のカセット、長崎の田舎にすんごいいっぱいあるんですよ。もちろんクラッシュになってからもカセットでしたし。自分たちの歌もカセットで出てましたしね。音がいいんですよ、CDよりも実は軟らかいんです。やっぱり音楽って、感情をコントロールするのにはとてもいい。セラピー的なところがあるんですよ。コンセントレーションを自分が上げなきゃいけない時なんかに、この曲を聴くと

Whitney Houston（1985）

※ホイットニー・ヒューストンの1stアルバム『Whitney Houston』をダビングしたもの。

▷SIDE A

1. Saving All My Love For You
2. How Will I Know
3. All At Once
4. Take Good Care Of My Heart
5. Nobody Loves Me Like You Do

▷SIDE B

1. Hold Me
2. You Give Good Love
3. Someone For Me
4. Greatest Love Of All

録音当時20歳。クラッシュ・ギャルズ全盛期、日本中の女子中高生を熱狂させたヒロインの「最高年間310試合」に及ぶ旅路を支えたのは、ほぼ同年代の歌姫が放つ〝強い声〟だった。自身による丁寧な曲目リストが眩しい。

ちょっと高揚する、っていう感覚ですね。スポーツってリズム感を要することが多いので。確実にディスコの曲っていうのは試合前に聴いてましたね。クラッシュで初めてタイトルを取った試合で、雑誌に〝ベストバウト〟〝ワンナイトフィーバー〟って書かれたんです。当時の私はベストバウトの意味は知らなかったけど、『サタデー・ナイト・フィーバー』は知ってたから、〝フィーバー〟っていうことは、凄いことなんだ！　って（笑）」

長与千種の1本のカセット。それはクラッシュ・ギャルズ全盛期、85年にホイットニー・ヒューストンが発表したファースト・アルバム『ホイットニー・ヒューストン』だった。

「これは出た当時のダビングですね。〈Saving All My Love For You〉って曲が凄く好きなんですよ。ようはブラックミュージックの中でも結局、彼女のハイトーンでクリアで、なおかつ心地いい声……っていうのが好きなんです。これはスローバラードの中で初めて覚えた曲ですね。

日本語に訳してみるとたわいもない曲なんですけどね（笑）、ただの不倫の歌みたいな。この前来日した時に行ったんですけど、ホイットニー自身も今はこのキーは出ないですよね？　私も今たまに、このお店（引退後、自身が湯島で経営していたライブ居酒屋『Super Freak』）で歌うこともあるんですよ。お客様のリクエストで。中でバラードが入るじゃないですか。その時はこの曲か、ビリー・ジョエルで攻めていこうかな、みたいな」

輝くディスコを卒業した雑草は、あの頃リングで圧倒的な輝きを放っていた。リングの只中に立つ時、四方八方から発せられる観客のヤジや声援は、聴き分けられるものなのだろうか。

「新人の時は分からないですけどね、必死で。でも余裕が出てくると、分かりますね。その耳の部分って〝五感〟ってよく言いますけど〝六感〟だと思うんですよね。本当に聞こえづらい音って、六感でしかないと思うんですよ。そこのところで拾うことができますね。

1回だけ不思議な……気持ちになったことがあります。あの、大阪城ホールで（85年8月28日、対ダンプ松本戦）、お客様に恵まれまして満員の中で、敗者髪切りデスマッチをやって。星を落としてしまったんですけど。泣き声ですね。泣き声っていうのが、壁に当たって全部反響してくるわけですよ、リングに。あの泣き声の、10人いたら10人全部違う声っていうのが凄かったですよね。これは凄かった。あの時1万人ぐらいが泣きましたから。あれは今までの人生の中で一番不思議な感覚ですね。歓声をいただくっていうのはあったとしても、泣き声っていうのは、他の方にはないかもしれない。歓喜の涙じゃなくて悲しさ、〝嗚咽〟だったから」

（２０１１年）

※**ボディソニック**
音楽を聴きながら、その振動をも全身に伝えて心身をリラックスさせるシステム。体感音響装置。

※**スクエアビル**
かつて六本木にあった10階建て雑居ビル。一時期ほとんどのフロアがディスコになり、ディスコブームの象徴となった。

vol.
11

いしいしんじ

Shinji Ishii

一作家・いしいしんじが2000年代初頭に実家で出合った、その存在すら知らなかった1本のカセットテープ。その中には、現在に続く唯一無二の「いしい節」を形作る、豊穣な原点が残されていた。

小説家・いしいしんじは、シンガー・ソングライターでもあった。そのデビュー作を収めた貴重なカセットがある、と聞いて京都のいしい宅を訪ねた。晩秋の京都の昼下がり。

「ウチの親父っていうのは電化製品マニアっていうか、とんでもない人で。ベータ（のビデオデッキを）すぐ買ったし、8ミリのビデオなんかもカメラで買ったりして。もっと凄いのが、僕がちっちゃい時にコンピューター買ったりしてたんですよ」

ええ!?　それはいったい？

1966年大阪府生まれ。京都大学文学部仏文学科卒。94年『アムステルダムの犬』刊行。2000年、初の長篇小説『ぶらんこ乗り』刊行。03年の『麦ふみクーツェ』で坪田譲治文学賞、12年に『ある一日』で織田作之助賞大賞、16年には『悪声』で河合隼雄物語賞を受賞。KBSラジオにて音楽番組『ころがるいしのおと』のDJを担当した。

「なんかこう、パンチ式みたいなやつあるじゃないですか？　その当時、ほぼ40年前ぐらいで200万円したって言うんですよ。しかもそのコンピューターがいっぺん壊れたんですって。そしたらもう1回買ったって」

コンピューターが電子頭脳と呼ばれていたような時代である。それを1度ならず2度までも購入するとは。いったい何に使っていたのであろう？

「なんか（紙が）バカバカ出てくんのが面白かったんちゃうかな（笑）。ガタガタガタ……って（笑）。そういう人なんです。だからまずはオープン・リールを使ってたと思うんですけど。でもカセットテープで色々なものを聴いた覚えがあるので、多分カセット・レコーダーも初めに買ってたと思います。僕と兄貴の会話を録ったものだとか、ありました。

ある種の芸みたいに仕込まれたことがあって。〝しんちゃん、しんちゃん、学校どこ行くねん？〟っていうふうに誰かが聞いたら〝東大法科！〟って答える。そう言うように僕に仕込んだんですよ（笑）。それもテープに入ってて。〝しんちゃん、しんちゃん、学校どこ行くねん？〟〝東大法科！〟ワーッて笑ろてて、その後にね、ウチの親父の弟、まあよくある親戚中の面白い叔父さんっていうのがいてて。その人が〝しんちゃん、東大法科出て何すんねや？〟って。〝何する〟って意味がよくわからないから（叔父がもう1度）〝仕事何すんねん？〟って聞いたら、〝魚屋！〟（笑）そういうのがあったりだとか。この録音もその中の一環ですね」

日常を録音する。家族の声や歌を録音してみんなで聴く。カセットテープ・レコーダーは家族のスナップ写真のような役割を音で果たしていた。プラスチックの小さな容れ物の中に家族の声／音が吸い込まれ、それがまたスウィッチひとつで広がってゆく。〈パッと起きの唄〉も、そんな録音の中のひとつだった。

「幼児生活団ってとこに通ってて。4歳の時は週1回。5歳の時には、生活団の曜日ともうひとつ、音楽の曜日っていうのがあって。〝ソルフェージュの日〟っていうふうに言われてたんですけど。5歳組と6歳組は生活団の日と音楽だけをやる日のそれぞれ週2日だけ通って、あとは家でお母さんが全部やると。そういう教育機関だった。そこの〝ソルフェージュの日〟っていうので、この〈パッと起きの唄〉を作ったのか、家で作ったのか覚えてないけど。おぼろげに覚えてんのは……多分家ですね。鍵盤を叩きながら、♪パッと起き　パッと起き♪って自分でピアノ叩きながら決めてた覚えがあるんですよ、メロディーを。人差し指で、パン・パン・パンって。それで曲ができたら生活団のみんなが覚えやすいから歌ってくれて。朝のスタンダードナンバーになった」

この曲は実にきちんと、整備された言葉とメロディーの結びつきによって作られている。姿勢正しくほがらかである。しかし大人びていない。5～6歳児の言葉、音がはずんでいる。だから合唱が楽しく美しい。

「聴いてみたら一音一音、パン・パンって、ちゃんと押さえ具合の好みで作ってるっていう感じがする曲なんですよね。でね、これ、曲を先に作りました。あとから詩を作った。それ今思い出しました。（この歌は）〝さっさとしましょう　朝じたく〟っていうふうに終わるんですけど。〝さっさとしましょう〟の次をどうしようか、ってウロウロウロウロ1日ぐらい考えてて、〝朝のなんとか、朝のなんとか……〟って言ってたら、おばあちゃんに〝朝じたくちゃうん？〟って言われて、〝あ、朝じたくや！〟って。でももしかしたら、♪パッと起き　パッと起き♪だけは先に言葉とメロディーが一緒にあったかもしれない。あそこは言葉とメロディーが貼り付いてる気がします」

児童が合唱している。みんな一生懸命歌っている。しかし誰かにやらされている空気はまったくない。いしい少年の歌をみんなで伝えようとハツラツとしている。これが朝のぼくたちわたしたちの歌です、と胸を張っている。

〝いしいしんじ〟との再会

「僕はカセットテープでこれが残ってるってことは長年知らなかったんですよ。ちょうどこの曲を作ったのと同じ頃に書いた本があって。『たいふう』とか『びんをのんでしまったさい』とか。その頃からひらがなで〝作・いしいしんじ〟で。今と一貫してるんですけどね。それで、34歳の時にそれを思い出して。実家に帰った時に〝昔そんなん書いてたな、俺〟って母に言ったら、〝何言うてんのアンタ。全部残ってあるやないの〟〝え？　どこに残ってんの？〟

パッと起きの唄（1970）
作詞・作曲／いしいしんじ
歌／いしいしんじ＆幼児生活団（卒園式での合唱）

録音当時およそ5歳にして、作家・いしいしんじ生涯唯一の作詞・作曲。
現在のテープはマスターからのダビング。
ちなみに取材当日、いしいしんじの長男・ひとひ君も生まれて初めてこの曲を聴いた。

1番

パッと起き　パッと起き　パッと起きて
寝間着を脱いで　冷水摩擦
それが終わったら　着替えです

2番

パッと起き　パッと起き　パッと起きて
テレビを見ないで　本を読まないで
さっさとしましょう　朝じたく

〝2階のツヅラに残ってあるやない〟〝ツヅラ？〟（笑）」

そこには、いしい家兄弟各児のツヅラが並んでいたという。開けてみたら『たいふう』も、カセットテープも出てきた。

『たいふう』っていうのは4歳半から5歳ぐらいの時に初めて書いた本なんですけど、それがあんまりにも素晴らしくて。自分はその頃、短編や評論なんかも書いてて、〝何でも書けるわ〟と思い込んでたんですけど。そんなもの『たいふう』に比べたらクソだなって。自分以外の世界っていうのは凄い怖い、自分が死んでも自分の周りの世界にはなんの関係もない、でも怖いけどなんかできるんとちゃうか？　っていうことが一生懸命書かれてるんですよ、『たいふう』には。

生活団の他の子らは本を1回書いて終わったんですけど、僕だけ『たいふう』の後もずーっと書いてて。その書いたのをみんなの前で読むと割とウケる。すると流行りのテレビだとか、そういう要素を入れたらもっとウケる、っていう知恵が付いて。それで結局書くものがどんどんつまらなくなっていく。で、自分はそのままずっと30年間そういうことをしていた、っていう感じが34歳の時に分かった。自分には『たいふう』だけだなあという事実に愕然とした。でも、『たいふう』だけでもできたんだな、と思って。じゃあ『たいふう』みたいなことをやればいいんだって、そういう小説を書き始めたのが2000年です。それで『ぶらんこ乗り』っていう最初の長編小説の一番最初に、『たいふう』を丸々使ったんです。その続きのつもりで」

ツヅラの中で〝いしいしんじの中のいしいしんじ〟がずっと待っていた。発見は再会だった、のであろう。

「このテープと『たいふう』は同じ時期ですね。初めて覚えた言葉で、その後30年間の中での最高傑作を書き、作詞も作曲もできて、万能人やったんですね（笑）。でもね、『たいふう』を書いた時の喜びと興奮が凄すぎて、それ以前の記憶がないんですよ（大笑）」

（2012年）

vol. 12

安齋肇

Hajime Anzai

〝ソラミミスト〟としても有名なイラストレーター・安齋肇が今から33年前に編集したカセットテープは、まさに唯一無二、極私的な声と甘いソウルが溶け合った、夢のコンセプト・アルバム（!?）だった。

「カセットは最近も、バンドの練習に持って行ったりね、それこそ随分昔に録ったやつとか、聴いてるよ。結構カセットプレーヤー壊れないよね。〝ガシッ〟って激しい音すんのにね、かける時。あの〝ガシッ〟がいいんだよ」

お茶の間ではテレビ番組『タモリ倶楽部』のレギュラー〝ソラミミスト〟として知られている、デザイナーでイラストレーターで、パンク・バンド＝ラストオーダーズのボーカル&ギターとしても暴れている安齋肇は、かつて自作カセットを入れたプレーヤーを持って、夏の海岸へひとりでちょくちょく出向いていたという。

1953年東京都生まれ。桑沢デザイン研究所デザイン科修了後、麹谷・入江デザイン室、SMSレコードデザイン室を経てフリーに。音楽関係の様々なビジュアルから、キャラクターデザイン、装丁まで、イラストレーター／アートディレクターとして幅広く活躍。92年よりテレビ朝日系『タモリ倶楽部』空耳アワーに出演。

「友達とか海に誘うの恥ずかしいじゃん？ その頃は湯村輝彦※さんの影響で、黒くなりたくてしょうがなかったんですよ。だから海行くんだけど、そういう時にぶっ壊れてもいいような、叔父さんからもらった英語学習用LLカセット・プレーヤー持って。また音が悪くていいんだよね。でっかくすると音が割れてさ。海でそれ聴きながら、焼いてたの（笑）。より焼けるようにやっぱりさ、サルサとかかけて（大笑）」

サルサといえば湯村輝彦ではなく、同じイラストレーターではあるが河村要助※が強く称揚していたものだが？

「あんまりその、境がなかったの。湯村さんと河村さんの（笑）。カセットラベルとか真っ赤に塗ったりして、ファニア※とかよく聴いてたな。人に聴かれても恥ずかしくないじゃん？　なんだかわかんないから。そういう場所でニール・ヤングとかね、ボブ・ディランとか入ってるとちょっとね。プリンスでもヤバいねえ、もう結構ヤバいよね。感情の出る音がダメでしょ、やっぱり。日焼けには（笑）。ひたすら焼いてるだけだから。う～ん、あの頃はそんなに日光が体に悪いなんて知らなかったもんなあ。ホント、海行ってましたよ。カセットは必需品だったね」

安齋がそっと鞄から取り出してテーブルの上に置いたカセットテープ。ラベルには、『るす電』とあった。作成は1989年。

「会社辞めてフリーになって（82年頃）、カメラマンの伊島薫と一緒に事務所やってた時に、俺やることなくて仕事も来なかったからさ、あの（留守電の応答用の）メッセージを入れてくださいっていうやつに命懸けてた。毎日毎日。夜になると（笑）。それですげえ一生懸命やって、オリジナル曲横で弾いてもらったりさ。アシスタントカメラマンのやつに後ろで歌わせたりとかさ。〝留守番電話にメッセージを……〟ってやってたの。それがだんだんエスカレートしてさ、落語風にやってみたりさ。〝おい、八っつぁん！〟〝熊さん、なんだい？〟とかやって（笑）。どんどんどんどん凝り出していって、もうセクシー・バージョンとかさ、やってたのよ。そしたら伊島のところに電話かけてきた人から〝こんなことしてたら仕事なくなるよ！〟ってすんげえ怒られて（笑）」

かつて留守番電話の応答メッセージは、持ち主が録音するのが普通であった。いわゆる固定式（プリセットの）メッセージは機械に設定／収録されていなかった。そのため他との違いを明確化しようと、工夫を凝らす者も少なくなかった。

「それでやめて普通にしたら仕事が来るようになったね（笑）。それでね、結構色んな人がさ、留守電入れてくれてたからそのテープをとっておいて、編集したの。間に曲を入れて（笑）。あのほら、『スネークマン・ショー』※みたいにして。一番最初にウチの事務所のやつが入ってるよ」

アナログだから伝わる声の熱

確かに事務所らしい落ち着いた語り口の案内が聴こえてきた後、突然、興奮した女性の〝もしもーし！　ハッロォオオ、ニューヨーク!!　もしもし？　もしもしぃ！　私!!　元気元気〟という大声が響き渡る。それが終わったかと思うと、美しいソウルミュージックが登場するのであった。

「これね、友達の奥さんでね、夫婦で初めてNY行く時に成田かどこかから電話してきたんだけど、テンション高いじゃん（笑）？　なんかさ、留守電の声って重ねちゃって消しちゃうでしょ、どんどん。もったいないな、と思ってね。面白いのあったんですよ、いくつか。で、それを集めてみたのよ。全然意味ないんだけどさ。それで間の曲はね、湯村さんがさあ、好きなソウルのシングルを入れて作ってくれたカセット、〝はい、安齋君用〟とか言って。そこから曲を選んで入れたの。だからソウルが入ってんの、間に」

曲が終わったと思ったら、男女ふたりの押し殺したような陰気な〝ハッピー・バースデー・トゥ・ユー〟の歌声が聴こえてきた。

「すっごい暗い〈ハッピー・バースデー〉なの。夜だから近所の手前とかあったと思うんだけど、このふたり離婚しちゃった、その後……でもさあ、曲がいいからね！　いい曲が挟まってるから、なんでもよく聴こえちゃうよ。このテープは、聴かせてないよ誰にも。自分だけ。久しぶりだよ聴くの。20年前だからね。まだ編集途中だし。

それでね、もっと色んなのいっぱいあるんだよ。喋ってる途中で呟き込んじゃう人とかさ。お相撲さんからとか。オウム事件の時に刑事から電話かかってきたりと

るす電 1989 MAY

1. 安齋肇事務所の留守番電話応答メッセージ
2. 【録音メッセージ】
   初めてのNY行きを前にテンションの高い友人夫婦が成田空港から
3. 湯村輝彦セレクションより：ソウルミュージック
4. 【録音メッセージ】
   誕生日に友人夫婦が歌ってくれた暗〜い〈Happy Birthday to You〉※夫婦はその後離婚
5. 湯村輝彦セレクションより：ソウルミュージック
6. 【録音メッセージ】
   木之内（当時は後藤）みどりから貸したビデオのお礼
7. 湯村輝彦セレクションより：ソウルミュージック
8. 【録音メッセージ】
   マーチン荻沢「歌を1曲歌わせてもらいます……」
9. 湯村輝彦セレクションより：ソウルミュージック

作成したのは23年前。「聴かせてないよ誰にも。自分だけで」というコンセプト・（カセット）アルバム。
録音メッセージの間に挟まれる曲は、敬愛する日本グラフィック界の大御所・湯村輝彦から贈られたカセットテープに収録されていた、スイート・ソウル。

か。事情を聴きたいからって、なんの事情なんだか（笑）。そういうの色々入れようと思ってとってあるんだけどさ。でもね、なんか最終的にはさ、俺の留守電ってほとんど、〝あのー、今日（イラスト）もらえる約束だったんですけど！〟とか〝あのー、何度電話しても出ないんですけど〟とか（笑）〝本当にもう間に合いませんから！〟みたいなのばっかりで、聴いてるのだんだん嫌になって、それからやんなくなったの（笑）」

安齋肇といえば、その道では並の遅さとは言えぬほど仕事を仕上げるのが遅い人であり、遅刻魔として知れ渡っている大人物であった。そういう人ならではのエピソードである。

「こういうの吹き込むのって、熱意があるよね。アナログなんだよね、考え方が。でも温度が高いから催促とかが怖いのよ、逆に。リアルに切羽詰まってる人はさ、ヒシヒシとくるからさ。今はメールだからね。メールは全然怖くないもん」

事務所の留守電もすっかりデジタルになった2012年にひもとかれた、アナログな声とスウィートソウルの未完成カセット。大量の催促も、今なら笑って編集できるかもしれない。

「ウウウ……笑えないよ！　やっぱりどっか痛いわ（笑）。でもいつか整理しようと思ってるカセットまだいっぱいあるからねえ。中には（ラベルに）『ディラン』って書いてあるのあってさあ、〝ボブ・ディランが留守電入れてるわけねえなあ〟と思ったんだけど（大笑）。変なのも出てきたよ。岡本太郎と大屋政子の対談とか（笑）。昔『TRA』っていうカセットマガジンを伊島がやってて手伝ってたの。その時にカセットを留守電用に使うんで俺が管理してたんだ。だからそういうのも持ってるんだと思う。やっぱりカセットって面白いよね。随分前に襟裳岬に行ったらさ、カセットで森進一の〈襟裳岬〉が流れてんの。そのテープがすげえ伸びててさ。もう全然森進一に聴こえない（笑）。呪いのような声だったよ。カセットってそういう面白さあるよね。宇宙と交信してるみたいな」

（2012年）

※湯村輝彦
テリー・ジョンスンのペンネームで知られるイラストレーター。「ヘタうま」と言われるイラストで後代に大きな影響を与えた。R&Bフリークとしても有名。

※河村要助
イラストレーター。70年代前半に湯村らとデザイン集団を結成していた。サルサ音楽の普及にも大きく貢献。

※ファニア
ファニア・レコード。1964年にNYで誕生したサルサの代名詞的レーベル。

※スネークマンショー
1975年に桑原茂一と小林克也が開始した（後に伊武雅刀も加入）ラジオDJ／コントユニットであり、伝説的ラジオ番組。

vol.
13

野村義男

Yoshio Nomura

トップ・アイドルから人気ギタリストへ。愛するギターに導かれるように自分の道を歩んできた〝ヨッちゃん〟こと野村義男。取り出した3本のカセットテープには、まさに「人生の作品」と言うべき3つの想いがこもっていた。

豊富な活動歴を持つギタリスト・野村義男は、もちろんカセットテープ使いとしてのキャリアも長い。

「カセットテープはもう大必需品だね。ずっとカセットでギターの練習やってたから、何台デッキを壊したか。そこに不安を覚えて、未だに平置きの録音できる新品のデッキを1台、箱に入れたままキープしてあります。残念なことにデータとか色んなもので録音できることが分かってしまったので、今後カセットが使えなくなる？ カセットデッキがなくなるんじゃないか、と思ったから買って、封は開けずにそのまま。多分もう日の目を見ることはないけど。箱に〝おもひで〟って書いて（笑）」

1964年東京都生まれ。79年の芸能界デビュー後、〝たのきんトリオ〟の一員として熱狂的人気を誇るトップ・アイドルに。83年シングル〈気まぐれONE WAY BOY〉で歌手デビュー。同時にバンドThe Good-Bye結成。90年の活動停止以降はギタリスト、コンポーザー、プロデューサーとして多方面で活躍。

たのきんトリオ、ザ・グッバイ、ソロ活動、常にカセットテープが傍らにあった野村義男が取り出したテープは3本あった。

「その1は……古い順にいきましょうか。これですね（【テープ1】）。『金八先生』やってたのが79年だったんで、それが終わって……〝たのきん〟と呼ばれた初期に、えーとテレビ朝日の『クイズ!! マガジン'XX』っていう番組やってたんですけど。

その番組の打ち上げで生演奏ができる六本木のカモメっていうお店で演奏した時の音源。ウォークマンのステレオ録音できるやつを、多分舞台袖に置いておいて録ったと思います。だから音は凄い悪いんですけど、古い音自体残ってるのが、〝バンドもの〟でいうとこれだけみたいで」

リードギター・野村義男。だがその日一緒に演奏した人たちが誰なのかも知らない。野村はこの時16歳だった。

「飲んでないから、やることないからギター弾いてたみたいな。ギターも店にあった物じゃないですか。ただ問題なのは、何曲かビートたけしさんが歌ってる（笑）。ロッド・スチュワートかなんか。番組一緒にやってたから。聴いてみます？」

と言って再生されたテープから、ブルース・ナンバーのギター・ソロが聴こえてきた。

「ソロだソロ。へったくそ（笑）。これは確実に僕。なんでブルース弾いてんだろう。弾きたがりの頃じゃないですか？　今だったら逆に恥ずかしくて、打ち上げで人前なんかでは〝弾かない〟って言うと思いますけど（笑）。（テープからブルースに続いてダウン・タウン・ブギ・ウギ・バンドの〈スモーキン・ブギ〉が流れる）これ日本語？　あ、これ僕ですね、歌ってるの。素晴らしい、今じゃ許されないギターだ（笑）。しかしこの状態で、たけしさんもよく歌ってくれてるよね、逆に。申し訳ない（笑）」

アイドル・野村義男はこの頃にはすでに曲を作りためていた。中学時代には「普通に」友人とバンド活動をし、レコーダー2台を使って〝オーバーダビング〟も自宅でやっていたカセットテープ少年であった。

「僕はもとから踊りにも興味なくてさぼってたほうだし。この頃はテレビの世界にしかいなかったけど、楽屋でギター弾いてたら、番組に来たゲストで楽器弾く人たちが話かけてくれたりはしました。しかし、ギター弾けて良かった、と思いますね。ギター持ってることによって踊らないですんだっていうか。逆に本気で踊りとか覚えてたら、ギター弾いてないだろうし」

プロミュージシャンへの道

ギター道を歩みつつ、〝たのきん第三の男〟は待望のレコード・デビューへと至る。2本目のカセットはその頃の物だ。

「2本目は83年になります。グッバイの前に出したソロ・アルバム『待たせてSorry』を作っている時に、〝誰かに曲書いてもらいたい？〟って言われて、Charのファンだったのでお願いしてもらって、その時作ってきてくれたCharちゃんのデモテープ（【テープ2】）です。1曲目がCHARで2曲目がYOSHIOって書いてあるんで（笑）、弾き方を覚えようとしてるんですよね。この曲のレコーディングのディレクションはCharがしてるんですよ。バックの演奏がジョニー、ルイス&チャーですね。かっこいいですよね。ラベルに〈Yukari song〉って書いてありますけど、これは※スモーキー・スタジオの受付の子がゆかりちゃんっていう子だったから（笑）。実際

【テープ1】
1981.5.2 Yoshio. 六本木 カモメLIVE!!

録音当時16歳。1981年『クイズ!!マガジン'XX』の打ち上げで訪れた六本木の店・カモメで、店のハコバンをバックにギターを弾きまくる「人生初セッション」を収録。共演者・ビートたけしが歌う貴重な〈ホット・レッグス〉も！

【テープ2】
Yukari song 1983'3.12
M-1 CHAR　M-2 YOSHIO

録音当時18歳。ついにソロデビューを果たす野村に、「エレキギターを知るきっかけとなった」憧れのギタリスト・Charから届いた曲のデモ・テープ。Charの演奏の後に、弾き方を覚えようと必死にたどる若き野村の演奏が収録。

【テープ3】
CRY☆BABY 90'

録音当時25歳。The Good-Bye（グッバイ）活動休止、ジャニーズ事務所も離れる野村が、「次に生きていくために自分に何かがないといけない」という想いで仲間を集めて録音したセレクト曲集。このテープ1本を持って、野村は運命の交渉へ出る。

にレコードになった時には全然違うタイトルになりました。

憧れだったから感激はありましたねえ。レコーディングの時にCharちゃんから〝もっと元気に弾けないの？〟って言われて〝元気〟の意味が分かんない。ボリューム上げればいいのかな？　みたいな（笑）。子供だからいじめがいがあったんじゃないですか？　ただビローッと弾けばいいんだって思ってた時に、色んなことを教え込まれちゃったんで。この時はもうグッバイをやるっていうのが決まってる状態で、そのためにこの後自分がやらなきゃいけない音楽的なことを色々、グループ感だとか、縦の線の意識だとか、考えるようになりました。だから1本目のカセットは〝人とやる〟ってことの始まりで、2本目は確実にプロの仕事の入り口ですよね。何が違うんだろう、って凄い考えたし」

80年代を通してバンド、グッバイで活躍。91年にジャニーズ事務所を辞め、ミュージシャンとして独立独歩の活動へと移る。3本目はその始まりといえる頃のものだった。

「これは90年の3月6日に録ったもので、グッバイの最後のアルバム用に作った曲を会議に持っていって聴いた時に〝バンドに合わない〟ってことになって、その曲を別のメンバーで録ったもの。〝どうにかしなきゃ！　人生を〟っていうテープですね。グッバイが活動休止になるのは分かっていた状態だと思うんで、次に生きていくために自分に何かがないといけない、と思って。録っただけだと自己満足で終わっちゃうんで、ここ（今の事務所）を突然訪ねて〝CD作らしてくれるから来たんだけど！〟って凄いウソついて。社長が対応してくれたんですけど、〝そんなこと言ってた？　曲は？〟〝持ってきましたよ〟〝じゃあ聴かせてよ〟〝ダメだよ！〟ってもったいぶって。〝聴かせたら作ってくれる？　聴かせるから作ってよ。もし聴かないんだったら他に持っていくとこあるから〟って。ないのに。一世一代のブラフだった。それで色々話をして、〝じゃあ、作ってやるから聴かせろ〟って。聴かせたのがいつかは覚えてない。でもグッバイが終わってからだから、録ってからもう1年ぐらい経ってたかもしれない」

ハードなドライブ感あふれる曲が鳴り響いた。どこか覚悟を決めた人間のパワーが感じられる曲だった。飛び込んだ事務所が芸能ではなく、作曲家や作詞家をマネージメントする作家事務所だということも知らなかった。

「ジャニーズも辞めて、ギターとか音楽で食べていこう、と決めちゃってましたね。実際この後、裏方さん仕事系がいっぱい始まりますからね。作詞作曲、アレンジ、名前の出ないミュージシャンのポジションっていうのを凄いやりました。だからそういう、〝CD作ってくれ〟って言ってたわりには、今に続く裏方仕事を始めるきっかけになった1本ですね」

野村義男のカセットテープは、3本とも見事な〝区切り〟のテープであった。それぞれにその時の想いがこもっている。

「そうそうそう。怨念が、みたいな（笑）。でも10年以上前、PINK CLOUDの最後の頃にCharちゃんに〝見に来い〟って言われて、行ったら〈Yukari song〉やってましたね。〝お前弾ける？〟とか言われて。〝俺はまだ弾けるぜ〟って」

（2012年）

※**スモーキー・スタジオ**
当時銀座にあったCharのスタジオ。ポートレート撮影時、野村はカセットを持ちながら「スモートリー」という自虐的な得意の駄洒落も忘れなかった。

vol.
14

ロザンナ

Rosanna

歌手でイタリア家庭料理研究家のロザンナは、「ヒデとロザンナ」として一世を風靡した歌のパートナーであり、最愛の夫でもあるヒデ亡き後、自宅で1本のオープンリールとカセットを発見する。彼女は今も、そこに残されていたヒデの声と〈愛の奇跡〉を紡いでいた。

「カセットテープはですね、これが出てきてみんなが使うようになった頃、ウチの夫（ヒデ）が〝これでレコードが売れなくなる！〟って言ったのをよく覚えています。当時、ファンの人たちがテレビの生でやる歌番組を録音するようになって、みんなレコード買わなくなるわけですよ。その時私は〝そんなの関係ないんじゃないの？〟って言ったんだけど、結果はその通りで。その後CD、今はダウンロードでだんだん売れなくなってきちゃったわけですよね。だからカセットは〝便利なもんが出てきた

1950年イタリア共和国ベネト州生まれ。67年、17歳で来日後、出門英とのデュエット「ヒデとロザンナ」を結成。デビュー曲〈愛の奇跡〉（68年）の大ヒットにより、一躍人気歌手に。その後も多くのヒット曲を世に送り出す。90年、公私に渡るパートナーだったヒデを病で失うが、その後も歌手・イタリア家庭料理研究家として活躍。

な〟と思いつつ、確かに何か、時代のステップになるんだろうな、とは思いましたね。今思えばウチの夫は正しかったって（笑）。読みが結構早い人なんですよ」

晴れた空に響かせたいラブ・ソングの傑作〈愛の奇跡〉で一世を風靡したデュエット＝ヒデとロザンナのロザンナにとってのカセットテープは、ヒデのひと言から説かれた。

「ついこの間まで使っていました、私は。カセットテープは便利で簡単じゃないですか。音質も悪くならないんですよね。CD

プレーヤーってちょっとのほこりでもすぐに（音が）飛んじゃったりするじゃないですか。私はカセットプレーヤーのほうが好きかも。未だに」

故郷イタリアで母親がバールをやっていたせいで店にジュークボックスが置かれてあり、幼い頃からアメリカン・ポップスからカンツォーネから色々な音楽に親しんでいた。

「リタ・パヴォーネっていう赤毛の女の子の、その子のレコードが自分で初めて買ったレコード。大好きだった、その子。イタリアのタレントキャラバンみたいなのから出てきた子で、スーパースターになった子。ちっちゃくてソバカスだらけで、ドラマに出ても男の子の役をやったりしてた。声が凄く通る子でね。あとはもっぱらミーナ※が好きだった」

日本で出稼ぎのバンド活動をしていた叔父さんの誘いで、17歳で来日した。手にはなけなしの500リラ（当時の日本円で250円程度）。アジアそのものが未知、という状態だった。

「かろうじて、侍がいる国、みたいな感じで（笑）。でもそんな国行って私は何をすりゃいいんだろう？　って思った。イタリアに帰国した叔父さんがレコードを〝聴いて覚えろ〟って持ってきたのが布施明さんの〈恋〉っていう曲。覚えろったって日本語だぞ（笑）？　〝カタカキコトコト……〟というふうにしか聴こえないんだから。当時私が聴いてた音楽とは似てなくてね、覚えられないんですよ。それからもう1曲が〈七つの子〉。それを叔父さんにピアノで弾かれて。覚えろ、と。その2曲だった。〈恋〉は多分その当時凄く流行ってたからだと思うけど、〈七つの子〉はね。叔父さんたちが出演していたのは『ゴールデン月世界』っていう赤坂にあった店で、そこにホステスさんたちで、結構ベテランの人がいて。ホントに芸者さんって言ってもいいぐらい古株の人たち。その人たちと叔父さんが仲良くなって〝今度姪っ子が来るんだ〟って言ったら、〝じゃあ、この歌を歌わせたら絶対ウケるわよ！〟っていう話をされたらしいんですよ。そのお姉さんに（笑）。

それで忘れもしないデビューの日。超スーパーミニスカート、ピンクのね。ちょっとラメの入った。可愛いかったんだから、言っとくけど（笑）！　足がもう綺麗で、そんな女の子がいきなりピアノの伴奏1本で♪か～ら～す～♪って（笑）。バンド演奏の時間は、ちょうど踊る時間なんですよね。それがみんな止まっちゃって。〝なんじゃこれは〟って（笑）。結構高級キャバレーだったから年配の方が多いんですよね。そしたら〝○×△□×○××！〟ってなんか言われてるんだけど、分からないんですよ、私には。〝どういう意味？〟って聞いたら〝おい、ここは幼稚園じゃねえぞ！〟って言ってたっていう話を後で聞きましたけど。まあでも喜んでくれたみたいね。でもさ、バスト102㎝ある可愛い女の子だからね！　102㎝で〈七つの子〉はないんじゃない（笑）？」

たったひとりの〈愛の奇跡〉

そんなロザンナが取り出したテープは、カセットとオープン・リールが1本ずつ。〈愛の奇跡〉と〈愛はいつまでも〉のカラオケが入っている。ひとつはヒデの歌声が入っていて、ロザンナが歌えばデュエットになるもの。もうひとつは純粋なオリジナル・カラオケだ。

「彼が癌で入院した時、〝ヒデロザ〟で仕事が入ったんですよ。私ひとりで歌ったことないし、どうしようかと思って。ブライダル関係の仕事だったんですけど。で、電話で〝彼が盲腸で入院しちゃったからキャンセルできないか〟って。そしたら、それはできないからなんとかしてよ、って言われて。なんとかしてって言われてもどうしようかな……って。とにかくヒデロザはひとりで歌えないし、それで、当時のマネージャーに彼の声が入ったカセットテープを作ってもらったんです。彼の声が入っているのが2曲だけでもあれば、お客さんが納得してくれるかなって。で、後はひとりで歌えるカンツォーネをちょろちょろって。でも私が歌うとね、お客さんが〝そん

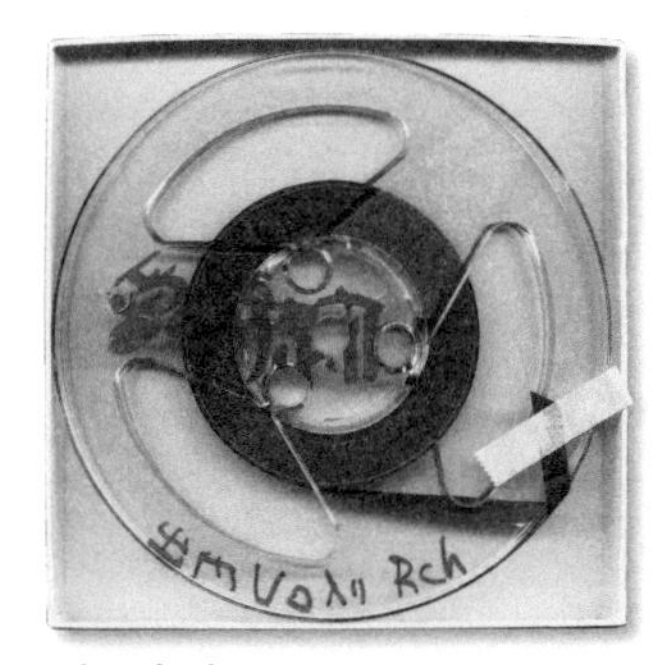

愛の奇跡・89 MONO

1. Lch カラオケ MONO　2. Rch ヒデVo(No Echo)

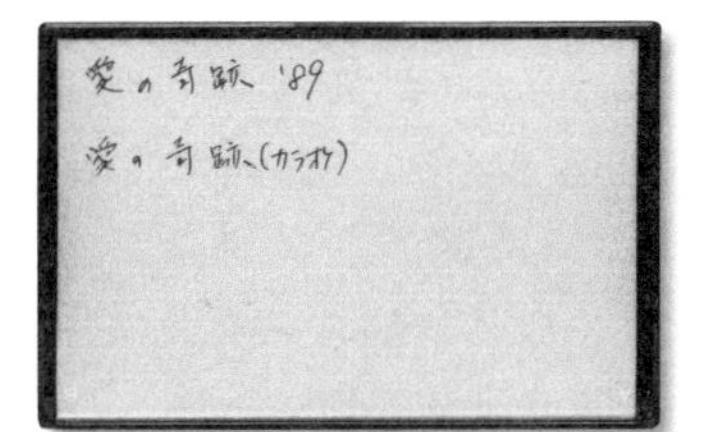

1. 愛の奇跡'89　2. 愛の奇跡(カラオケ)

「ヒデの記念館なんていらない。自分の中で生き続ける物だけとっておいて、余分な物は捨てる」と、ヒデ亡き後、ゴミ袋に何袋分もあったヒデの残したテープを処分したロザンナ。そんな中で偶然にも、このふたつの音源は残った。そしてここに残った声を元に、彼女は今もファンの前でヒデと〈愛の奇跡〉をデュエットしている。ヒデには18歳でひと目惚れ。テレビ番組で江原啓之氏に「前世もいれるとヒデと会うのは4回目だった」と言われた。彼女に「また会いますか?」と問うと「会う会う！　会わなきゃ私、冗談じゃないわよ。言いたいことがいっぱいあるんだから(笑)!」

な歌聴きたくないよ！　ヒデロザ歌ってよ！〃って。悲しくなって泣きたくってね……。私は彼が盲腸で入院してるんじゃないって分かってるし。それでもその場をなんとかしなくちゃいけないっていうね、本当に苦しかった。でも最後の2曲をそれを使って締めくくって、なんとかお客さんに納得してもらったっていうのが、カセットの思い出、かな。それから後、彼が亡くなった後で、七回忌ぐらいからひとりで歌い始めた。せっかくこの音源があるんだから、まだまだ聴かせられるうちは聴いてもらおうかなって。最後の2曲は必ず（このテープの音源で）デュエットをやります」

残っているカラオケの〈愛の奇跡〉は、89年に新しくテンポアップしたバージョンだ。「ウチの旦那は飽きっぽいんで」とロザンナは言う。それはヒデが47歳で病に倒れる（90年）まで、常にアーティストとして、可能性を探り続けていた結果であろう。

「カセットレコーダーの最後の思い出って言ったら、やっぱり最後のウチの旦那さんだね。結構大きいデッキを買ったんですよ。入院した時にギターとそれを持っていって。本人は凄い軽い気持ちで入院したんですけどね。〃まあ、こういう時間に作曲するわ〃みたいな感じで。最初の検査入院の時は、ちっちゃい声でデュエットやったりもしたんですけど、だんだん悪くなっていって、歌うなんて……うん。それで終わりに近づいた頃〃あのさ、お願いがあるんだけど〃って言うの。〃俺もうすぐ退院するからさ、退院したらこのカセットレコーダーをね、担当（医師）の先生に渡して欲しい〃って。その、〃ありがとう〃の言葉の代わりにそれを渡してくれって言われてね。〃自分があげればいいじゃない！〃と私は言ったけど、相当弱ってるのは分かってたし、彼がどういう意味で言ったのかも分かってた。結局そのカセットレコーダーは先生に渡したんですけど、それが最後のカセットレコーダー。それ以上は買ってないですね。中に何かメッセージ（テープ）が入ってたのか？　それは分からない」

病床の夫は、最後まで〃どうして俺なんだ〃と言い続けた。今、彼女は思う。

「どうして（彼と結ばれる運命だったのは）私だったんだろう？　って。イタリアの田舎で、平穏に暮らしてたのかもしれないのにね」

（2012年）

※ミーナ
ミーナ・マッツィーニ。1940年生まれのイタリア人歌手。抜群の美貌と歌唱力でトップスターとなり、60年代には日本盤のレコードも発売された。

vol.
15

鈴木創士

So-shi Suzuki

神戸在住の作家、仏文学者・鈴木創士。いかなるアカデミズムにも属さない異能の文学者が語るカセットテープは、かつて神戸を襲った巨大な地震により発見され、同じ地震によりすでに聴く術を奪われていた。ひとり「生き残った」男は、今も死者たちの声に耳を澄ませながら〝不良〟であり続けている——。

フランス文学の闘士、類い稀な翻訳家、鈴木創士のカセットテープとは？ 大いなる謎がそこには存在した。それは、存在を想念に刻みつけるものであった。

「阪神大震災の後、10年以上開けてなかった段ボール箱があるんですけど、ある日ふと開けてみる気になって。それで開けたらカセットと写真が出てきた。カセットはEP-4と、セリーヌが歌うシャンソンが入ったやつで、地震で砂まみれだった。写真は昔自殺した友人だった女性のもの。そうしたらその夜、部屋をノックされたんですよ。明らかに男がドンドンと叩く感じじゃなかったから、〝あ〟と思った。凄く奇妙な日だったんですよ。今思えば、段ボールを開けた日は彼女の命日だったと思うんだけど」

1954年兵庫県神戸市生まれ。学生時代から中島らも等と親交を結び、甲陽学院高等学校卒業後、渡仏。帰国後、伝説的ニューウェイブバンドEP-4に参加すると共に、独学で作家・仏文学者・評論家に。著書に『アントナン・アルトーの帰還』『中島らも烈伝』『芸術破綻論』他多数。ランボー、ジュネ、ソレルス他多くの翻訳書がある。

鈴木が佐藤薫の主宰するバンド＝EP-4に加わっていたのは三十数年前、その活動の初期の頃だった。ファーストアルバムと『Multilevel Holarchy』の2作に参加した後、空白期間を挟むものの、現在もオリジナルメンバーとして活動するとともに別働ユニット・EP-4 unitP

の活動も活発化している。この日鈴木が持参したテープは、自身が参加している頃のものではないらしいEP-4の演奏テープだった。

「段ボールの中に残っていたカセットをかけてみたんですよね。でもやっぱり、かけたらカセットデッキがぶっ壊れちゃった。中にほこりとか入ってて。それ以来デッキも使えなくなって、もう聴けなくなっちゃった。

最初にカセットに触れたのは、多分70年代の初めだと思う。高校生の時。レコードを買うと必ず録る、という感じではなかった。僕は結構早熟だったんで歳上の友達が多かったんですよ。昔はね。ある日シェーンベルクの〈月に憑かれたピエロ〉のアルバムを聴きたいという話になって。でもないんですよ、レコードが。どこ探しても。まあ専門店なら話は別でしょうけど。それでね、渋谷の古い名曲喫茶あるじゃないですか、道玄坂のとこの。ライオンだったかな？ あるでしょ、古い建物で。あそこにあるという噂を聞いて、聴きに行ってリクエストしてさ、それをカセットデッキ持っていって録ってた（笑）。裸※のラリーズのカセットも持ってたんですよ、友達がコンサートでデッキで録ったやつ。それとか英語教材用のエンドレステープにね、ワーグナーを入れて聴くんだよね。ずーっと道端で（笑）。ワーグナーってさ、終わりか始まりかわからないじゃない？ 誰彼となく、そういうことばっか考えつくねん（笑）」

もとよりピアノは幼少の頃から弾いていた。ピアノを弾くことは好きだった。他に似るもののない特異なバンド・EP-4にも、ピアニストとして参加していた。

「ピアノってさ、念頭にあったのはクラシックなんですよ。クラシックが基本なんで。ジャズの真似事みたいなバイトとかやってたこともあるけど、クラシックのピアニストなんかからしたら、自分のピアノはどう考えてもダメだな、っていうのがあって。これで一生やっていくっていう気にはならなかった。結構真面目に考えてたね。ビートルズとかストーンズも聴いてたけど、小さい時は音楽大学に行きたかったんですよ。ただピアノを3年ぐらいやっただけで結核になっちゃって、断念した。

EP-4の時も考えてたんはシェーンベルクとかヴェーベルンとかシュトックハウゼンとか、そういうことだった。それをパンクやファンクのバックでやる、と。佐藤は分かってくれてたみたいだけど、EP-4はロックンロールじゃないんで。ロックンロールも好きだけど、それをやったらダメなんだろうなっていうのはありましたから。でもEP-4も俺は急に辞めてさ。〝俺辞めるわ〟って。周りに文化人とか音楽業界が色々出てきて……文化人嫌いだったから、俺。辞めてからもジョン・ケージを弾いてる女の子と組んで現代音楽の解体みたいなこともやってたんだけど、それも直に飽きちゃって（笑）。だから音楽自体を真面目にやってないと言えばやってないんだけど、自分がやる翻訳や文章とかもね、基本的には〝音楽〟っていうのがある。絵画的なイメージとか、そういう視覚的なものも文章中には入ってくるけども、一番気になるのは文章のリズム。特に翻訳

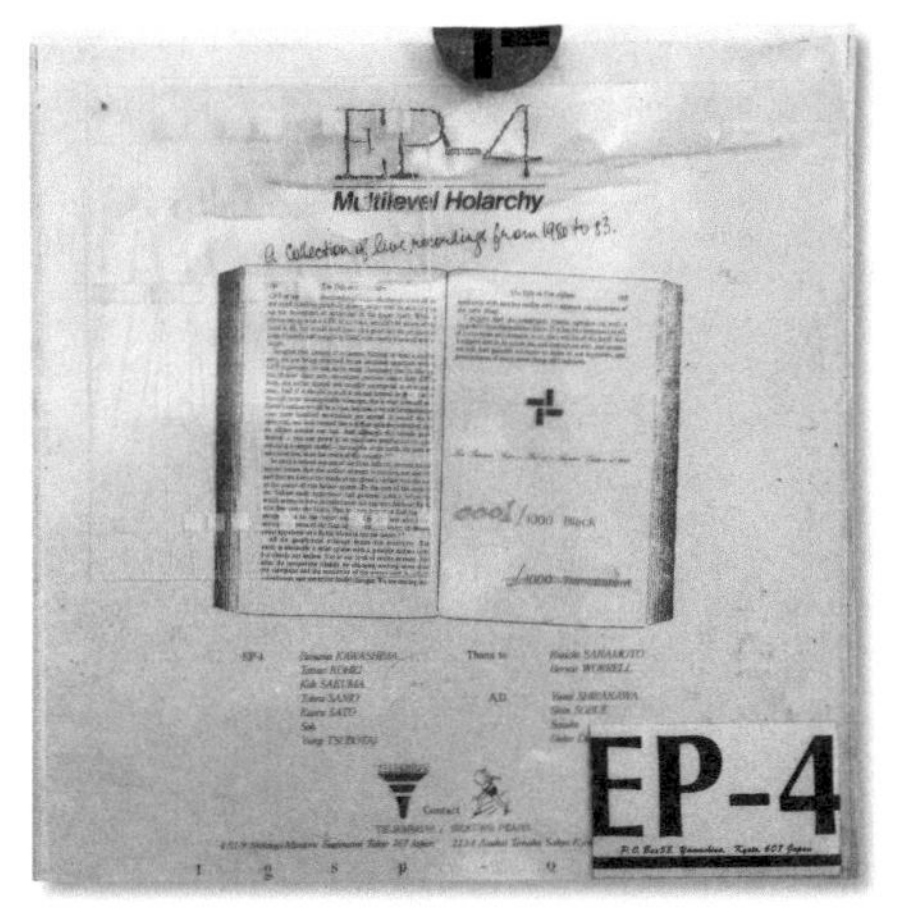

EP-4『Multilevel Holarchy』(1983)

盟友・佐藤薫と共にEP-4を結成したのが1980年。その中で、鈴木が参加していた年代も含む唯一のライブ音源（レコード）の外袋。限定番号は0001番（!）。だが肝心のレコードもやはり不在だ。鈴木はこの音源をカセットで聴いていたが、やはりそれも震災によって失われた。現在はCDで聴くことができる。

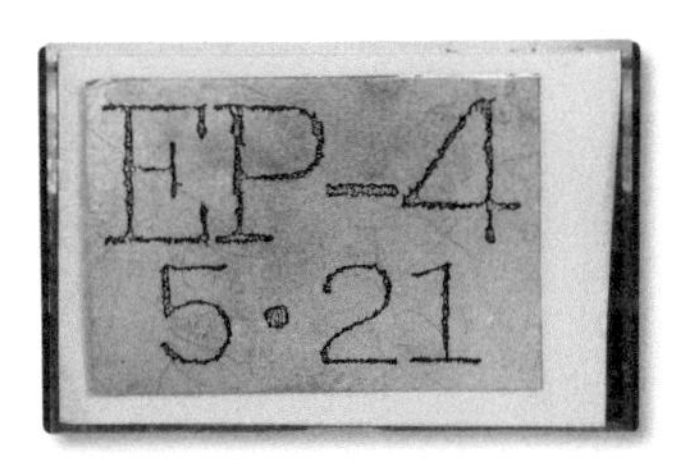

鈴木が持参したカセットテープには、【EP-4 5・21】のステッカーが貼られていた。1983年の5月渋谷、電信柱・電話ボックス・自動販売機・建物の壁など、ありとあらゆる場所に貼られた【EP-4 5・21】のステッカー（当日、EP-4は全国3か所でライブを敢行）は、ちょっとした社会現象にまでなった。それから29年、2012年の同日、5月21日。EP-4は鈴木も参加しての奇跡的な再結成ライブを行った。

する時はもう、普通じゃない状態になって、ただそれだけを再現する、みたいな。だから自分の書くものもそういう感じで、【癌化の空間】みたいな、癌になっちゃうみたいな感じにずっとなってたんだけど、やっとそれが最近止められた。だから今年出した本（『サブ・ローザ　書物不良談義』）はもうめちゃくちゃ好き勝手に書いてる。いしい（しんじ）君に言わせたら〝鈴木さん、これ悪態つきまくりの本ですやん！〟って（笑）」

生き延びる解体の意志

その歩みは常に解体への意志と共にあった。甲陽学院高等学校時代にはバリケード封鎖の首謀者として、「遅れてきた世代」のむなしさを覚えながらも政治の季節に身を投じた。大学にも行かず、憧れであったアントナン・アルトーを原書で読みたいという思いで20歳で単身渡仏。そこからEP-4を経て今日に至るまで、その道行きに馴れ合いはない。だが、その過程で邂

逝した多くの友は力尽きていった。鈴木自身もまた、死地を垣間見てきた。

「一時期僕は人にも会わなかったし、完全に閉じこもってた時期が十何年あった。女性もダメでさ。仕事はしてたけど、電話とFAXだけでやって、後はずっと薬やってるっていう（笑）。薬やってスコラ学の本を読んでた。凄い合うんですよ、うん。〝分かった!〟みたいな（笑）。それで体壊したこともあって。まあ自業自得なんですけどね。

　高校時代から中島らもと仲が良くて、一時期宝塚の彼の自宅に色んな居候が出入りしてた。カセットと一緒に見つかった写真の女性も、東京から遊びに来てたりしました。でも結局、気がついたら出入りしてた連中は全員死んだんですよ。で、中島の晩年によく電話がかかってきて〝俺とお前だけやな、生き残ったんは〟って。電話のたびに最近そういうことをよく言うな、と思ってたら彼も死んでさ（2004年）。それでまあちょっとどうしようかな？　と思ってさ。〝ちゃんと生きよう〟って（笑）。考え方を変えたわけじゃないですけど、やっと最近ね、なんかちょっと楽になったなあって。【癌化の空間】から出られたなあっていう感じがして。

　去年ぐらいから結構外にも出てるし、週に1回だけ大学で教壇にも立ってる。教えてるのは美術です。20世紀美術みたいな。結局僕は専門的にやったものってないんですよ。大学にも行ってないし、くだらないアカデミズムがずっと嫌いだからね。だから仏文学者っていうけど、なんにもないです。全て独学なんです。つまりゼロです」

　音楽の魔力や揚力を全身で、本能的に知る者だと思う。鈴木の文章は芳しく、悪意ではなく毒がたっぷり含まれている。意図された逸脱などあるはずもなく、虚無の先にあるかもしれない柔らかい歓喜がふわっと立ち現れる。無邪気な行動が時に度を越すこともあるというが。〝生き延びた者〟の笑顔はたくましい。

「この前、（旧知の）坂本龍一さんのイベントに行った時挨拶したらさ、〝君も生き残ったね〟とか言うから〝まあなんとかね〟って言うたら、〝俺も生き残ったよ〟って。知ってるよ！（笑）しょっちゅうメディアで見てるよって」

　先に逝った友と共に、もはや聴くことのできない想念のカセットテープと共に、不良は今日も悪態をつく。

（2012年）

※**裸のラリーズ**
ボーカル、ギターの水谷孝を中心に1960〜90年代に活動した伝説的なバンド。フィードバック奏法による世界にも類を見ないノイズで知られる。

vol. 16

山本精一

Seiichi Yamamoto

音楽はもちろん、執筆や絵画まで縦横無尽に活動する鬼才・山本精一の取り出したカセットテープからは、「僕の黄金時代」と語る1968年から72年に、若き山本が世界からくらった衝撃が、変わらず、強くあふれ出てきた。

「箱に入れてたんですけどねえ。カセットを。本当に、素晴らしい世界が、どこに行ったんやろな。捨ててはないと思うんですよ。（家の）2階に強烈な荷物があって。その中のどっかに紛れ込んでるんやろうけど、探せなかった」

肩を落とす鬼才。日本の音楽界にあって、得体の知れない魅力を放ち続けている男、山本精一は、やはりカセットと深い関係にあった。ギタリスト、シンガー・ソングライター、と分割するとむしろこの男の底知れぬ才は分かりにくくなる。絵画の才、文才、それもまた特別な光を放っている人である。総合芸能者と言うべきか。それにしてもカセットテープである。

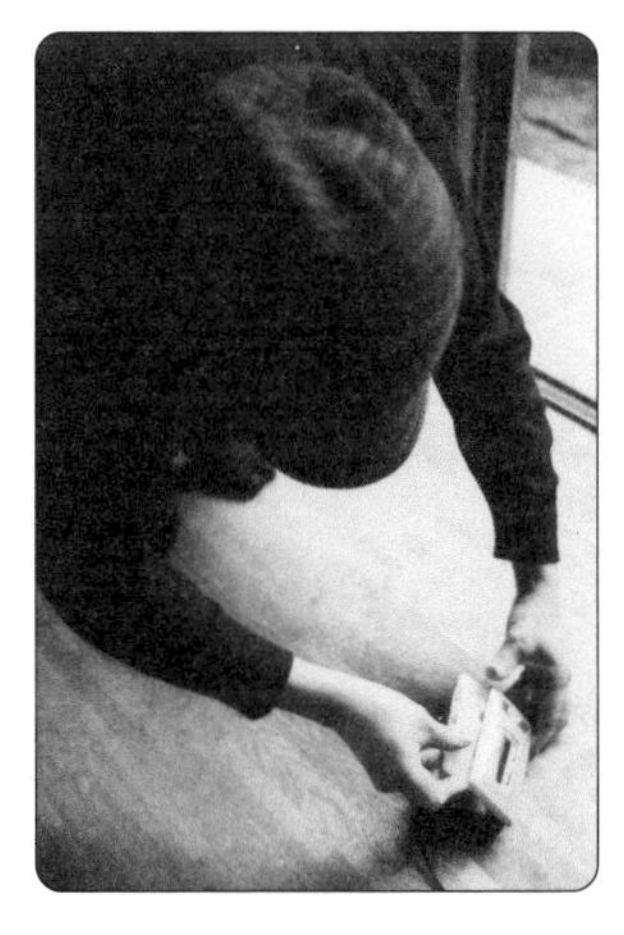

1958年兵庫県尼崎市生まれ。80年代後半、Boredomsにギタリストとして参加。90年代からは様々なプロジェクトでギタリスト、コンポーザーとして活躍。個人名義を含む多数のアルバムをリリース。近作に『CAFÉ BRAIN』『selfy』（ともに2020年）など。著書に『イマユラ』など。大阪のライブハウス〈難波ベアーズ〉の店長でもある。

「これがね、凄いお宝がある。昔AMラジオからエアチェックした貴重音源がね。好きだったDJとか。糸居五郎さんとか、よく真似してね。それを真似したラジオ劇も入ってる。あと、中1ぐらいの時みんなでバンド組んで録ったやつとか。やってること今とまったく変わってなかった（笑）。色んなもん叩きながら、しょーもない歌延々やってるわけ。あと『難波ベアー※

ズ』に持ってきたデモテープ。（ベアーズの）ホールレンタルでやってた高校生の演奏があんまり凄いんで俺が録って、それに勝手にボーカル乗せたやつとか（笑）。そういうお宝がいっぱいあるんですよ。くそお、どこへ行ったか」

京都・山本宅のどこかに必ずあるというそれら、約40年にわたるカセット人生の塊は、異能山本の基本とも言うべき重要物である。早期探索が望まれる。

「71年だと思うね、カセットが普及し出したのは。当時テープレコーダーが憧れで、でも高くて買えなくて。質屋で買ったんですよ最初、カセットテレコ。あの頃は基本質屋でした。そしたら壊れてやがる。回転数がおかしいんですよ、少し。普通に再生すると、何か妙な……急に速くなったり遅くなったりして。なんじゃこりゃあ？って。あの時の影響が未だにある（笑）。異様な世界。ラジオの深夜放送は、家族と一緒の部屋に寝てたんで、もの凄い小さな音で。ウチ、親父が軍人（自衛隊員）やったんで、ああいうの家で聴けないんですよ。寝ながら布団の中でお腹に抱えて決死で録った音源っていうのが宝物でね。それをどっかから拾ってきたスピーカーに繋いで聴いてました。テープのよれたところはハサミで切って、セロテープで繋いで（笑）。だってカセットテープがすげえ高かったから。71年で1本600円ですよ！　あの当時でですよ。もう切れたら中開けて必死で引っ張り出して繋ぐわけです。だからあの当時のカセットテープはボロッボロになってる、みんな。文字がグワーッて上書きしてて。何回も修理してるうちにネジがとれて、外側からテープでぐるぐる巻きにしてる（笑）。そうやって録ってた音源は、素晴らしい世界。あの頃の必死さっていうか、まさにアナログ写真の世界ですね。失敗できないっていうね、録音が。今みたいにもう1回やるっていうことが簡単にできる世界ではないんで」

山本精一という人間の音をひと口で言うことは難しい。うっとりするようなさわやかなポップス、トランシーなダンスミュージック、絶妙なめくるめくアンビエント作品、脳をかき混ぜるプログレッシブロック、激しいノイズミュージック。そのどれもが他に類を見ぬ色彩や心地良さ、詩情や異次元への誘いをもたらす。その始まりはいったい何か、という興味は当然湧く。

「もう子供の頃からあらゆる音楽が好きだったっすわ。全部好きやった。分かんなかったけど現代音楽みたいなのも好きで、本当にちゃらちゃらしたアイドルソングも、アニソンも好きで。ロックももちろん。初めて買ったレコードは、あれです、ミッシェル・ポルナレフ〈シェリーに口づけ〉。曲も好きだったけど、なんていうか全体に流れるトーンが好きだった。スペーシーでしょ？　あの奥行きっていうか、世界観が大好きだった。布団で抱えたラジオから身体を伝ってウィスパー気味に（笑）聞こえてくる〈シェリーに口づけ〉に感動してね。最初のコーラスんとこで〝ああ、こんなファンタジックな世界があるのか〟って。あとタートルズの〈ハッピー・トゥギャザー〉とか、フィフス・ディメンションとかザ・ミレニウムも大好きでした。ソフトロックですよ、だから。今に至るまで本当に好きなのは」

「黄金時代」の刻印

さらに時代は、尼崎の音楽少年の未来を決定づけるふたつの事件を用意した。ひとつはそんな深夜放送から聞こえてきたフォークシンガーたちのナンセンスな歌。もうひとつが、1970年の大阪万博だ。

「岡林信康とか大人気でしたよ、クラスで。〈ガイコツの唄〉※とか〈ヘライデ〉※とか。あれ歌ってたら担任の女の先生にもの凄い怒られた（笑）。なぎら健壱さんの〈悲惨な戦い〉とか、高田渡さんの〈三億円強奪事件の唄〉とかね。わけの分からん替え歌がラジオでバンバンかかってて、しかもヒットしたでしょ？　未だに歌えるもんなあ、全部。子供やからコミックソングやと思ってて、クラスの好き者集めて、箒をギター代わりにして演奏するわけです。それと大阪万博。あれに完璧なカウンターパンチを食らって。あまりにも夢の世界す

NON TITLE（1990年代）

■河島英五〈酒と泪と男と女〉の替え歌
■フィールド・レコーディング（近所の幼稚園のざわめき）

「大阪万博とナンセンス、その両方に頭ん中完全にかき回された。それからずっとダメ人間」という山本のカセットは、小学校時代にラジオ関西から流れてきた「しょうもない（替え）歌」たちのナンセンスが自らに連綿と残ることを証明する、自作替え歌のプライベート録音。その歌詞は、かつて流れた歌が今は放送されなくなってしまったのと同じく、誌面に載せることができない内容……（残念!）。ボロボロのソニー製テープレコーダーと共に、ナンセンスは今もしぶとく山本の〈日常=NON TITLE〉として、ある。

ぎて、わけの分からない世界すぎて。もう完全に人間はどうでもよくなってしまった（笑）。これからは徹底したエピキュリアンで、快楽主義でいこう！　と。メキシコ五輪・アポロ・万博……それから72年の浅間山荘まで、子供で一番多感な時期に世界で色んなことが起こりすぎて……ちょっと精神がもたなかった（笑）。僕の黄金時代です、間違いなく。そのあともう抜け殻みたいになってしまって」

そうして小学校の時に初めてのバンドを結成。現在まで至るわけだが、始まりが妙すぎる。しかしその精神がそのまま四十数年引き継がれている、と思えるところが山本の偉大さである。では、当の〝カセット・この1本〟はどうなったのであろうか。

「結構最近やなあ。90年代かなあ。その小学校の頃から連綿と続くしょうもない歌の世界のまんまの（笑）。家で色々好き勝手歌ってて、色々な替え歌が入ってるんです」

と言って再生したテープから流れてきたのは河島英五の〈酒と泪と男と女〉の替え歌だった。ひと言でいうと酒ではなく、人は何故ドラッグをやるのか、と問いかける唄になっているのだったが、詳述はできない。そういうものである。

「すんませんでした（笑）。こういうの大量にあるんですけど、実は。もうひどいのばっかりで、これでもこれが一番聴ける（爆笑）。今もこの録音機能付きのウォークマン使ってます。簡単でしょ？　デジタルはややこしい。これは目で見えるから。あと、デジタルは遅い。（歌が）〝出た！〟っていう時に速攻で録れないと、忘れちゃう。昔よく歩いてる時に出てきたりすると、公衆電話に駆け込んでね。自分の家の留守電に入れた（笑）。周りから見るとよく分かんないヤツやと思う。受話器に向かって〝ダダ・ズンチャン、ダダ・ズンチャン〟って（笑）。リズムの雰囲気とかって、そうやって録るしかない。でもその時思いついたのをそのまんま、っていうのはなかなか覚えてないもんですね。留守電カセットに入れたのを1年ぐらい経って聴いたら〝なんじゃこれ？〟って思うのがいっぱいあると思います」

山本精一の謎を解くには、やはりカセットテープの洞窟に足を踏み入れることが必定である。果たしてそれはいつのことやら。そもそもそれは、どこにあるのか？

（2012年）

※**難波ベアーズ**
1987年から山本が店長を務める大阪・難波のライブハウス。

※**〈ガイコツの唄〉〈ヘライデ〉**
共に岡林信康が歌ったプロテストソング。〈ヘライデ〉は歌詞に皇室関係の単語が登場することもあり、以前はCDからはカットされていた。

vol.
17

Phew

PHEW

この国のオリジナル・パンクミュージシャンのひとりにして、他に類を見ない孤高のシンガー・Phew（フュー）。彼女が持つカセットテープからは、変わりゆく「音楽」の中で屹立するような、DIYの輝きが伝わってきた。

本当の自主独立した歌手。そして日本で心底パンクを感じさせた最初の女性。それがPhewだ。デビューから三十余年を経てもなお、不変の姿勢で活動し続けている。最新作『ラジウム・ガールズ2011』（漫画家の小林エリカとのユニット＝Project UNDARKによるもの。音楽はディーター・メビウス）も、サウンドと物語の鋭敏な結合に心動かされる。蛍光カラーのケースに透明な帯の付いた〝CDという物体〟としてもそのアルバムは魅力的だ。音楽作品をかたちで

1959年大阪府生まれ。伝説的なパンクバンド・Aunt Sallyで79年に活動をスタート。翌年に坂本龍一との『終曲』、81年にはコニー・プランク、CANのメンバーらとドイツ録音の『Phew』を制作。声に特化した『Voice Hardcore』、電子音楽による『Vertigo KO』、統合的な『New Decade』など、近年の活動もめざましい。

伝えることに、Phewはとても誠実だ。2009年には新しい録音作品『フュー×ビッケ』をカセットテープで発表している（CDやアナログ盤のリリースはなかった）。

「ちょっと感傷的だけど、ビッケとバンドを始めた時ってカセットで録音して……。そういうところから始めたから、っていうのがひとつ。それとCDがまったく売れなくなってきて、みんな配信とかで買うようになり出した時期。だからその〝音楽を買う体験を売る〟っていうのかな？　それでこのカセットを初回は毛糸の手編み袋に入

れて売ったんですよ。物として」

当初このカセットに再生用カセット・プレーヤーまで付けて売るという計画もあった。が、諸々の理由で断念した。

「もうどんだけ秋葉原探したか（笑）。それこそ中国のサイトとか。卸専門のサイトがあって、そこにも色々聞いたり」

音楽を伝えること、音楽を買うこと、そこにカセットは星の数ほど触媒の役割を果たしてきた。それを身をもって、深く知る人だからこその行動だ。

「なんか可愛いよね、カセットってね。昔のカセットデンスケとかも可愛かった。やっぱり名機だったもんねえ。最初は、高校生の時かなあ、ラジカセの凄く重たくて大きいやつ。だからその、録音っていうのも、スピーカーの前にラジカセ置いてガシャンって、そういうの（笑）」

ラジオをカセットで録音する。それよりもさらに前からラジオには親しんでいた。Ｐｈｅｗもラジオ育ちのひとりだった。

「小学生の時から。親に怒られるから、布団かぶって深夜放送。『怪談』っていうオバケの話……桂三枝（現・文枝）の『ＭＢＳヤングタウン』があって、そのヤンタンが終わってヤンリク（『ＡＢＣヤングリクエスト』）。あと『ビート・オン・プラザ』っていう番組があって、それが夕方、確か6時から1時間。ずーっとそれは聴いてたんじゃないかなあ。中学の後半から高校にかけて。ポップス、それも洋楽ばっかりかかる番組だったけど、丸のまま、1枚のアルバムをノーカットでかけるんですよ。それで私、だいぶ音楽を聴きましたね。その番組で今でもはっきり覚えてるんですけど、これは！　っていうのがあったんですよ。〝こんな変わった音楽！〟って。それがペンデレツキ※だった。また名前も変わってたから、今でも鮮明に覚えてる」

ラジオによって耳が広がる以前の音楽体験はどのようなものだったのだろう。5つ歳上の姉の影響もあったのか。

「ＧＳかなやっぱり。最初に、自分で〝これが好き〟って思って買ったのは（ザ・）タイガース。お姉さんは（ザ・）ゴールデンカップスだった。でもお姉さんは音楽よりも顔から入ったくち。ルイズルイス加部（笑）。私は〈シーサイド・バウンド〉、〈僕のマリー〉とか好きでしたね。やっぱり曲とジュリーの声が好きだった。当時少女漫画も凄く読んでて、『なかよし』『りぼん』『マーガレット』『少女フレンド』……そこに必ずＧＳの逸話みたいな記事が載ってたから、それをもうむさぼるように（笑）。そこにタイガースの映画に出てた久美かおりのインタビューが載ってて、もうタイガースの映画が観たくて仕方がなくってね。サントラは持ってるんですよ、それが私が最初に買ってもらったＬＰレコード」

しかしその映画『世界はボクらを待っている』を、Ｐｈｅｗは未だに観たことがないという。結局、少女Ｐｈｅｗに決定的なアイドルは存在しなかった。だが高校生時代の１９７６年、彼女は同志＝パンクと運命的な出合いを果たす。

１９７６年〈ゴッド・セイブ・ザ・クイーン〉

The Music Network 9月3日放送（1980）

伊武雅刀（の声）によるPhewの紹介
〜Phew自身によるイントロダクション

1. Sunday Girls #1 / Family Fodder And Friends
2. de panne / DAF
3. red army / Snatch
4. Sketch for Summer / The Durutti Column
5. pineapple / JAH WOBBLE
6. Sunday Girls #2 / Family Fodder And Friends

phew × bikke（2009）

80年代初頭、FM大阪で夕方に放送されていた30分の選曲番組『The Music Network』において、Phewが選曲を担当した回の録音カセット。「選曲に特に意味はない。家にあったレコードを上から無造作に選んだだけ」という曲たちからはしかし、20歳の女性が生きる〝パンク〟の輪郭が強く伝わってくる。それから29年、彼女はパンクバンド時代の盟友と共にカセットテープ流通のみによる作品を世に問うた。

「最初はね、テレビなんですよ。KBS京都テレビで、川村龍一さんが1時間の音楽番組をやってたんですよ。そこで〈セックス・〉ピストルズの〈ゴッド・セイブ・ザ・クイーン〉がかかった。76年の冬、12月だったかな。それは本当に衝撃的だったなあ……。その前にもうニューヨーク・パンクは聴いてて、ジョナサン・リッチマンとか凄い好きだった。ラモーンズ、パティ・スミス、テレビジョンとか。でもなんかねえ、私からは遠い感じ。〝この人たちは音楽家〟っていうか。そういう意味でもピストルズは本当に衝撃的。もう圧倒的にジョニー・ロットン。※ジョン・ライドンなんていうのはないからね！〝ジョニー〟だから。90年代に入って、ピストルズなら〝※マルコム・マクラーレンが……〟って、プロデューサーみたいな人がやたら評価される時代になったけど、とんでもない。マルコムのせいでピストルズが解散した。何もかもおかしくなった。パンクって、ショービジネスとしての音楽を否定するところから始まったのに、それをビジネスにしちゃったのはマルコム。みんなマルコムのせい（笑）！　私にとってはなんといってもジョニー・ロットン。あの格好、踊らない歌い方、全てが衝撃だった。
　そこからはもう本当にマニアです。レコードは『ニュー・ミュージカル・エキスプレス』の広告を見て、パンクのシングル盤とかみんな通販で買ってた。商品在庫リストをむさぼるように（笑）。あと輸入盤屋に、毎週水曜日に新しい盤が入ってくるんですよ。だから水曜日には大阪の全部のレコード屋を回ってた。その頃が一番レコードを聴きましたね」

**　大学1年の夏休み（78年）に初めてバンドの練習をし、ビッケ等とアーント・サリーを結成。ライブ活動、アルバムの制作もしたが、1年足らずで活動停止。80年にシングル〈終曲／うらはら〉を発表してソロ活動を開始する。もう1本のカセットは、そのシングル発表後に放送されたラジオの録音だった。だがこの頃、ある季節の終わりは始まっていた。**

「その頃まででした。私が音楽を聴いてたのは。そこでもうおしまいだ、って。自分の活動もその1年後に一度辞めましたし。ちょうどロンドンもパンクからニュー・ウェーヴが終わって、レコード会社もいっせいに掌を返したみたいにヘビメタキャンペーンを始めて。〝何もかも終わった〟みたいな。そこから見事なぐらい一切聴いてない。
　私、ジョニー・ロットンが好きだったのにはまだわけがあって。当時『ニュー・ミュージカル・エキスプレス』の記事で、パンクの女の子を揶揄してる記事があったんですよ。所詮パンクスの男でも、連れてる女はみんなこういう（派手でグラマラスな美人）タイプで、〝やっぱり所詮男はそれ？〟みたいな記事だった。でも、ジョニーはそうじゃない！」

**　なるほど。ジョニー・ロットンは14歳年上の女性・ノラと結婚した人だ。**

「そうそう。それはもう特別。昔ロンドンでね、９９９とかダムドのライブを見に行って、たまたま楽屋に紛れ込んだの。そしたらいる女の子はみんなグルーピーみたいな子ばっかり。おまえらパンクやっといて、連れてる女の子これかよ！　って（笑）。ジョニーは今、コメディアンか何かになってるよね。この間サイトを見て感動して。〝さすがジョニー！〟って（笑）」

**　ジョニーとノラの愛はまだ続いている。そしてＰｈｅｗは今、新しい同志達と独立したかたちの音楽を生み出し続けている。**

（２０１２年）

※ペンデレツキ
クシシュトフ・ペンデレツキ。〝20世紀最大の〟とも評されるポーランドの作曲家・指揮者。大胆な前衛的手法と宗教的主題を特徴とする。

※ジョン・ライドン
ジョニー・ロットンはセックス・ピストルズ解散後、本名のジョン・ライドンでパブリック・イメージ・リミテッドを結成した。

※マルコム・マクラーレン
セックス・ピストルズの仕掛け人でありマネージャー。

vol. 18

Yuzo Tsubouchi

坪内祐三

評論家として「時代」はもちろん、都市の奥行きまで活写する坪内祐三のカセットテープから甦ってきたのは、やはり単なる音楽だけではなく「街」の情景であり、そこを自らの足で歩き回ったひとりの青年の足跡だった。

「高校の頃はもう満遍なく、っていうか、『アメリカン・トップ40』※が好きだったから。あれってロックもポップスも黒人音楽もめちゃくちゃなんだよね。まずFENで昼ぐらいから〝今週のトップ40〟をやってるわけ。それで夜ラジオ関東（現ラジオ日本）で湯川れい子かなんかが8時ぐらいからやる。それは昼間FENでやってたのと同じなの。それで日をまたいで深夜0時ぐらいからFENで次の週のをやるわけ。最新の、一番新しいやつ。だから極端な話、1日でそれを全部聴いてる時もあった」

1958年東京都生まれ。早稲田大学大学院修士課程修了。雑誌『東京人』の編集者を経て、97年『ストリートワイズ』で文壇・論壇デビュー。文学・書物・都市などをテーマに幅広い評論活動を行う。著書に『慶応三年生まれ 七人の旋毛曲り』『靖国』『変死するアメリカ作家たち』『探訪記者 松崎天民』など。2020年1月13日、心不全のため急逝。

70年代にロック／ポップスに目覚めた坪内祐三は高校時代、カセットテープとの密な付き合いを開始する。ラジカセがそこでは活躍した。

「ラジカセを買ったのも、レコードをカセットに録って聴くというよりは『アメリカン・トップ40』の深夜のやつを録っておいて、自分は寝ちゃって翌朝聴く、そのためだったところはあるね。

中学生の頃は映画音楽とかポピュラーなものを聴いてて、本格的にロックをレコードで買い始めたっていうのは高校に入って

から、74年だから。でもその時ってもうロックは死んでるんだよね。72年ぐらいだとまだぎりぎり間に合ってるんだけど。実際のロックって70年で〝死んだ〟って言われるわけじゃん。ウッドストックがあって、※〝オルタモントの悲劇〟があって、そこで終わる。ただ70年代に入って最初の頃っていうのは例えばグラムロック、T・レックスとかデビッド・ボウイたちっていうのがいて、彼らがロックを延命させるんだけど、74年にはもうそういう人たちにも輝きがないわけ。結構リアルタイムのロックっていうのは消えてって。その頃一番ロックな感じがしたのって、エルトン・ジョンだったりするんだよね」

今も多くのカセットテープを収蔵しているという坪内がこの日持ってきた3本は、いずれも自分で録音／編集した物だった。ひとつは自分でレコード盤から曲を選んで編集したマイテープ。ひとつはボブ・ディランのLPレコード2枚を収録した90分テープ。

「カセットにアルバムの曲をうつす（録音する）っていうことをやったのは大学に入ってからだと思ってたんだけど……。そう思って持ってきてみたら、この（カセットのインデックス）ラベルに77年って書いてあった（笑）。ということは高3の時。やっぱりボブ・ディランっていう存在が大きかったんじゃないかな。ビートルズなんかだと普通に聴き流してて、曲のタイトルも覚えちゃうんだよね。でもボブ・ディランだと曲のタイトルも長いしさ。聴いてて知ってる曲なんだけど、タイトルなんだっけ？　っていう。それを一致させるためにこういうカセットを作ったんだよ。あとディランってごにょごにょ歌っててさ、〝でも凄いことを言ってるんじゃないか〟っていうのでちょっと巻き戻すわけ。そうやって詩を覚えていった。そうするうちに、ここに入ってる、特に〈廃墟の街〉が深いことを言ってることもわかった」

テープに録って曲順を確認し、曲名をラベルに記していくことで録音内容とタイトルを頭の中で一致させて覚える、というのも昨今のデータ移動では味わえない作業だ。坪内作のこのディランのテープには〝NO．2〟と記されている。ということは〝1〟がどこかに存在するということなのか。

「そうだね、1があるんだろうね。でもこのテープ不思議だよね。A面はさあ、『ハイウェイ61』が入ってるじゃない？　普通だったらその裏には『ブリンギング・イット・オール・バック・ホーム』を入れて1本作るはずなのに、これB面が『ジョン・ウェズリー・ハーディング』なんだよ（笑）。だからきっと1に『ブリンギング〜』が入ってるんじゃないかな。最初に買ったディランがそれだから」

1980年の〈ボーン・トゥ・ラン〉

別のカセットテープにはブルース・スプリングスティーンが入っている。スプリングスティーンは、特別な存在だったと坪内が自著にも記しているアーティストだ。カセットの音源は75年から78年の間に録音さ

れた当時未発表だった作品集だった。

「前々からずーっと力説してるんだけど、スプリングスティーンの最高傑作って、『明日なき暴走』（75年）と『闇に吠える街』（78年）の間の音源だって。一昨年に出た未発表曲集『ザ・プロミス』でそれが証明されたんだけど、このカセットってちょうどその間に録られたブートレグなんだよ。『明日なき暴走』が高2の時で、これに大興奮したのね。〈ボーン・トゥ・ラン〉ばかりが語られがちだけど、他の長い曲とかを聴いた時もボブ・ディランとは違う文学性を感じたんだよね。ディランって物語ではないじゃん。イメージとしては詩。でもスプリングスティーンには物語があるんだよね。同時代のシンガー・ソングライターでも、例えばジャクソン・ブラウンなんかは私小説的な歌を歌ってたけど、この頃のスプリングスティーンの曲にはもっと広がりがあった。それも彼がよく言われる〝アメリカ的な〟を超えた、もっと普遍的な。そして〝街〟っていう感じがあった」

NON TITLE（1981年頃作成の編集テープ）

▷**SIDE A**

1. Bob Seger / Till it Shines
2. JD Souther / You're Only Lonely
3. Elton John /Levon
4. America / Lonely People
5. Alice Cooper / How You Gonna See Me Now
6. Gary U.S. Bonds / Jole Blon
7. Todd Rundgren / Can We Still Be Friends
8. The Who / Don't Let Go The Coat
9. Bob Dylan / I Want You
10. Derek and The Dominos / Layla
11. Art Garfunkel / All My Love's Laughter

▷**SIDE B**

1. The Pretenders / Kid
2. The Beatles / Here Comes The Sun
3. Linda Ronstadt / Cost Of Love
4. Jim Croce / Operator
5. The Rolling Stones / Time Waits For No One
6. Bruce Springsteen / Linda Let Me Be The One
7. Fleetwood Mac / Over and Over
8. Warren Zevon / Backs Turned Looking Down the Path
9. The Band / Hobo Jungle
10. Jimmy Cliff / Many Rivers To Cross
11. Van Morrison / Checkin'It Out
12. Billy Joel / She's Always a Woman

A面3曲目〈Levon〉について「この曲好きなんだよ。当時同級生の女の子と銀座をデートしてたら、資生堂かどっかでキャンペーンの風船を配ってたわけ。あの頃、夏になると資生堂とかカネボウが配ってたじゃない？　その日、日比谷公園でフリーコンサートをやってて。〝行こうか〟なんて話して、日比谷公園で音が聞こえてきたら、俺がそっちに気をとられて思わず風船をパッと。そしたら彼女も慌ててパッと放しちゃって。この曲って、そういう詩が出てくるんだよね」。曲と共に、街も甦る。B面にはスプリングスティーン〈Linda Let Me Be The One〉も。

ボブ・ディラン NO.2（1977.3.8）

▷**SIDE A**

アルバム『追憶のハイウェイ61』の録音

▷**SIDE B**

アルバム『ジョン・ウェズリー・ハーディング』の録音

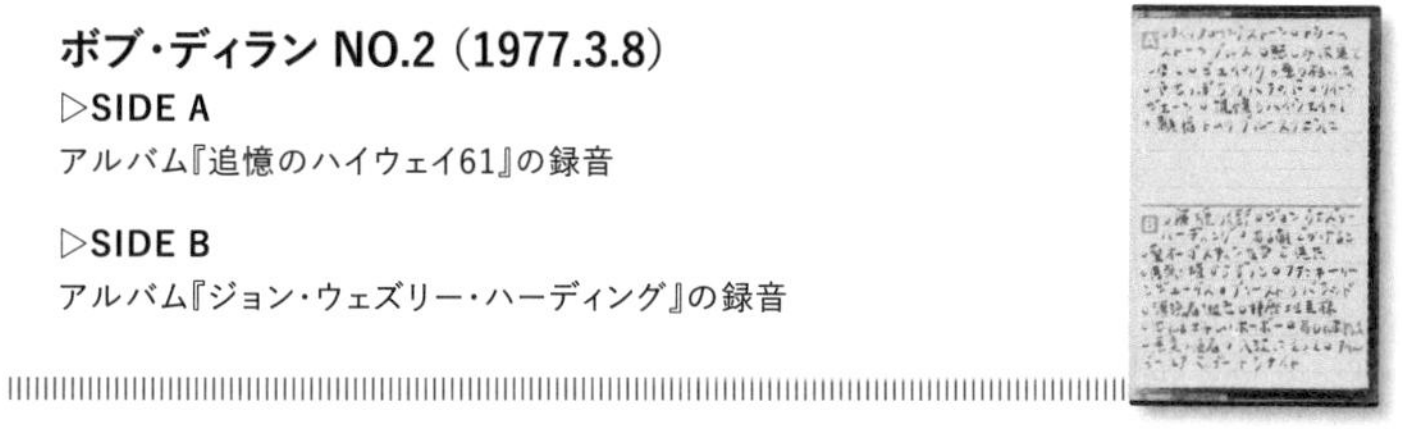

青年・坪内祐三は高校、大学と進む中で、〝街〟を自らの周りに広げてゆき、1度は死んだと言われたロックの中に発見していった。80年代初頭の大学時代、心理学やニューサイエンスが勃興する中で「スプリングスティーンは〈神様〉だった」と述懐する、その「神」性とはなんだったのか。

「連合赤軍が72年じゃない？　俺が大学に入った78年だとイデオロギーっていうか、マルクス主義みたいなのはもう若い人たちの間で離れてた。でも若い時って〝世界を把握するもの〟が欲しいじゃない。だからその時期みんな心理学やニューサイエンスにいったんだけど、そういうものって世界を把握したいけど、把握したと思った瞬間に支配者の側になっちゃうわけ。権力っていうかね。そうじゃないかたちで世界を把握したい、って何かを求めてた時に、ディランなんかもそうなんだけど、ディランはちょっと難しすぎるんだよね。スプリングスティーンのほうが、『明日なき暴走』なんか特にそうだけど、〝街〟が、物語性があるから。

〝把握〟っていうと変だけど、若い時の感受性みたいなもの、それを守りたいんだけど、大人になっていくっていうことはそういうのを捨てなくちゃいけない。そこでみんな太宰とかサリンジャーを読んだりするわけだよね。でもそこにありがちな心性は、〝自分たちは純粋で、ちょっとでも汚れたものはもう排除してしまう〟みたいなね。そうじゃなくて、〝汚れる〟ことを前提とした上で、ある種の純粋性を失わずにいる。俺にとってそのモデルがスプリングスティーンの『明日なき暴走』の詩の中にあったという感じだね」

80年代当時、大流行したウォークマンに坪内はまったく心惹かれることがなかった。「その〝場所の音〟を楽しみたいから」だという。自作した編集テープも、それをガールフレンドにプレゼントするようなことはなかった。

「男女問わず、人から音楽をプレゼントされるとかそういうのってあんまり好きじゃないんだよ。だって趣味って違うじゃない？　親しければ親しいほど、その微妙な趣味の違いを感じてるはずだから」

街の奥行きへ、ストリートへ、ロックの中へ孤独に分け入っていく。坪内祐三のカセットテープには、ひとりの青年の今に続くダンディズムが確かに感じられた。

（2012年）

※**アメリカン・トップ40**
1970年に始まったアメリカのラジオ番組。音楽チャートを40位から1位までカウントダウン方式で紹介する。

※**オルタモントの悲劇**
1969年にカリフォルニア州オルタモントで行われたローリング・ストーンズ主催のフリーコンサートで、混乱の中、観客の黒人青年が警備を担当していた「ヘルズ・エンジェルス」のメンバーに殺害された。

vol. 19

松崎順一

Junichi Matsuzaki

国内随一の家電蒐集家、デザインアンダーグラウンド主宰・松崎順一。42歳にしてサラリーマンを辞し、〝捨てられた〟ラジカセや家電を蒐集し続けた男が、少年の頃憧れて手に入れることができなかった1本のカセットテープと、ついに35年越しの対面を果たす——。

主に70〜80年代のラジオ付きカセットレコーダー＝ラジカセのデザインに魅せられ、その復興に邁進するデザインアンダーグラウンドの主宰、松崎順一はラジカセのみならず、かつての家電世界の美と理と利の全てを愛する闘士であった。

「今現在の肩書きは家電の蒐集家になっています。当時のラジカセを整備して販売したり、家電の考古学をしたりとか、家電を使ったインスタレーションというか、アート活動、イベントをやったり、と様々なアプローチから昔の家電の魅力を色んな方々に提案しているんです」

1960年東京都生まれ。2002年、それまで勤めていたインテリアデザイン会社を退職し、1年の修行を経て2003年、デザインアンダーグラウンドを設立、主宰。ラジカセにとどまらず、1970年代以降の近代家電の蒐集・整備・イベント企画で幅広く活躍。著書に『ラジカセのデザイン！』など。https://www.dug-factory.com

ずっと家電が好きだった。父親が真空管ラジオを自作していたことに影響されて小学生の頃から自らもラジオ製作を始める。ラジオ少年は中学時代にラジカセを手に入れ、ラジオの生録や街頭や郊外での環境音の録音に目覚めていった。高校時代にはアマチュア無線に没頭し、社会人になってからはオーディオにも凝った。

「会社勤めの頃はインテリアデザインで、イベントのブースとか百貨店のウィンドウディスプレイをやっていました。しかし続けていくと、デザイナーっていうのはやはりクライアントからの要望あってのものですから、欲求不満がたまる仕事なんですよね。自分のやりたい方向というか発想というか、そういうものをもっともっと実現したいなという思いにどんどん駆られて、42歳の時〝今やんないともうできないかな〟ということで会社を辞めて、デザインアンダーグラウンドを立ち上げました。

　しかし、こういう古い家電を使って色んなことをやるって、僕がやる前には同じようなことをやってる人は誰もいなかったんですよ。誰もいないってことは、これって食っていけないからやらないのか、誰も気づいてないか、家電を本当に好きな人がいないのか。そのどれなのか色々考えたんですけど、結局その全てだろうって思うに至った（笑）。僕もやっていくなかで色んな人に聞きましたけど、〝面白いけど、そういうことを考えたことはあるけど、実際にやろうとは思わなかった〟って人が99・9％。正直、当初は全然食べられなかったですね。来年で10周年になるんですけど、5年ぐらいはウンともスンとも（笑）。でもラジカセをはじめ家電を集めることは続けてましたから、珍しい物は本当に持ってます」

**　松崎の蒐集の主戦場は〝ヤード〟と呼ばれる集積場だ。家電廃棄物が集められ、資源・リユース・海外行き、と仕分けされる「裏流通の」現場。海外からのバイヤーが跋扈する。**

「次々に運び込まれるものをただ黙々と分類作業していくところなんで、いちいち〝これ良いな〟とか〝これかっこいいな〟なんて悠長に思ってたら仕事になんない。家電をガーッと掴むアイアンクローみたいな重機やトラックが入り乱れているところを駆け回って、〝いい！〟って見つけたらサーッと行ってパッと持ってきて、またすぐ見つけに行ってで、ホント命がけは命がけです。汗みどろになって動き回って蚊に刺されるし、泥だらけになるわ日に焼けるわで、肉体労働者ですね。肉体労働的なデザイン感覚で切り取って物を集めていく。デスクワークだけだった昔に比べると凄く健康は健康です、仕事は遥かにタフですけどね。ああいう場所は通常、企業しか入れないけど、僕は何百か所とあるヤードと直接交渉して入れていただいて、自力でコネクションを広げてきた。始めたばかりの頃は、それこそヤードの場所を突き止めるために廃品回収の軽トラックに付いていってね（笑）。今では全国各地を回れば数百台でも数千台でもすぐ集まる、そのぐらいのコネクションはあるんですよ」

1976年憧れの短波放送

笑う蒐集の鉄人、日に焼けたラジカセ蘇生の達人、松崎が取り出したカセットテープとは？　15歳の時に手の届かなかった幻の逸品。三十余年にしてついに巡り合ったという代物だった。

「1976年に、ラジカセの付属品、おまけとして付けられていたカセットテープなんですよ。時代としてはBCL※、世界の短波放送を聴くカルチャーが若い人たちの間

世界の主要放送局 I.S.（インターバルシグナル）テープ

▷SIDE A		▷SIDE B	
1. ドイツ海外放送	10. ギリシャ放送	1. ラジオ・RSA	10. ラジオ・韓国
2. BBC放送	11. ラジオ・ブダペスト	2. ラジオ・ウガンダ	11. サウジアラビア放送
3. ラジオ・オーストラリア	12. ラジオ・ローマ	3. スリランカ放送	12. ラジオ・カナダ
4. バチカン放送	13. ラジオ・ノルエー	4. 北京放送	13. 自由中国の声
5. モスクワ放送	14. ポルトガル放送	5. インド放送	14. アンデスの声
6. オーストリア放送	15. ルーマニア放送	6. インドネシアの声	15. オランダ放送
7. ラジオ・ソフィア	その他。	7. イラン放送	16. VOA・アメリカの声
8. ラジオ・プラハ		8. イスラエル放送	その他。
9. ラジオ・デンマーク		9. ラジオ・ジャパン	

育ちは足立区。現在も足立区南花畑の団地に拠点を構える。小学校4年生の時、クリスマスプレゼントでトランシーバーをもらった松崎は、団地で友人とスパイごっこをして遊んでいた。それから約40年。ヤードからヤードへ忙しく蒐集に飛び回る合間、短波の拾いやすい夕刻に表へ出て、1976年に買うことができなかったラジカセ（写真で手にしているCF-5950）で短波を聴く日がある。時を超えて、足立区の団地は電波で繋がっているのだ。「家族は、〝だからなんなの?〟って（笑）」

で流行りまして。その当時ソニーから、世界の放送局を受信できる、早い話、友達に自慢できるラジカセというのが発売されて（笑）。それを買うと、おまけでこのカセットが付いてきた。非売品です。

世界の（短波）放送局のインターバルシグナルが入ってるんです。短波放送は1日のうち1時間か2時間しかやらないんですよ。それに受信が難しいので、当時の放送局は各局で、〝この放送局だ〟と分かるような音楽や音を流していたんです。例えば7時から放送が始まる時は7時5分前からそれを流す。そのインターバルシグナルを頼りに局を合わせて待っていると放送が聴ける、というわけです。そのシグナルをこのカセットで聴いて覚えることができる、と。凄く欲しかったけど、いかんせん当時そのラジカセが約6万円したんですよ。中学生の僕にはそれが買える由もなく……。

これは蒐集先で偶然見つけたんですよ。たまたまふと見た（本来おまけの本体だったのとは別の機種の）ラジカセの中に入ってたんです！ 本当に最近、去年のことです。カセット本体に記されたＢＣＬの文字がラジカセの窓から見えたんで、〝もしかしたら!?〟って思って。見つけました。今このテープをそのまま持ってる方ってほとんどいないんじゃないでしょうか。ラジカセの本体はまだ手に入る。でもこのカセットテープ自体はもう多分、世の中に数えるほどしか残ってないと思う。付属品って捨てちゃうでしょう。こういうのって上から別の音を入れたりして使い回して、元の音を消しちゃうことも多いですよね。これはまだ聴けるんです。本当に消されなくて良かった。ナレーションはね、各国の放送局の音楽を紹介してるのは富山敬なんですよ。『宇宙戦艦ヤマト』の古代進の声をやってた。当時富山敬はソニーのＢＣＬ関係の番組でＤＪをやってたんです。それででしょう」

ＢＣＬが大好きで、当時は父親のお古のラジオで懸命に拾って聴いていた。受信情報を世界各国の放送局に送ると、その返信としてベリフィケーションカード※（受信証明書）が送られてきたが、もちろん松崎はそれも大量にきちんと保管している。それが世界との出合いだった。

「このカセットを見つけた時は狂気乱舞でしたね。三十余年前に聴きたかった幻の逸品をやっと聴けたっていうことです。非売品で、お金で買えるようなものじゃないので。蒐集家になって約10年、初めて巡り合うことができたんです。このカセットで、もう自分の中では恐ろしいぐらいタイムスリップして、中学生の時の気持ちに一気にガッと戻った」

松崎はカセットテープそれ自体も世界中の物を蒐集している。それはもう、ごっそり、という底知れぬ数のカセットが整備待ちのラジカセと共に聴かれるのを待っている。

「いらなくなって色んな人が捨てた、廃棄された物とか、全部自分が買い取ってます。古今東西世界のフリーマーケットで、その国の普通の人たちのいらなくなったテープです。何が入ってるか分からないんですけど、どんなテープも自分にとっては貴重な物です」

おまけカセットの〝本体〟だった１９７６年製ラジカセも、もちろんその手元にある。誰も歩まなかった道を拓き、今では本家ソニーからも修理の依頼がくるというデザインアンダーグラウンド工場長・松崎自らが整備した美しい完動品だ。足立区の団地の一隅で聴かせてもらったソニーＣＦ－５９５０、短波を捕まえようとするその姿は、力強く輝いて見えた。

（２０１２年）

※ＢＣＬ、ベリフィケーションカード
ＢＣＬは「Broadcast Listening」の略。短波による国際放送を受信して楽しむ趣味を指し、ベリフィケーションカードは受信した放送が該当の放送局のものであることを報告すると発行される証明書。

vol.
20

花村萬月

Mangetsu Hanamura

花村萬月の鮮烈なデビューは齢30を過ぎた後だった。流転を続けた作家の手元に残っていたカセットテープ群より偶然選ばれた2本のカセットテープからは、そんな生活で己の中にどうしようもなく刻印された、生々しい執着の断片が響いてきた。

音楽の芯を物語にする作家・花村萬月は父親のラジオがいつも鳴っている家庭で育った。

「小さなトランジスタ・ラジオを鳴らしてただけだけどね。FENがいつも鳴ってた。親父も別に洋楽がどうこうというよりは、せっかちな人で、とにかくゆったりした曲がダメだったみたいで（笑）。しょんぼり全然売れなかった小説を書いてたんですけどね、親父も。だから仕事しないで常時家にいるので、それでトランジスタ・ラジオ鳴らしてた。ちょうど小学校の低学年の頃にビートルズとかが、リバプール・サウンドがポンと出てきた時代で。あとはベンチャーズですね。そういうのが耳に入ってた。それを聴いて、デタラメな英語で騒いでましたね。

その後小学校5年あたりで、悪さがたたって児童相談所に送られて、そのまま施設に送られちゃうんですよ。そのあたりから中学校出るあたりまでは、それこそキリスト教のカトリックの施設だったんで、聖歌ばっかりですよね。賛美歌。洗礼も受けたんだけど今は信じてないです。すいません（笑）。神様はいてもいいと思うんですけど、俺にはあんまり関係ないよ。神さん

1955年東京都生まれ。幼い頃、児童相談所から福祉施設に送られ、中卒。京都、東京などで様々な職に就きながら放蕩生活をした後、89年『ゴッド・ブレイス物語』で小説すばる新人賞を受賞しデビュー。98年に『皆月』で吉川英治文学新人賞、『ゲルマニウムの夜』で芥川賞、2016年『日蝕えつきる』で柴田錬三郎賞を受賞。『ブルース』『笑う山崎』『二進法の犬』『武蔵』『姫』など著者多数。

なんて」

中学卒業後、70年代初頭に京都へ移る。そこでブルースに出合う。ギターを弾き始める。

「17歳までは東京というか、神奈川にいて。知り合い絡みで。そのままちょっと不義理があって京都へ行って。京都行ったらブルース・ブームだったんですよ。俺それまでブルースって、なんか〈夜霧のブルース〉みたいなものしか知らなかった（笑）。そこでウエスト・ロード（・ブルース・バンド）とか村八分とか、そういうのを知って。調子こいてた時期ですね。できてすぐつぶれちゃった『黴（かび）』ってロック喫茶にライトニン（・ホプキンス）とかのコピーしてる凄い上手なお兄さんがいてね。それで夢中に。ギターにハマりました。結局一生懸命教えてもらったんですけど、根気がないのと、才能がないのとで、そういうフィンガースタイルの弾き方は絶望的にものにならなかったです。（聴く音楽は）雑食でしたけど、自分でギターを多少いじくれるようになると、やっぱりブルースが面白くて夢中になりましたね」

20歳を過ぎて京都から再び東京へ。音楽と、また別の〝関わり〟が生まれる。

「新宿でブラブラしてる時に、サパークラブとかでドラム叩いてるシャブ中の歳上の人とつるむようになって。その人が〝商売しよう〟って言い出した。当時、フィリピンバンドがどんどん入ってきて、場末の日本人バンドメンがその影響で馘（くび）になってったんですよね。その人も馘になっちゃったんですけど、ただでは転ばない人で。フィリピン人のやつらが国に帰る時、ギターとか売りたがるんですよ。現金に換えたくて。それがフェンダーとかギブソンなんですよ。関税の都合かよく分からないですけど、フィリピンでは凄く安く手に入るみたいで。そのギターをこっちで3万で買い取って、日本人に17万で売りつけるという（笑）。当時はホントにギブソンだフェンダーだ、って高かったんで、みんな飛びついてきましたね。〝儲け幅はシャブ並みだぜ！〟なんて言いながら（笑）」

自らもまた、薬物に埋もれていた。続く放蕩生活の中、その頃もまだ自分のラジカセやカセットデッキは所有していなかった。転がり込んだ人の部屋や、ジャズ喫茶などで音楽を聴いていた。

「その商売は、雑誌に広告出したり、PA機材のレンタルとかも始めてね。結構羽振り良かった時もありました。実はまだその会社あるんだよ。でも社長はいつの間にか乗っ取られてね。俺副社長だったはずなんだけど、どうなっちゃったのかなあ（笑）？　結局自分の部屋みたいなもんがないし、俺のカセット歴は遅いですね。カセットを買ったのは、そういう薬物から完全に離れた20代半ば以降ですね。

肉体や精神がクリアになってからは、アルバイトやらで稼いだ金で少しずつスピーカーとか揃えました。でもカセット全然使ってなくて、レコード命の小僧で。カセットはFENでこの手のものをやってることに気づいてからです。やっと録音するようになった」

ブルースとオートバイ

そう言って差し出されたのはFENで放送していた『B・B・キング・ブルース・アワー』のエアチェック・テープ群だった。ブルースの大御所B・B・キングがホストを務めるブルースのラジオ番組だ。

「最初は『ブルース・ドクター』っていう番組で、多分白人がやってるんですよ。それがBBに代わった。このテープが凄いいっぱいある。掘り出しもんが結構かかるんですよね、それが愉しみで。番組を発見した時は嬉しくてね。すぐに録るのがノルマみたいになっちゃって。コレクター心理ですよ。だけど米軍放送もいい加減で、番組音源が恐らくレコードで来るんですよね。時々針が飛んで同じとこを繰り返し放送したりしてる（笑）。この手のテープが200本近くあって、八ヶ岳の仕事場でデジタル・データ化しようと思って置いてあるんだけど、結局やらなかったんです」

もう1本は花村自らがレース場で録音した1本。カセットケースを開けると、『T

TBC Big Road Race.84 SUGO SURKIT

録音当時29歳。まだ作家でも何者でもなかった。「この頃は運送屋のバイトをやってたかな。でも俺適当だからさ、嫌になったらすぐ辞めるから」激しい排気音とエコーのかかった場内アナウンスが生々しい。チケットは、美しい状態のまま残されていた。花村のオートバイ好きは筋金入りだ。10代の頃、当時台頭してきた暴走族『ブラックエンペラー』が地元の後輩だった。「みんな団地の貧乏人の子でね。先輩をちゃんと立ててくれる連中だった。でもあいつら外連味重視でゆっくり走るから、俺は性に合わなかったんだよね」と、スピードの無頼漢は笑う。

ブルース・ドクター 1

FENで放送していた番組『ブルース・ドクター』の録音を収録。番号をふった録音テープは、200本を超えているという。

BCビッグロードレース』のチケットがポロリと出てきた。

「チケットだ！　これは気づいてなかった。あいやー。俺はオートバイが凄く好きで、多分誰かに録音道具を借りたんだろうね。ご苦労なこっちゃなあ。この頃、仙台まで東京から日帰りでレースを見に行く、そんな馬鹿なことばっかりしてましたね。カセットを探してたらこんなのが出てきて、〝俺が録ったのかなあ？　でも俺の字だなあ〟って」

しかしそのカセット本体には『Live Date Wishbone Ash vol.2』とも記されている。中身を確かめるべく再生してみると、一瞬ウィッシュボーン・アッシュと覚しきエレキギターが流れた、と思ったらオートバイの爆音がスピーカーから放出された。やがて排気音がなくなり場内放送だけが響く。レース場での定点録音なので、レーサーの一群がコースを1周して戻ってくるまでは静寂なのであった。

「ウハハハハ、ウィッシュボーン・アッシュ消されちゃったんだ（笑）。これが84年だから29歳ぐらいか。そろそろ〝このままじゃヤバいかな、なんとか仕事見つけないと〟って思ってた時期ですね。なのにこんなことしてんだからさ（笑）。とにかくオートバイもブルースも、当時の俺の執着の対象ではありましたね。凄く執着してた。どっちも貧乏臭え（笑）。俺昔からオートバイ乗ってて〝これって貧乏人のロケットだよなあ〟って思ってましたからね。ある程度排気量があれば、絶対加速で車に負けないんで、負けないというその1点だけですよね。コンプレックスが強いから」

その道行きに、ガールフレンドへのプレゼント用テープを作る、ドライブ用のマイテープを作る、といった甘い轍はない。

「暗えなあ、俺の人生。自分の車持ってたこともあったけど、どうしようもない改造車でね。うるさいんだよ。本当に乗ってて胃が痛くなる。お姉ちゃんも乗ってくれなかった。〝シートもリクライニングしないしぃ〟みたいな（笑）。オートバイもホント近所迷惑なやつだったから、マフラーの下ちょん切ってコーラの空き缶付けて走ってましたからね。うるせえなんてもんじゃないよ（笑）」

レースの同録テープのラベルには、レースコースの地図が貼り付けてあった。地図の中に1点○が付いている。花村が記したこの録音を行った場所の印だった。

「律儀ですねえ。本当、その自分のマメさがイヤ（笑）。なんか自分の細かさを、このテープに、グイと突きつけられたみたいで恥ずかしいわ」

花村萬月の血肉、骨に付けられた無数の印を、その時思った。記憶の中の○印が脈となり物語になってゆく。そのひとつが目の前にある。

（２０１２年）

vol.
21

亀和田武

Takeshi Kamewada

卓越した眼力と該博な知識で時代を切り取り続ける作家・コラムニスト、亀和田武。二十数年ぶりに発見されたというカセットテープには、全共闘運動の同志として出会った友人にもらった、愛する「古い洋楽」とそのカバーが、律儀な美しいタイプで記された曲名一覧と共に詰め込まれていた。

時の流れはケースのプラスティックの黄ばみに現れていたが、亀和田武がテーブルの上に置いた3つのカセットテープは瀟洒な佇まいをしていた。

「これは林田君ていう友人が作ってくれてね。成蹊大学に同学年で入学して、全共闘運動のバリケードの中でも一緒だった。このカセットを作ってくれた頃（80〜84年）、彼は独身で、武蔵小金井で小学校の警備員やってた。武蔵小金井には『リメンバー』っていうマニアックな中古レコード屋があって、そこで結構集めてたな。給料はそういうコレクションとオシャレにつぎ込んで。1本目を俺が気に入ったんで、それならってことで、当時まだワープロもなかった頃だけどこういうふうにタイプで曲名もちゃんと打ってくれて。几帳面でしょ？　俺も当時は国立の北口に住んでたんで、よく泊まりに来たりしてた」

テープを見ると、それを作ってくれたやつを思い出す。友情、くされ縁、なんとなく繋がっていたかった同志感。音楽が、人と人とを巡り会わせ、結び付ける。

「69年の4月に俺等は大学に入学して、そ

1949年栃木県生まれ。成蹊大学文学部に入学後、全共闘運動に参加。卒業後、『劇画アリス』の編集長を経て、フリーに。作家として82年にSF短編集『まだ地上的な天使』でデビュー。TBS『スーパーワイド』などテレビキャスターとしても活躍。著書に『どうして僕はきょうも競馬場に』『この雑誌を盗め！』『60年代ポップ少年』など。

の当日に学園初のバリケード闘争が始まった。それから学校に一緒に泊まり込むような仲で。ひと月ぐらい経った時かなあ？何かお互い古い曲が好きだっていう話になって。6月になって文学部校舎を封鎖した頃なんかは、もう活動家の数も少なくなってね、右翼体育会が襲撃してくるかもしれないっていうんで、深夜に3〜4人で鉄パイプ持って広いキャンパスを警備するわけ。それで帰ってくると、どっかからポローンってギターが聞こえるんだよ。それは2学年上の活動家……社青同解放派のT君っていったかなあ。彼が2階の誰もいない教室でプレスリーの〈ラブ・ミー・テンダー〉をひとりで弾いてたんだよ。すると林田君が、〝ん？　あいつはプレスリーしか聴かないからなあ〟なんてね。

そうやって俺も彼も、1年留年するぐらいでなんとか学校を出て。俺はアリス出版に行く前、檸檬社で俗悪雑誌の編集者になって、林田君は警備員派遣会社のバイト仕事を始めて。卒業してしばらく、79年に俺が国立のほうに越してきた頃から、またよく付き合うようになった」

1964年の喪失感

60年代初頭のポップスを愛する亀和田は、日本語のカバー・ポップスを愛する亀和田は、〝ビートルズ嫌い〟として知られている。

「61〜63年が俺の中学時代。63年の12月ぐらいから64年の1月にかけて、ビートルズの〈抱きしめたい〉と〈プリーズ・プリーズ・ミー〉がラジオでかかるようになった。2曲がたて続けに発売されて。でも〝またかあ〟と思ってたわけ。それまでもツイストの後に、マッシュポテトとかロコモーションとか、スマッシュ・ヒットした色んなロックがあったんで、〝まあ、これもそういうやつかなあ〟と油断してたらとんでもないことになっちゃって。一過性のものだと思っていたら、3月、4月になるとヒットパレードのベスト20のうち10曲ぐらいビートルズが並んじゃってさあ（笑）。僕の好きな日本語（による洋楽カバー）バージョンなんか一掃されて、終わりを迎えた。スリー・ファンキーズとか、飯田久彦とか、ついこないだまでしょっちゅうテレビに出ていた人たちのリリースが一気に減っていくのね。それがちょうど中学時代の終わりと一致してるわけ。〝え！　世の中にはこういうことが起きるんだ。自分ではどうすることもできないことがあるんだ〟って。歴史の不可逆性ね。それで、精神的にはそこでやさぐれちゃって（笑）」

恐らく初めての喪失だった。その喪失感は、翌高校1年時、東京オリンピック（64年）の狂騒にもまったく動じなかった。

「あの10月10日は土曜日なの。みんな早く帰ってテレビ見てたけど、ササクレ立ってた（笑）俺は、もうひとり同じ遠距離通学仲間でやさぐれてた柏木君っていうやつと、途中で寄り道したんだよ。国立の学校から大森まで帰る途中に千鳥ヶ淵に行って、あそこってボートがあるじゃない？　当時は娯楽が少ないからさ、多摩川、洗足池、井の頭公園、千鳥ヶ淵……中学から高校にかけてすんげえよくボートにだけは乗ってたわけ（笑）。それにふたりで乗って〝アー

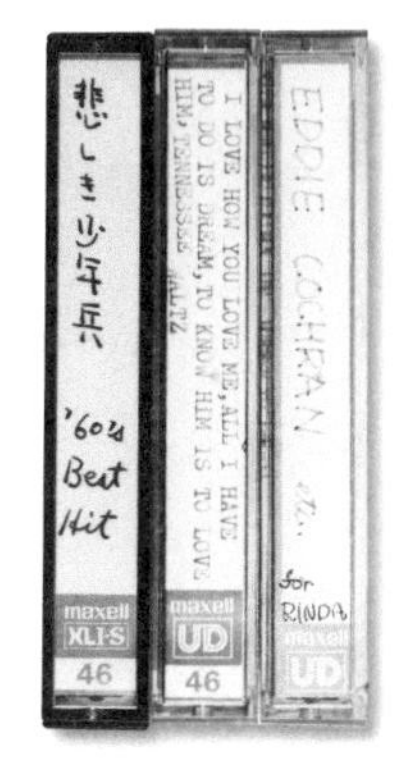

I LOVE HOW YOU LOVE ME,ALL I HAVE TO DO IS DREAM
TO KNOW HIM IS TO LOVE HIM,TENNESSEE WALTS '81.5.20

▷SIDE A
〈I LOVE HOW YOU LOVE ME〉
1. PARIS SISTERS
2. BARRY MANN
3. BOBBY VINTON
4. CLAUDINE LONGET
5. MOKO,BEAVER,OLIVE
6. BRYAN FERRY

〈ALL I HAVE TO DO IS DREAM〉
7. THE EVERLY BROTHERS
8. BOBBIE GENTRY & GLEN CAMPBELL
9. MOKO,BEAVER,OLIVE

▷SIDE B
〈TO KNOW HIM IS TO LOVE HIM〉
1. TEDDY BEARS
2. THE FLEETWOODS
3. THE BEATLES
4. PETER & GORDON
5. MOKO,BEAVER,OLIVE
6. THE LETTERMEN

〈TENNESSEE WALTS〉
7. PATTI PAGE
8. SAM COOKE
9. EMMYLOU HARRIS

この3本のテープをもらった時、亀和田武は31歳〜。『劇画アリス』の編集長職を退き、国立へと住居を移したことで、武蔵小金井在住の旧友・林田君との交流が再び始まった。テープには、原曲と、他のミュージシャンによるカバーが、順番に収録されている。林田君は「容貌はごついんだけど、オシャレで雰囲気もふわっとしてて、そのギャップでみんな〝リンダ〃って綽名で呼んでた」。会わなくなって長い時が経つ。「彼は80年代の半ばに北海道へ帰っちゃった。俺よりひとつ上だから……もう64歳。定年だね。彼が今、どんな音楽を聴いてるのか、気になるよね」

ア、つまんねえなあ〃って。その時フッと轟音がして、上を見るとジェット機が飛んでて。〝なんだろう?〃って思ってたら時間が経つにつれて五輪マークがどんどんできていく。国立競技場がすぐ近くだから凄い大きく見えた。みんな東京オリンピックのことを楽しげに語るんだけど、俺と柏木君は空を見上げながら、〝アーア〃って溜息ついてた(笑)」

それでも高校時代には、ジャズ喫茶の黄金時代とともにジャズと出合う。新宿に、渋谷に毎日通った。

「お、これだ! って。そこで本を読んでると心地良くってね。でも今考えると、それはコーヒー1杯で2時間、追加オーダーでもう2時間、自分のそういう喪失感、ネガティブな気分と向き合う時間だったのね。でも67年に高校卒業して、受験はダメでも、もう毎日通学しなくてもいい! っていう浪人になった瞬間に、〝もう沈静するのは止めだ!〃って。ちょうど67年の10月8日から学生運動が始まって、すぐ1か月後ぐらいから俺も加わった。ミーハーなんだよ。

2浪の時なんか、予備校にあった蕎麦屋『梅本』の〝蕎麦代値上げ撤回！〟ってヘルメットで団体交渉の要求（笑）。そんな自分の境遇と、67年10月に叛乱の季節になったっていう変わり目がリンクしてね。そこからは45年間躁病のまま来てしまったという（笑）」

そんな躁病時代、ジャズ喫茶の黄金時代も終わりつつある頃に林田君と出会った。林田君から送られた3本のカセットテープには、亀和田の好きな日本語による洋楽カバー曲や、その原曲である洋楽曲が、順を追って、丁寧に記されたラベルと共に収録されていた。故・山口瞳がかつて毎日のように利用していたという取材場所の喫茶店、『ロージナ茶房』でこっそりとかけたテープからは、パリス・シスターズの〈I LOVE HOW YOU LOVE ME〉が流れ始めた。

「このカセットって、凄く元手がかかってるの。18曲の中には、シングル盤1枚が中古レコード店で3万円なんてレア盤があったりして。1万円もザラにある。だからこのテープを作るために50万円くらいカネを費やしてるわけ。リンダ（林田君）は。なぜそんなカネがあったのか。最初はバイトで昔の全共闘仲間と警備員やってたけど、正規雇用にしろって闘争やって、市役所の職員になった。さらに春闘のたびに賃上げ闘争して、国家公務員より給料が上がったの。それで中古盤を買い漁って。でも小学校の校内を夜中に巡回してから用務員室に戻って一人ボケーっと壁を見ていると、頭がおかしくなるくらい虚しくなったって。それで北海道に戻った。ともかくこのテープには、そんなリンダの鬱屈とした心情とカネが詰まってるんだ。

躁病になって45年間、最近になってようやく、少し内省的になってきたかな？って感じる。昔はさあ、別れた女のことをやっぱり思い出す……っていうか、そんな心理的傾向があったけど、この10年ぐらいさあ、会わなくなった男友達のほうがやっぱり重い……っていうか切ないね（笑）。あんなに昔よく会ってたのになあ、って。別に喧嘩したわけじゃない。俺は変わらず国立、彼は北海道。物理的距離が離れたこともあるんだけど、きっと昔だったら、そんなこと気にせず会ったのになあ、って。俺も競馬の取材で札幌まで行く時があるから、ちょっと足をのばせば会えるのにね。会わなくなった男友達のことをグズグズ、メソメソ。思い出したりするねえ。女のことは思い出さなくなったけどね」

東京オリンピックにも動じなかった精神が、グズる。テープから流れる音楽が、それを増幅させるのかもしれない。「まだ時間ある？」亀和田は言った。

「この先に、村上春樹が国分寺でやってたジャズ喫茶『ピーターキャット』に開店初日から通ってた青年が、その後独立して30年前に開店した『キャンディーポット』っていう店があるんだよ。いい店なんだ。次は、廃れつつあるジャズ喫茶テイストを微かに残す店へ行こう（笑）」

（2012年）

vol.
22

猫ひろし

Neko Hiroshi

カンボジア代表のマラソンランナーとしても知られる芸人・猫ひろし。生真面目なまでのマイベストテープに混ざった1本の漫談テープからは、走り続ける男の、折り返し点ともいえる荒々しさが流れてきた。

カセットテープのたくさん入ったコンビニ袋をテーブルの上に置いた猫ひろし。以前よりそのまま捨てずに家に置いてあるという。

「4～5年ぐらい前まで普通にウォークマン使ってたんですよ。だから結構（レコードやCDをテープに）落としてるやつが多くて。〝あ、こんなのも落としてたんだ〟みたいな。それで色々見てたら1本だけ持ってくるのが難しかったんで……」

小学生の時に聴いていたプリンセスプリンセスの〈Diamonds〉、長渕剛の〈しゃぼん玉〉に始まり、映画『スタンド・バイ・ミー』のサントラ、高校時代（93～96年）のヒット曲の入ったテープが複数……など……

1977年千葉県市原市生まれ。目白大学在学中にお笑いの道を志し、東京ダイナマイトのハチミツ二郎の付き人を経てデビュー。現在はWAHAHA本舗所属。2011年にカンボジア国籍を取得、卓越した脚力を活かし、16年リオデジャネイロ五輪に同国代表選手として出場、完走した。

「この頃のって、バイト先の人に借りて聴いたやつが入ってるんですよ。氷室京介、ザ・ブーム、マライア・キャリー、桑田佳祐、虎舞竜（笑）、奥田民生、井上陽水、スピッツ、ジュンスカ、ワンズ……ワンズとかもろですね。それから大黒摩季、中山美穂、キョンキョン、チャゲアス。チャゲアスとかも世代なんですよね。藤井フミヤもそうだ。あとコンプレックス。これなんかも凄いですよ」

といって差し出された別の1本。

「もう、ケースに『高校BEST』って書いてある（笑）。〝これが僕の高校時代！〟みたいな。何入ってるんだろうと思って聴いたんですけど」

『高校BEST』をラジカセに装填し、プレイボタンを押すと、景気のいい歌声が飛び出した。B'zの〈愛のままにわがままに僕は君だけを傷つけない〉だった。

「（笑）こういうのを、板前さんとか、ちょっと不良の人とかから借りまして。バイトは千葉の健康ランドの調理場です。もともとウェイターやってたんですけど、〝見た目が汚いから〟って裏に回されちゃったんですよ（笑）。すると周りはやっぱり男っぽい人しかいないんで。それから高校を卒業して大学に行くんですけど、そこで音楽が好きな友達に出会って」

その頃の物だという1本に『※デッド・ケネディーズ・ベスト』と記されたものがあった。

「これ、ラベルの裏に×印がしてあって、そこに尾崎豊の『誕生』って書いてあるんで、それが入ってたやつを上から消して使ってるんです。お金がなかったんで、大学の時。尾崎豊が闘って負けた記録ですね。デッド・ケネディーズに（笑）。こっちも凄いんですよ。『ロックベスト』って書いてあって、側面には『ロック・ロック・ロック』って。ロックロックうるさい（笑）。フェスに出るような人のやつを編集したんですけど、清志郎とかブルーハーツとか」

カセットテープは生活を物語る。持ち続けるだけで日常的に過去の自分と簡単に向かい合うことが可能になる。あれこれ点検していくうちに、猫ひろしは現在の活動に浅からず関係する1本を掴み出した。

1999年のまんだん

「これは『タキザキまんだんテープ』というものです。僕、本名が瀧崎邦明っていうんですけど、自分のネタを録ってるやつですね。これは大学4年ぐらいです。聴き直してみて自分でもびっくりしたんですけど、これ、友達のいびきをずっと録ってるだけ（笑）。当時お笑い芸人になりたくて、でもどういうふうにしてなったらいいか分からなくて。それで池袋のコミュニティ・カレッジみたいなところでやってるお笑いセミナーみたいなやつに行ったんです。半年で5万円もとる（笑）。そこに芸人志望の人とかがみんな集まるんですよ。その第2回目で〝自分が面白いと思うモノを持ってきてください〟って課題があって、このテープを聴かせたんですよ。そしたら凄い雰囲気になっちゃって（笑）」

テープを聴いてみることにした。ガチャ。

〝今日は、あの石原アキラ君のインタビューを録ることに成功しました。それではいってみましょう（背後でグーグーといびきの音）。〟

グー。グー。グー。

〝石原君の趣味はなんですか？〟

グー。

〝そうですか。生年月日はいつですか？〟

グー。グー。
〝では、○※××○□△×××（自分で笑ってしまって質問になっていない）〟
グー。グー。グー。

「ひどい雰囲気になったんです。静かなところでやったら面白いかな？　と思ったんですけど、みんな、どうしていいか分からなくなっちゃったみたいで。もう自分でも笑っちゃってるんですよ。石原君が寝てるだけだから（笑）。ずっとこれなんです、このテープ」

漫談、とは言えない。強いて言えば、これはサウンドアートである。そもそもお笑いの道を志したのはいつ頃なのか。

「大学1年ぐらいですかねえ。もともとお笑いが凄い好きで、大学に入って東京でひとり暮らししようとしたら間違えて埼玉の大学に入っちゃって。目白大学っていう名前なんですけど、〝目白〟だからてっきり東京の大学だと思ってたら埼玉の岩槻にある（笑）。でもお笑いのライブを見るために埼京線を活用して。週に4〜5本、平日

高校 BEST
（1994年）

デッド・ケネディーズ・ベスト
（1997年）

タキザキまんだんテープ
（1999年）

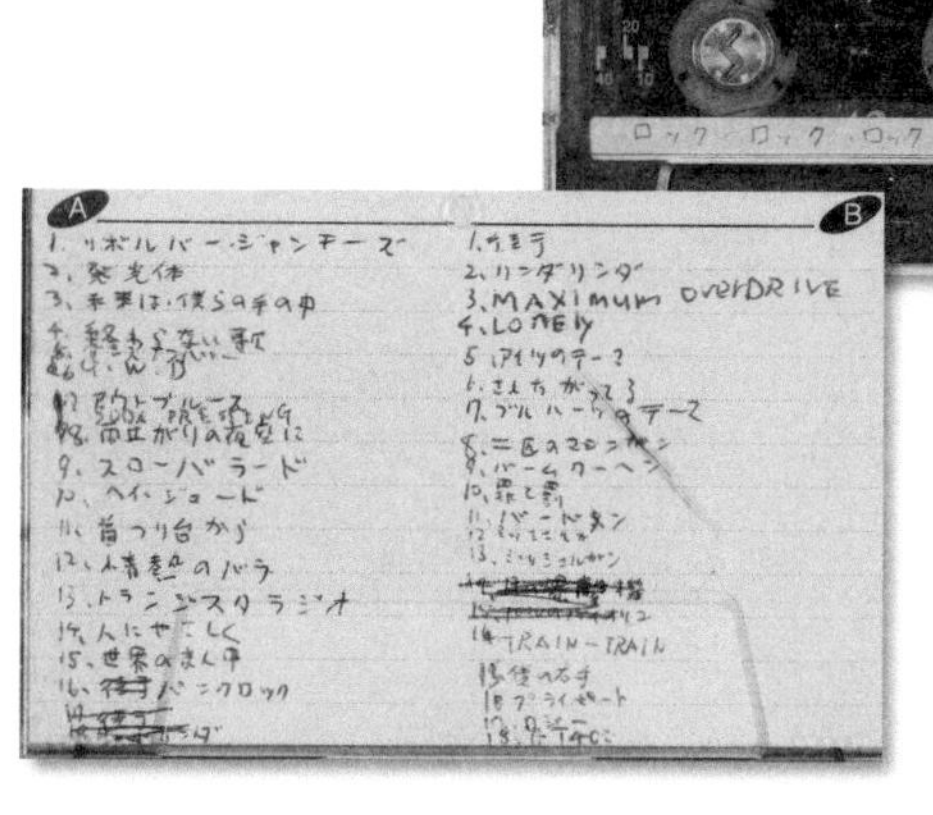

ロック・ロック・ロック（1997）

▷SIDE A
THEE MICHELLE GUN ELEPHANT／リボルバー・ジャンキーズ、THE BLUE HEARTS／首つり台から 他16曲収録。

▷SIDE B
Hi-STANDARD／MAXIMUM OVERDRIVE、THE HIGH-LOWS／バームクーヘン 他18曲収録。

その当時、その時のマイベスト盤がずらりと並ぶ。『タキザキまんだんテープ』でいびきを披露した石原君は、高校時代からの付き合いで、当時は猫ひろしの大学の寮に住んでいた音楽好きの友人。「コーラばっかり飲んでたからか、若くして糖尿病になってしまって。僕の結婚式にも来てくれて、親友だったんですけど、最近連絡が取れないんですよ。心配しています」

もずっと行ってました。そのためだけに定期券買ってたんで。お金は奨学金で。バイトは極力やらないようにしてお笑いのビデオを新宿とか恵比寿のTSUTAYAで借りて、1日4本、週に28本見るんですよ。あとは大学の図書館にこもって資料のビデオを見る。当時緑色のジャケット着てたんで、図書館に朝から晩まで〝緑の座敷童がいる〟って話題になった（笑）。

それで浅草キッドさんのライブを見に行った時に、お笑いのネタ見せ募集の紙がチラシに入ってたんですよ。じゃあ〝ちょっとやってみようかな〟と思ったのが大学3年の時です」

ハマっていた浅草キッドのライブに通ううちに若手芸人と交流するようになり、現・東京ダイナマイト、ハチミツ二郎の付き人になる。

「ピンなんて考えられなかったんで、友達だまして漫才作って、ネタ見せ行って。でも落ちたんですけど、ハチミツ二郎さんに〝おまえの顔は面白いから、今度お笑いの団体作るから〟って声かけられたんですよ。でも何故か旗揚げ公演を客席で見てた（笑）。だからハチミツ二郎さんにラブレター書いたんです〝あの時の者ですけど！〟って。そしたら電話がかかってきて、〝男にラブレター書くなんて頭おかしいから、来なよ〟って（笑）。そこから1年間学生をやりながら付き人やって。その間に芸名も30回ぐらい変わったんですよ。最初、〝お前もパンチのある芸名付けたほうがいいな〟って言われて。〝じゃああれだ、タランチュラってどうだ?〟って（笑）。そこから改名に次ぐ改名で、当時K－1が流行ってたんで、ステファン・レコからとってステファン・ネコになって。その後カタカナでミカミヒロシになり、そこからヒロシだけとり、猫が好きだから猫ひろしになりました。でも僕、犬しか飼ったことないんですよ。しかも猫ひろしになってから、ちょっと猫アレルギーになっちゃって」

ロック・ロック・ロックなベスト盤を編んでいた研究肌の瀧崎青年は、お笑い・お笑い・お笑いの猫ひろしに化けた。今は日課のロードワーク中に、iPodで古い『オールナイトニッポン』の録音を聴いている。

「僕、芸人になって、テレビで公開包茎手術もしてるんですよ。で、今国籍変えて、これでもうある意味2回化けてるんですよ。次はどんなことができるかな、って色々考えます。それか、自分の家を燃やすとか（笑）」

（2013年）

※デッド・ケネディーズ
ジェロ・ビアフラ率いる米国のハードコア・バンド。反体制的な歌詞と特異な音楽性で、後の音楽シーンに大きな影響を与えた。

vol.
23

渚ようこ

Yoko Nagisa

世を去った後も、その声に触れるだけで、令和の世に昭和歌謡の世界を甦らせる〝サイケ歌謡の女王〟。渚ようこは何故その道を歩み始めたのか、今はなき新宿ゴールデン街『汀』にて、カセットをかけながら語った。

新宿マドモアゼル、そのまま、渚ようこのことである。さらに〝夜の〟と付ければなおふさわしい。様々な音楽体験がカセットテープの奥に封じ込められている。

「ここ（『汀』）に来るのに寝坊しちゃって。結局いつも聴いてるやつ持ってきちゃった。ホントは『ダウン・タウン・ブギウギ・バンド』って書いてあって中身は全然違う、頭の変なオヤジにもらったテープを持ってきたかったんだけど（笑）。それ真っ赤っ赤なテープで、中身はカントリーとかのカラオケがいっぱい入ってて。〝歌え〟って昔指南されたの。大事に持ってたんだけど、見つからなくて」

山形県白鷹町生まれ。1994年にライブデビュー後、一貫して独自の歌謡世界を追求し続けた歌謡シンガー。クレイジーケンバンド・横山剣のプロデュース作品や、作詞家・阿久悠とのコラボレーションなど、昭和歌謡ブームを牽引。2003年に新宿ゴールデン街に『汀』をオープン（19年閉店）。18年9月の心不全による急逝後も、多くの支持を集めている。

その中の1本に、浪曲家・三門博（みかどひろし）の『唄入り観音経』がある。

「最初は広沢虎造（ひろさわとらぞう）の『浪曲さわり集』とかを普通に〝いいな〟って聴いてて。でもどうしてもこっち（三門）のほうがいい！　ってある時から思ったの。なんか落ち着くんですよね、凄く。聴いてると気持ちが研ぎ澄まされてくるっていうか。

浪曲を聴くのはここ10年ぐらいなんですけど、何かね、ある時に小沢昭一さんの『日本の放浪芸』※に収録されている、浪花節のもとになった祭文語りを聴いてたら、それがウチの山形の田舎の凄く近くのだったんですよ。近くと言っても車で1時間ぐらいのところに住んでる床屋のおじさんで、その人が小沢さんに取材されてたんです。それを聴いてたら〝おおっ〟ってなってきて、実家に電話して〝こういう人知ってる?〟って聞いたら、母親は知らないって言うんだけど、おばあちゃんが〝ウチに来てた人でしょ〟って言うの。昔は周りが全部農家だったんだけど、誰かがそういう人を〝呼ぶ〟んですって。そしたらウチがたまたま広かったんで、場所を貸すことになって。10人か20人お客さんを集めて、1部・2部ぐらいでやって、投げ銭が回ってきて。それで場所を提供した家に泊めてご飯を食べさせる、っていうことになっていたって。〝そうやって呼んで、いつも来てたよ〟っておばあちゃんが。まだ私が生まれるだいぶ前。ウチのお母さんが小さい頃。でもたまたま聴いてたら気分がザワザワしちゃって、知ってるような気がした。そういう反応するんだなあ、って思って」

音の記憶は無意識に堆積していた。だが田舎の中学生時代は、唯一入るNHK-FMの『夕べのひととき』をカセットテープでエアチェックする日々。レコードを買いに行くのもひと苦労だった。

「町まで出なきゃいけないんですけど、交通機関が少ないから遠いんですよね。電車の最終が夕方の4時半ぐらいだった。親が風邪で寝ている間に内緒で行っちゃったことがあったの。そしたら乗り過ごしちゃって、ヒッチハイクしながら帰ってきたんですよ。でもそこだって町の電気屋みたいなところだった。それで、もうひと駅奥に行けば〝恐ろしい奴がいるレコード屋がある〟って学校のみんなが言ってて。レコードを見てると、手を広げて〝おおおーっ!〟って言いながら迫ってくるんだって。だから〝行っちゃいけないところなんだ〟ってずっと思ってたんだけど、高校に入ってから行ってみたら、その店の人、ヒッピーみたいな人だったの(笑)。眉毛がなくて。〝なんだあ〟と思って、そのヒッピーと仲良くなって。他のレコード屋行っても、蘊蓄ばっか垂れられて、分厚い本見ながら〝ないない〟ってあしらわれてたんだけど、ヒッピーのお兄さんに色々仕入れてもらうようになった。ドアーズとか、ジャニス(・ジョップリン)とか、カルメン・マキの『真夜中詩集』とか。今からすれば、もっと早く活用しとけば良かったと思って。でもレコードを見てたら〝おおおーっ!〟っていうのが〝田舎伝説〟みたいになってたから(笑)。

そこへ繰り返し行ってたら、ある日〝店を閉める〟って言うんです。ちょうど私が東京へ出る頃に。〝僕も東京に行くんだよ。向こうでも会えたら嬉しいね〟って言われて。仏教の勉強をしに行くって言ってたかな。東京だったら全然普通にいるけど、田舎では珍しいタイプ。本当に好きなレコードだけを置いてるようなお店だった。お店の名前は『音楽堂』だったかな、そういう単純な名前だった。今思えば、あんな時代にあんな場所でやってたんだなあ、って」

友人からカセットを借りてきて聴くこと

三門博
『浪曲　唄入り観音経』

【A面】吉五郎発端の巻
【B面】吉五郎改心の巻

ザ・カッコイイ族のテーマ（DEMO）

渡されたこのテープがきっかけで、2001年、クレイジーケンバンドのマンモスシングル『肉体関係』収録の〈かっこいいブーガルー〉における横山剣と渚のデュエットが実現。それは、2002年に横山プロデュースのミニアルバム『YOKO ELEGANCE ～渚ようこの華麗なる世界～』へと繋がった。

もあったという。ある時、泉谷しげるを借りて帰ってきた。

「部屋で聴いてたんです。そしたら親が〝変質者の音楽聴いてるんじゃねえ！〟って。ひどく叱られて。たまたまドラマで強姦魔の役かなんかやってたのかな。だから私の中では泉谷しげる＝犯罪＝聴いちゃいけないんだ、みたいな（笑）。私はそういう周りの気まぐれに翻弄されて生き続けてたんです」

東京で、渚ようこは

高校を卒業する時、突発的に〝もう何もしない〟と思った。もちろん周囲からは〝何もしないとはどういうことだ〟と責められるようになった。約1年後、急に東京へ行く決心をした渚は、上京して専門学校に通いつつ、女の子に誘われてバンド活動をやった後、仲間に連れて行ってもらった場末のスナックでかねてから愛聴していた歌謡曲を歌った。

「その時〝凄い歌上手いじゃん。はっきり

言って場末のクラブ歌手になったほうがいいぜ〞って言われて、〝そう?〞って。でもどうすればなれるかなんかよく分からない。だから〝歌手として雇ってくれませんか?〞って、タウンページかなんかで場末そうな名前のところとかに片っ端から電話（笑）。たいがい〝そういうのは今ないね〞って言われるんだけど、たまに〝赤坂にあったかな……紹介してあげるよ〞みたいな感じで紹介してもらったりして、のめり込んじゃって。で、紹介してもらったところに出向くようになって、そこで頭の変な人たちに出会うようになった。さんざん〝おまえの発声はおかしい!〞とか〝訓練してやる!〞みたいに言われながら、私も〝歌は歌うけど、お客さんの隣に座ってはできません〞ってかたくなに拒否してたんだけど、隣に座らなきゃ仕事ができないって言われて、泣く泣く夕方6時から朝5時まで働いて。その頃は心が虚ろで何ひとつ実のある会話もしてなかった」

クラブ歌手巡礼、というべきその時代を経て、ザ・ヘア※と一緒に歌うようになり、〝渚ようこ〞は生まれた。そしてある日、クレイジーケンバンドの横山剣から、突然1本のデモ（『ザ・カッコイイ族のテーマ』）を手渡された。堆積していた音と夜の歌声が、数々の異才に発見され、愛される。

「あるイベントでご一緒した時に剣さんが手招きして、〝これ、聴いてください〞ってテープを渡されて。その時はそれを録音することになるとも知らなかった。〝え、やるの?〞って。

カセットは1回全部捨てようと思ったんだけど、できなかった。だけど、今も家ではたいがいカセットを聴いてます。起きたらすぐカセットのところへ行って、ピッとスウィッチを押して。たいがい三門博が入ってる。元気になるっていうか、特効薬」

デモテープのケースから、1枚の紙がカウンターに滑り落ちる。

「……これなんだろう?　たまーに昔のテープとかを見ると、高校時代の自分のわけの分からないひとり言が長々と書いてあったりするのが出てきて。親から〝こんなんあったけど捨てていい?〞って持ってこられることがあって（笑）。そういうのは新幹線のゴミ箱とかに捨てるの（笑）。自分からなるべく遠いところに」

（2013年）

※『日本の放浪芸』
故・小沢昭一が、滅びゆく門付などの諸芸を記録すべく、日本中で集録した音源をまとめた記念碑的作品。

※ザ・ヘア
1980年代に東京のネオモッズシーンに登場し、独自の音楽性で和モノブームの先駆けとなったニューロックバンド。

vol. 24

C.W.Nicol

C・W・ニコル

環境保護活動で世界中を旅し、本を書き、子供たちのために様々なプロジェクトを立ち上げた〝森の男C・W・ニコル〟。そのカセットテープから聴こえてきたのは、〝歌の国〟ウェールズからやってきた彼の足跡そのものだった。

「この〈ふしぎな歌〉の中に、白イルカの声が入っています。この時、僕の部下が録音に使っていたのがカセットだったんです。マイクにコンドームをかぶせて縛って、海の中に入れて録ったんですよ」

そう言ってC・W・ニコルは、持参した自らのアルバム『セイル・ダウン・ザ・リヴァー』（91年）のカセットテープのスウィッチを入れる。〈ふしぎな歌〉が流れ出す。曲に溶け合うように、イルカの声が聴こえる。

「あの頃（1966年）はイルカの音を録音するのは凄く珍しかったんです。ボートでアザラシを探していたんですよ。エンジンを止めて。そうしたら船体の下から音が……。その時部下はテープを使って記録をとっていた。で、マイクを水の中に入れて。20分ぐらいテープを回したら、そのうちに（イルカが）100頭ぐらいグアーッと出てきたんですね。後で音を聴いて感動しました。

なぜコンドームかというと、北極でアザラシなどの猟りに行った時に、鉄砲の先にコンドームを付けてたんです。銃口から氷

1940年英国ウェールズ生まれ。17歳でカナダに渡り、水産調査局技官を務めた後、来日。80年から長野県黒姫山麓に居を定め、旺盛な執筆活動とともに、森の再生を行う「アファンの森財団」を設立。2005年、名誉大英勲章を授与。東日本大震災をきっかけに、東松島市立宮野森小学校の創設を支援するなど、20年の死去まで多方面で活躍した。

とかが入らないようにね。いざとなったら、例えば熊が来た時に撃っても暴発しないように。この歌に使った元のテープもあるはずなんだけど、どこに行ってしまったのか」

森に暮らし、森を守る男C・W・ニコルの音楽活動歴は長い。作ってきた歌は数多い。70年代には、カナダで友人たちとレコーディング・スタジオを運営していたこともある。

「カナダの環境保護局の仲間とね。最初は自分たちのデモテープを作るために手作りで4トラックの古い機械を借りて。最後には立派なスタジオになりました。普段は色々な人のデモテープを録っていました。特にカントリー&ウエスタンの録音を結構やりましたよ。

幼い頃は聖歌隊で歌っていました。5～6歳からかな。※ベンジャミン・ブリテンってご存じですか？　作曲家の。彼のためにも私は教会でひとりで歌ったことがあります。自分で曲を作るようになったのは14歳ですね。初めて作った歌が〈ぬまどろ坊主〉、このアルバムにも日本語版が入っています。歌は無伴奏で作るんです。今でもオタマジャクシは読めない。8歳ぐらいからレッスンにも通ってたんですが、その時私は文字すら読めなかった。だから先生は理解できない。〝何故歌えるの？〟って。私は、言葉と音を、読んでいたのではなく暗記していたんです。

音楽はずっと大好きですよ。大好きだけど……なんていうか、あちこちラジオ局を回って頭を下げて、〝お願いしまーす〟とかね、そういうことはできない。歌が好きで、でも自分は歌手じゃなくて……ウェールズ人だ、と。ウェールズ人だから歌えるのは当たり前！　僕にとって、歌はストーリーの一部です。歌で語る。だから詩を聴き取れないとか、わけの分からない詩の曲だったら私は興味がない。ラップ……大嫌い（笑）。ロック、中でもクラシック・ロックとかフォークとかジャズ、そういうのは大好きです」

重なる「歌」と「私」

高校時代の友人に、ローリング・ストーンズの※ブライアン・ジョーンズがいた。浅からぬ交流だった。

「ブライアンは高校の後輩。僕より1年若くて同じウェールズ出身だったんですよ。あの野郎はね、口から生まれたようなやつで、口が悪いんだよ（笑）。チビのくせにすぐ喧嘩売るんですよ。それで僕がそこに出ていかなきゃいけない。用心棒なの。有名なグラマースクールで、グスタフ・ホルストもそこの出身です。その学校のウェールズ出身者は、僕の時代では3人しかいなかった。ブライアンはそのひとり。もうひとりはタンディという男。父親が南インド人です。でも自分がウェールズ生まれで、インドの英語発音がウェールズの発音と似てるから、もう熱烈なウェールズ右翼になっちゃった（笑）。それから僕、ですね。あとの740人の男の子全部がイングリッシュかスコティッシュです。だからウェールズ人はいじめの対象だった。でもあの学校で柔道をやってたのは僕だけですから、西英国のジュニア・チャンピオンだから喧嘩は負けないんですよ。喧嘩のコツがあってね、〝あ、こいつ俺に喧嘩をふっかけるかもしれない〟と思ったら、先にやっちゃう（笑）。昔の柔道は当て身技も教えてたんですよね。だから〝またジョーンズがなんかやってるよ〟って騒ぎになると、僕が駆けつける」

ストーンズの活動初期には、ライブの用心棒も務めた。そしてしばらく会わないうちに、〝口の悪いチビ〟は世界的ロックスターになっていた。

「僕は3回北極探検に行って、日本に来て。その間に、僕が知らないうちに彼らは凄く有名になってた。それでブライアンが殺されたね。We All Know That. あれは、事故じゃない。殺された。頭のいい人だったけど、やっぱりドラッグをやると性格が変わりますね。彼らの音楽は、言いたくはないけど好きですよ。でも、（ミック・）ジャガーは嫌い（笑）。相性が悪いんだろうね、気持ち悪くて（笑）。ジョーンズは小さい

『セイル・ダウン・ザ・リヴァー』C.W. ニコル（1991）

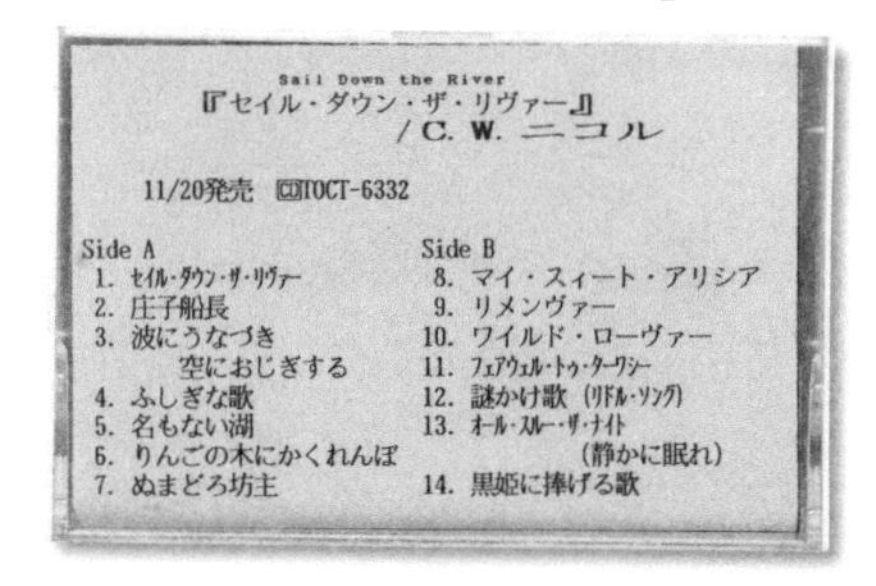

Nic's Numadoro bōzu

『セイル・ダウン・ザ・リヴァー』（左上）は、91年に東芝EMIより発売されたアルバム。（左下）はそのデモ的録音。バックで演奏するのは、カナダ時代に一緒にスタジオを作った友人、エイドリアン・ダンカンとフレッド・コッホ。イルカの声の他にも、〈名もない湖〉ではカナダで録音されたアビという鳥の声が収録されている。取材時、筆者が持参した自身初めてのシングル盤（カナダ録音）を目にしたニコルは、「ウワー！　これは私も持ってないよ。良い写真でしょ？ちょうど太陽が昇り始めた頃、零下40度ぐらいですね。僕が撮ったんです」と笑った。

時からハーモニカが天才的だったんですよ。彼は17歳の時、〝トナカイと一緒に旅をして、ラップランド※の音楽を研究する〟のが夢だって言ってた。ラップ人独特の音楽がありますよね。ちょっと彼のイメージが変わるでしょ?」

テープの曲中で、ウェールズ人としての長いキャリアから選ばれた歌と、世界を旅して集めた個人のフィールド・レコーディングが重なっている。そしてその録音魂は、堅苦しくなく、おおらかだ。

「今回見つからなかったんですけど、凄いテープがあるのよ。『国際おなら大会』のテープ（笑）。僕のオーストラリア人の友達が凄いオナラとゲップばっかりする。ある時頭にきて〝お前は本当に下品だ。オナラばっかするんじゃねえよ〟と言ったら、〝お前がオナラできないからそういうことを言うんだろ?〟って言い返されて、半分喧嘩になった。それで僕がチャレンジをしよう、と（笑）。そしたらイタリア人とかフランス系カナダ人とか、色んな人がそれを聞きつけて〝俺も参加する!〟って。それで友人の家の地下で、マイクをお尻の高さに立てて。ちゃんとジャッジを立てて。ジャッジはひどい風邪をひいてて何も臭わない（笑）。判定はまずボリューム。長さ。技。それから炎。凄く燃えるんですよ。それから我々が言うところのPuncturation、Aさんがブーッとやった後にすかさずブブブッ！ とやる。これがポイント。それを全部録音したんですよ。優勝? Me（笑）。最後はね、天井から片手でぶら下がって、お尻に小さなハーモニカをセットして。音頭をとって歌った。〈ゴッド・セイブ・ザ・クイーン〉。英国国家を歌いながらオナラをプップ。それで優勝」

様々な音に耳を開き、録音物に接してきたニコルにまだ、〝未知の音〟の発見はあるのだろうか? 「あります」。自らがたどり着いた場所に。

「自然の中には色々な音がありますよ。私が本当に思っているのは、音楽の始まりは森だ、ということです。我々の遠い遠い先祖は、森の様々な音から、愉しいこと、仲間を呼ぶとか、怖いこととかを学んだんだと思う。鯨が歌を歌うといっても、鯨は陸から海に戻った種族だから。僕がこの二十数年、黒姫の森で感じたのは、大きな音でもアコースティックだったら森は嫌がらない、ということです。曲の後の拍手はダメ。演奏の後で静かにすると、森は応えるんですよ。鳥も昆虫も蛙もギャギャギャギャって。あれは不思議ですね。鳥肌が立ちますよ」

（2013年）

※ベンジャミン・ブリテン
英国の作曲家。歌劇『ピーター・グライムズ』や『シンプル・シンフォニー』などで知られる。

※ブライアン・ジョーンズ
ローリング・ストーンズの元ギタリスト兼リーダー。ドラッグ禍などで69年に脱退した約1か月後、自宅で死亡。

※ラップランド
スカンディナヴィア半島北部からコラ半島に至る地域。

vol.
25

Jun Miura

みうらじゅん

時代と世代、圧倒的製作本数……全ての点においてまさに「カセットと共に生きてきた」男が取り出したのは、青春そのものがライブでパッケージされた、とっておきならぬ「とっておく」の1本だった。

「一番最初に買ってもらったのはオープン・リール（レコーダー）だった、小学5年ぐらいの時に。まだとってあるけど、それも。もう録るものがなくてさ、小学生だから。一応テレビに近づけてテレビの録音はするんだけど、おかんの声が入るんだよね。それが台無しにするというか。その後はおならの音だよね。友達が来たら必ずおならを録る。それが結構、何人もおならしてるから、音楽になるんだよね。まとめて続けて聴くと。♪プ↑プ↑プ↓プププ↑↑♪みたいな（笑）。それを笑ったのが……オープン・リールの最後だった」

1958年京都市生まれ。武蔵野美術大学在学中の80年に雑誌「ガロ」で漫画家デビュー。以降、イラストレーター、エッセイスト、ミュージシャンなど、幅広い分野で活躍。著書に『アイデン&ティティ』『色即ぜねれいしょん』『「ない仕事」の作り方』他多数。映像作品に歴代カセットアルバムを全曲解説したDVD『DTF』など。流行語「マイブーム」「ゆるキャラ」の命名者でもある。

シンガー・ソングライト・カセットテーパーの日本代表、と言えなくもないみうらじゅんの宅録歴は実に長かった。おならで作曲していたのだった。

「あの頃〝千葉真一さんが逆立ちしておならに火をつけた〟とか、おならがやたらと流行ってたから（笑）、記憶に残そうと思ってるんだよね」

記憶に残そうとすること、記録音源として残したいという欲望が、中学生になり、音楽への本格目覚めと見事にシンクロしていった。

「歌い始めはね、中3から高1の間だっ

たと思う。最初に作ったカセットアルバムの日付（1974年1月）を見ると。一番初めに俺、120分のカセット買ったんですよ。だからそれに見合うだけの曲を作らなきゃいけないわけですよ。初めに30分買っとけば、それだけで終われたんだけど（笑）、〝120分埋めなきゃなんない！〟っていうので、まずもう大作になるに決まってたんだよね。120分アルバム（爆笑）。もったいないんだもん、だって。フルに入ってないと、B面終わって即A面のオープニング曲が聴けないし。だからカセットの分数によって、曲の多さが決まってただけなんだよね。……その後……気がついたんですよね（笑）。ハードルが高かったって。出だしから、LPにしたら4枚組ぐらいの量だったから。ボックスでしょ？　それはもう。※バングラデシュのコンサートをひとりでやっちゃったみたいなもんだから（笑）。だから次（2作目）は60分にして、3作目はちょっとスランプで30分テープになってるんですよ」

1974年の童貞フォーク

高校生のみうらはカセットをアルバムとして作り続ける。毎月リリースした。そのたびすべて新曲である。尋常ではない。それをライナーノーツ（自筆解説）付きで友人・池山君ひとりに送り続けた。池山君もみうらに負けじと自作テープ作りに励んだ。

「彼は録音に凝るヤツで、ダビングとかちゃんとやってるんですよ。フェードアウトとか。だから時間がかかるんですよね。こっちは〝直〟だから。曲数は多いんだけど、フェードアウトとか、もうデッキから離れていくしかないからね（爆笑）。小さく歌って離れていくだけだから。ライブなんだよね、こっちは。当時金沢に家出して、そん時もラジカセとギター持って、兼六園で。『ライブ・イン・金沢』っていうのは、もう京都の家にいる時点でカセットに書いてるんだよね（笑）。家出してるつもりなのに。〈金沢〉っていう曲もあらかじめ作っていかないと、兼六園で歌えないわけだし」

お互いの手元にたまった〝作品〟は、その後どうしたのだろうか。

「返しました。俺のもライナーノーツを含めて全部返してもらったから、まだ全部持ってる。〝今回は問題作だ！〟とか色々書いてあった。〝フォークロック期に入る〟とか（笑）。ボブ・ディランと共にずっと歩いてたんで。

俺はね、最初なかなかコードが覚えられなかったから、GとCを覚えたらGとCだけで曲作ってた。そうやっていくとしっかりコード覚えるから。次の曲はFだけを入れたやつをやって。このカセットアルバムでも、1曲について多分30テイクぐらい録ってるんだ。もちろん、一発OKじゃないから。気に入ってないから（笑）。で、アルバムの順番変えられないから、曲順決めてその通り歌っていく。何回も何回も戻して吹き込み直してるから、Fとか弾けるようになっていく。他人のだったら覚えないけど自分の曲のためだったら覚えられるわけで。AマイナーとDマイナーさえ弾ければ、マカロニ・ウェスタン弾けるから

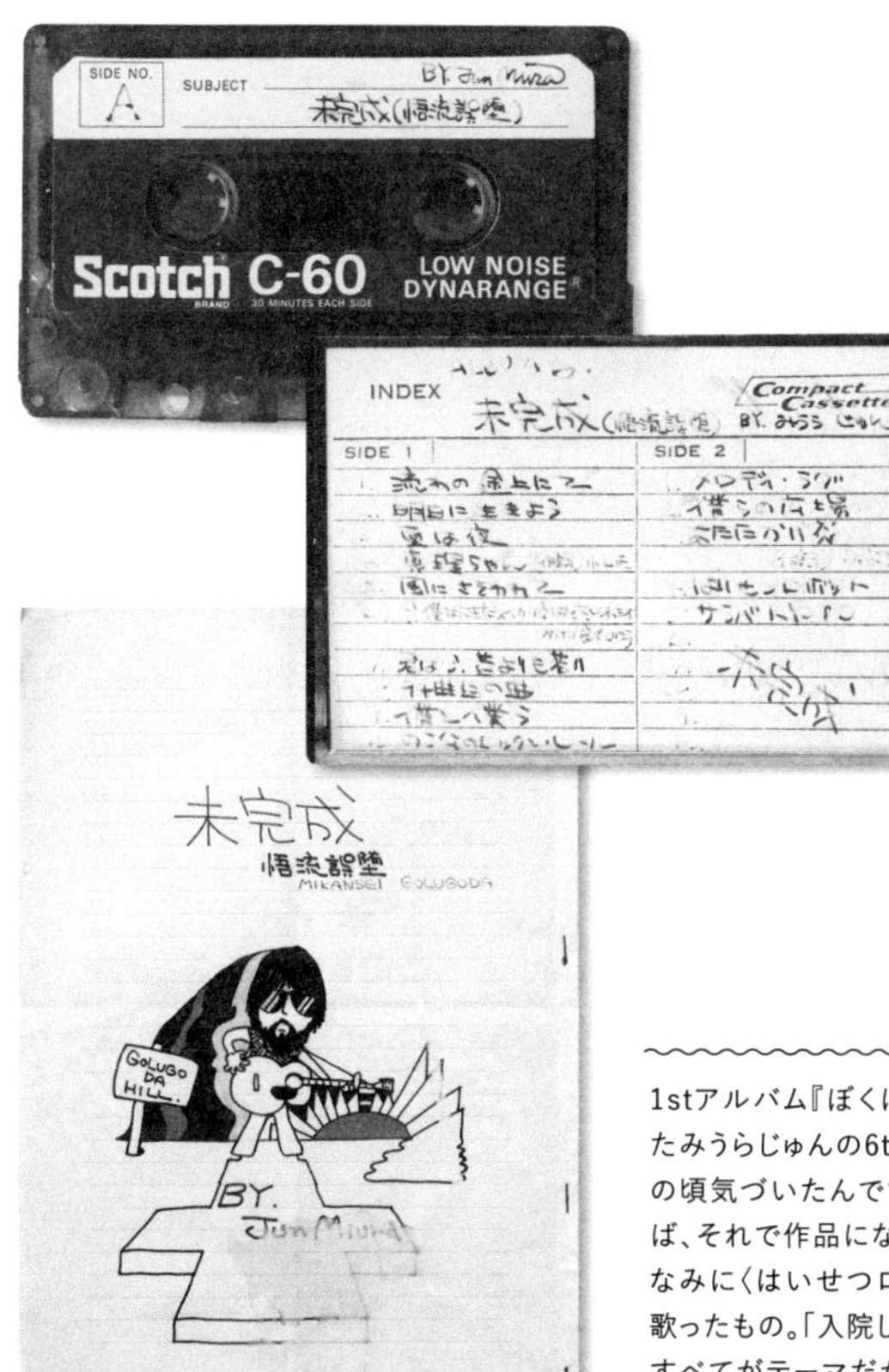

未完成（悟流誤堕）（1974.7）

▷SIDE A

1. 流れの途上にて
2. 明日に生きよう
3. 夏は夜
4. 真理ちゃん（作詞）小山正
5. 風にさそわれて
6. 今、僕は大きなスイカの1/4ほどを味シオかけて食べています
7. 君は今、昔よりも若い
8. 94曲目の曲
9. 僕と僕ら
10. のら公のロックン・ロール

▷SIDE B

1. メロディ・ラグ
2. 僕らの広場
3. あたたかい炎（作詞）みよちゃん
4. はいせつロボット
5. さらばKYOTO

1stアルバム『ぼくはかしこい』から半年後に（池山君に）発表されたみうらじゅんの6thアルバム。B面が未完成で終わっているが「この頃気づいたんですよね。曲ができないことを〝未完成〟って言えば、それで作品になるんだって。ジョンとヨーコに学んだんだ」。ちなみに〈はいせつロボット〉は腸閉塞で入院していた時の経験を歌ったもの。「入院したって元とるからね（笑）。即、その歌作るから。すべてがテーマだから。でもこれ、パソコンの時代じゃなくて、世界の人はホッとしたよね（笑）。あったら俺配信してるもん、絶対。まずいまずい」

ね、とりあえず。いや、世代的にマカロニが入ってるんですよ。やっぱり『荒野の用心棒』とか、あの口笛サウンドが。エンニオ・モリコーネとやっぱり……伊福部昭※も入ってくるんだよね（笑）、土台に。だから曲が暗いんだよね、なんか。哀愁が入ってるから。そこに拓郎さんとか乗っかってくるんだと思うんですよ。本当はモリコーネと伊福部ですよ、ベースにあったのは。〝悲しみ〟とか当時は意味がよく分かんないしね。自分の身の回りで曲のテーマを探していくしかないから。じっと、机の上にほこりが舞ってるのを見てる……とかそんな歌だもん。新聞も読んでないから世の中のこととか分かんないし、〝白い時〟とか（自曲の中で）言ってんだけど、単にほこりずっと見てるだけなんだよね（笑）」

アルバムを作り続けるうちに、堀口大學らの翻訳詩や他の人の曲に自作詩をつける試みも始まる。

「コラボ、ってやつね。詩集から。リルケともやりました（笑）。本屋にはいっぱい、コラボできる人が詩集を出してることに気づいたんだ（笑）。錚々たる面子が本屋にいる、ってことにね。メロディーないしね、その方たちは。

〝ひとりでものを考える〟っておっそろしいよね、やっぱ。そんなにまでなっちゃうんだもん。人に意見聞いてないからだよね。自分が塾長の塾に通ってたみたいなもんだからさ。上京した時さ、初めて付き合った女の子にやっぱり聴かすんですよ。そしたらプロよりもすっごい曲のストックがあることを〝気持ち悪い〟って言うんだよね。〝気持ち悪い〟って言われたの初めてだったから、ショックだった。こういうことをやってる人が気持ち悪いって、思ったことなかったから。うん、自分の部屋の中では〝当たり前〟のことだったのにね」

今回みうらが持参したのは6枚目のアルバム『未完成（悟流誤堕）』。作ったカセットアルバムは全部で17枚（非童貞時代含む。ブートレッグ除く）。持ち曲は400曲を超えている。

「だからこの頃に全部メロディーは出たんだよね。もう出ないもん。人間ってある時期に全部出るんだね。その時期って凄い大切で。世の中的には全然重要じゃないけど（笑）、〝出しきった〟から。今『勝手に観光協会』というのをやってるけど、ほとんどこの頃のメロディーだもん。だからもう、昔みたいに即影響受けないから。昔はレコードの2000円分必死にもとをとりたくてしょうがなかった（笑）。そのアルバムから影響を受けたくて受けたくて。そういう時期を逃すとなかなかメロディーは出ないよね。もともとりたい時期ってふんだんに出る、色んなことが。やっぱり童貞の時期に出しといたほうがいいね、こういう膿みたいなものは。〝生み出す〟っていうのは〝膿（を）出す〟っていうほうだから。それにはカセットが凄いよく合ってた。A面B面があって、アルバム（LP）と〝似てた〟から良かったのかもしれない。これが最初からデジタルで120分以上無限に曲入ります、ってなってたら、やる気が出ないと思うんだ。やる気ってやっぱり、〝パッケージ〟っていうことだもんね。その制約の中でやる、っていうことが面白いんですもん」

しかしみうらの「ひとり配信」歌は、みうらの思いとは多少違った、思いがけないところに届いていたりもした。

「台所でね、歌ってたの、ウチのおかんが。〝聴いた曲だな…？〟とか思って（爆笑）。♪光のない内に〜 光のない内に〜♪って歌ってた。自分のオリジナル曲を母親に歌われちゃ恥ずかしいよ、オナニー見つかるより恥ずかしいよ。でも僕はカセットってシステムに救われたね、ひとり生活は本当に」

（2013年）

※バングラデシュ・コンサート
1971年に開催されたジョージ・ハリスン主催の『バングラデシュ難民救済コンサート』のライブ・アルバム。LP3枚組のボックスセットとしてリリースされた。

※伊福部昭
〈土俗的三連画〉など、呪術的な作風で高名な作曲家。『ゴジラ』を始め、映画音楽でも知られる。

vol.
26

石野卓球

Takkyu Ishino

ニューウェーヴ感覚とナンセンス――電気グルーヴの真骨頂は、静岡で育ち、国内で最も有名なテクノミュージシャンとなった男が、カセットテープと共に吸い込んだ「青春」そのものだった。

「一番最初のカセット体験ですか？　左利きだったんで、それを矯正するために保育園の頃にオルガン教室に通ってて。その時に、それを録音するために買ったのが最初ですね。なんていったかなあ、赤いやつで、〝スナッピー〟かな。ラジカセじゃなくて純然たるカセットレコーダーでした。自分の声が録れるおもちゃ、っていう感じで。それでどれだけでかい声が出せるか、とか。今とやってることは全然変わらないですよ（笑）。その後、小学校5年生の時にラジカセを買ってもらったんですね。スナッピーの後は親父のおさがりのモノラルのを使って『オール・ジャパン・ポップ20』とかよく聴いてたんですけど、5年生になった進級祝いで〝ステレオのが欲しい〟と言って、ステレオ・ラジカセを」

1967年静岡県生まれ。86年、「人生」の一員としてナゴムレコードからデビュー。89年にテクノバンド・電気グルーヴを結成。並行してソロアルバムのリリース、DJ活動、レイヴイベントの主催など、国内外を問わずテクノミュージシャンとして活躍。電気グルーヴの最新作は2022年のシングル〈HOMEBASE〉。

石野卓球（電気グルーヴ）は早熟なカセット・ユーザーだった。カセットに録音することを幼少時から遊びとしていた。

「その頃母親もカラオケに凝ってて。今ではもうないけど、カラオケ対応のラジカセってあったじゃないですか？　マイク入力とエコーが付いてるやつ。買ってもらったのがそれだったんで、もう1台のラジカセも使って、ピンポン録音の真似事みたいなのを始めました。オルガンやってたんで、それを多重録音して（笑）。あとピアニカとタンバリン（笑）。ウチは土建屋だったんで、倉庫っていうか車庫があって、車庫にいっぱい一斗缶だの建材があったんですよ。そういうのを叩いてドラム代わりにしたりだとか。その頃はまだコードとかも知らなかったんで、とにかく耳に聴こえる音楽を耳コピして重ねていくみたいな」

小学生にしてカセットは生活の中でかなりの比重を占めている。初めて〝商品〟を買ったのも小学生の頃だった。

「当時（1976年頃）スーパーカーブームで。こういうスーパーカーの排気音とかエンジン音だけが入ってるやつを買ったんです」

そういって差し出したのが『君が運転するスーパーカー（ランボルギーニ・カウンタックLP400）』であった。

「このテープをさっき言ったスナッピーに入れて再生ボタンを押して、自転車のカゴに入れて走る（爆笑）。小学校3〜4年じゃないかなあ。当時こういうのいっぱい出てましたよね。写真も撮りに行きました。俺、静岡なんですけど、国道1号線で夏休み中張ってて。静岡なんか、そんな、たいした車走らないから、もうずっと……（笑）。キャデラックなんかまだいいほうで、ポルシェなんてSFですよ。ツチノコレベル。でもこのテープ、B面のポルシェのほうはまだしも、カウンタックのほうはナレーション以外に音楽もかぶせられてて、がっかりしたんですよ。余計なことするな！　って。大人の余計な気遣いってやつですね。さすがにエンジン音だけで金とるのは良心の呵責があったんじゃないですか（笑）？」

中学生になって、友人とふたり組のバンドを結成する。ふたり組といえば、石野が影響を受けたスーサイド※やD.A.F.を連想させるが。

「良く言えばね。もの凄くよく言えばそうなんですけど（笑）。その頃クラスメートのヤンキーの女の子が、ヤマハのポータサウンドってやつを持ってたんで、それを借りて。それ1台で。楽器1台しかないんだけど、何故かふたり組で（笑）、多重録音を。YMOのコピーとかやってました」

しかしそのバンドは、相方が「当時俺が忌み嫌っていたメタル」バンドのボーカルをやり始めたことで解体する。

「その頃俺はもうどんどんアンダーグラウンドな、ニューウェーヴとかにハマってて。ほぶらきん※を聴いて全身に電流が走って（笑）。〝こんなの聴いたことない！〟っていうんで、そっからオリジナルとかやるようになったんです。〝オリジナルってよそ行きじゃなくてもいいんだ〟みたいな」

中身違いの大衝撃

静岡の少年が、当時決して簡単に聴けるようなものではなかったほぶらきんの音源とどのように出合ったのか。

「『宝島』を読んでたら、〝新宿ロフトでライブの開演前とかに、表でライブテープを売ってる謎の外人がいる〟という記事が出てて、ウルトラヴォックスとかジョイ・ディヴィジョンとか売ってるっていって連絡先が書いてあったんですよ。それで静岡から電話してコンタクトをとって、その人から結構テープを買ってたんですね。それでそん中に非常階段のライブもあるって言うんで、それを送ってもらったら（カセットには非常階段と書いてあるけど）中身が違ってて、ほぶらきんだったんですよ（笑）。俺はほぶらきんっていう存在も知らなかったんで、テープを聴いて〝非常階段すげえ！〟ってなって。〈私はライオン〉っていう曲が1曲目だったんですけど、それで大衝撃を受けた。俺は当時高校生だったんですけど、19と21歳の大人の人たちのバンドを手伝ってたことがあって。その人たちが日本のインディーズに凄く詳しかったんですね。で、俺が〝この非常階段っていうのが凄くて！〟って持ってったら〝違う、これはほぶらきんだよ！〟って（笑）。そっからですね。

　自分でバンドやるようになってからは機材の限界っていうのを感じてたんですけど、ほぶらきんなら〝自分の手持ちの機材でできる！〟って。その身近さ。その時に自分

君が運転するスーパーカー
ランボルギーニ・カウンタックLP400
（1978頃）

A 面にはランボルギーニ、
B 面にはポルシェの排気音が収録。

OBJ 25th/2/1985

新作 DEMO

自身初のリリースバンド・人生のデモ音源を収録。

スーパーカーの排気音／エンジン音に始まり、実家にあった一斗缶や建材まで、身の回りの様々な音楽=ノイズに埋もれていた石野少年。高校時代には、父親の友人から譲り受けたドラムセットを勉強部屋の畳の上に置き、ガンガン叩いていたという。ちなみに、襖を隔てて隣の部屋にいた妹は……「そしたら騒音公害について作文を書いて、コンクールで入賞したんですよ（笑）」。

の音楽人生が無限に広がったような気がしました」

石野持参の別のカセット。それはその当時手伝っていたバンドOBJ（オブジェ）のライブ録音と、そののちにレコードデビューを果たすバンド、人生のデモテープだった。OBJのカセットを再生してみた。

「……四半世紀ぶりに聴いたなあ（笑）。俺キーボードで参加してたんですけど、他のメンバーはみんな社会人だったんですよ。ライブのリハーサル、練習を営業が終わった後のライブハウスが安く借りられるんで、そこでやってたんですね。スタートが夜の1時とかだったんで、夜中に家を抜け出して。親にバレないようにって。かつね、高校生の俺からもね、ワリカンでスタジオ代とるんですよ！　大人げなさすぎですよね（笑）。

　結局このバンドが終わった後に、人生で上京するんです。高校卒業間近に〝ナゴムレコードからソノシートを出さないか？〟っていう話があったんで。その時に（ピエール）瀧はいました。今の電気グルーヴとまったく同じ役割（笑）。唯一違ってたのは殿様のカツラをかぶってたぐらいで（笑）。その頃はとにかくデモテープをプロモーション活動みたいな感じでポケットに入れて、常に持ち歩いてた」

カセットとの長く様々な付き合いが、人生を経て現在の電気グルーヴまで、石野卓球が持つ無限の音楽的広がりのもとになった。その中には、一瞬のすれ違い、もある。

「あ、俺1回、心霊現象があって。スナッピーをテレビの前に置いてモノマネ番組を録音してたんですよ。ラインに繋がずに〝シーッ！〟みたいな。はっきり覚えてるんですけど、スキー場でピンク・レディーが〈UFO〉歌ってたんですよ。それを録音して、再生したら、曲に合わせて大人の男の声で♪ダッダッダ　ダダダダッダッダ フーンフーンフフフフ　フフフフフフーフン♪ってずーっと入ってたんですよ！　で、俺2階の部屋で録ってすぐにひとりで聴いてて怖くなって。すぐに妹つれて来て〝聴いてみろ！〟ってかけたら、もう入ってなかったんですよ！　いや、未だになんだったのかよく分からないですけど、俺心霊体験とかあんまりないのに。曲に合わせて歌ってるんですよ。もちろん自分の声じゃない。小学生だからあんな大人の声は出ないし。

　さすがにそのテープはもう手元にないっすね。あってもその声は入ってないし（笑）。でも磁気メディアってそういうところあるじゃないですか。都市伝説になりやすい、っていうか。データで心霊って起きづらいでしょ？　逆に入ってて欲しいぐらいなんですけどね、こっちは。〝よし録れた！〟みたいな（笑）」

（2013年）

※スーサイドとD.A.F.
スーサイドはシンセサイザーと過激なボーカルによるニューヨークのバンド。D.A.Fはエレクトロニクスとボーカルによるドイツのユニット。共に後のテクノミュージックに大きな影響を与えた。

※ほぶらきん
1979年に滋賀県で結成された日本のロックバンド。他に類を見ない「非・音楽的」なユニークな音楽性でカルト的な評価を得ている。

vol.
27

増位山太志郎

Daishiro Masuiyama

2013年の取材の時点で、すでに歌手活動歴40年以上を数えていた三保ヶ関親方こと増位山太志郎。角界で歴代最も大衆の心に届いたノドを持つ男は、その時も自らのこだわりと共に、現役でカセットテープに親しんでいた。

「歌は、蓄音機の時代からね。中央区の新富町で生まれたんですけど、小さい時はお袋が部屋の下で小料理屋をやってて、ラジオなんかから流れてくるじゃないですか、歌謡曲が。それで、お袋が忙しいからばあさんに育てられたんです。ばあさんはばあさんで浪曲を聴いてた。それから始まって、親父のレコードとか。だから、物心つくかつかないかでもう、耳に音楽が毎日入って染み付いてますね」

元大関・増位山／現・三保ヶ関親方は歌謡界の名星である。〈そんな女のひとりごと〉の大ヒットで知られ、一時の活動休止から再始動、新作を続々発表する旺盛な歌手活動を続けている。

1948年東京都生まれ。本名・澤田昇。先代・増位山大志郎の長男として三保ヶ関部屋に生まれ、67年に初土俵。最高位は東大関。現役時代の74年に〈そんな夕子にほれました〉がヒット。77年には〈そんな女のひとりごと〉が130万枚を超えるヒット。引退後の07年に再デビューし、師匠を務めた三保ヶ関部屋を2013年に閉鎖後は歌手として活動。

「春日八郎さんの♪粋な黒塀～♪（歌いながら）、〈お富さん〉とか、久保幸江さんの〈ヤットン節〉だったかな♪お酒のむな～酒のむな～♪っていうやつ。そういうの結構流れてたね。あと5～6歳になってこっち（墨田区千歳）へ引っ越してからは、前の通りに長屋があって、そこのラジオからよく流れてきたのが美空ひばりさんだね。それと三橋美智也、ちょっと後でこまどり姉妹とか。その後中学生になってポール・アンカ、ニール・セダカって感じでね。それで高校生になってまた演歌に戻ったり。都はるみが出てきて。

我々が小学生の時に、子供相手の番組、ドラマみたいなのいっぱいあったじゃない？　そういうので子供がよく主題歌を歌ってたんですよ。それ聴いては〝あ、この子より俺のほうが上手いな〟なんて思ってね（笑）。小さい頃から歌手になりたいな、っていうのはあったんですよね」

生来の歌好き、音楽好きゆえか、カセットを使い始めたのも早かったという。

「ソニーのカセットテレコね、ガシャッとやる。もう出ると同時にそういうのをね。俺が力士になったのが昭和42年だから。その時、新弟子で大阪場所に行った時に、ひと駅向こうのレコード屋まで歩いて行ったの。そん時はまだカセット出てなかったからドーナツ盤。伊東ゆかりさんのね……〈小指の想い出〉、じゃないな〈恋のしずく〉！　それを買って、お寺さんでプレーヤーを借りて、ちゃんこ場でひとりで聴いてた（笑）。その次か、次の次の大阪巡業ではもうカセットを買ってましたね。もう幕内に上がってたから、買えるようになってた。結構力士って〝先取り先取り〟いくんですよ。電話なんかでもショルダーにかける携帯のね、かける必要もないのにかけて歩いてた（笑）」

〝上手出し投げ〟を武器に東大関まで上り詰めた力士でありながら、その才はまさに異彩。オーディオ・マニアとしてもよく知られている。並々ならぬ画才の持ち主として各種の受賞歴を持ち、カメラ・マニアであり、現在はレース鳩界でも活躍中だ。

「色々やりすぎたんだけど（笑）。カメラもね、ライカ集めたけど……これはデジタルのほうが便利かな（笑）。レコードもありますよいっぱい。音は全然いいですよ、アナログのほうが。CDは薄いもん。いかにCDをアナログ調に聴こえるようにするかが、オーディオやる人の腕ですから。1度スタジオ行って、レコーディングの音を味わっちゃうとね、やっぱりその音に近づきたい。生音っていうか。脚色の付いてない音。だからオーディオ熱がどんどん……（笑）。スピーカーもJBLを自作したし、ネットワークもね。オーディオでやっかいなのはね、最初のうちは1万円でこのぐらい（手と手の間でスペースを広げて）変わるんですよ。でも進んでいくと100万円でもこのぐらい（親指と人差し指）しか変わんない（笑）！　最初はCDでも錯覚したんですよ、〝いい音だな〟って。雑音がないからね。でもずーっと聴いてるとやっぱり薄い。だからCDでも俺はベルトドライブ※で聴いてる。音が全然違うよ」

2013年
現役のカセットテープ

CDには物足りなさを禁じ得ない増位山だが、実は今もバリバリのカセット・ユーザーである。色々な曲を選んでカセットテープに入れる。こだわりのオーディオセットがある「秘密の部屋」から持参したのは、自らの曲を編集した〝マイ編集テープ〟『増位山1979年』だった。

増位山 1979年(2013)

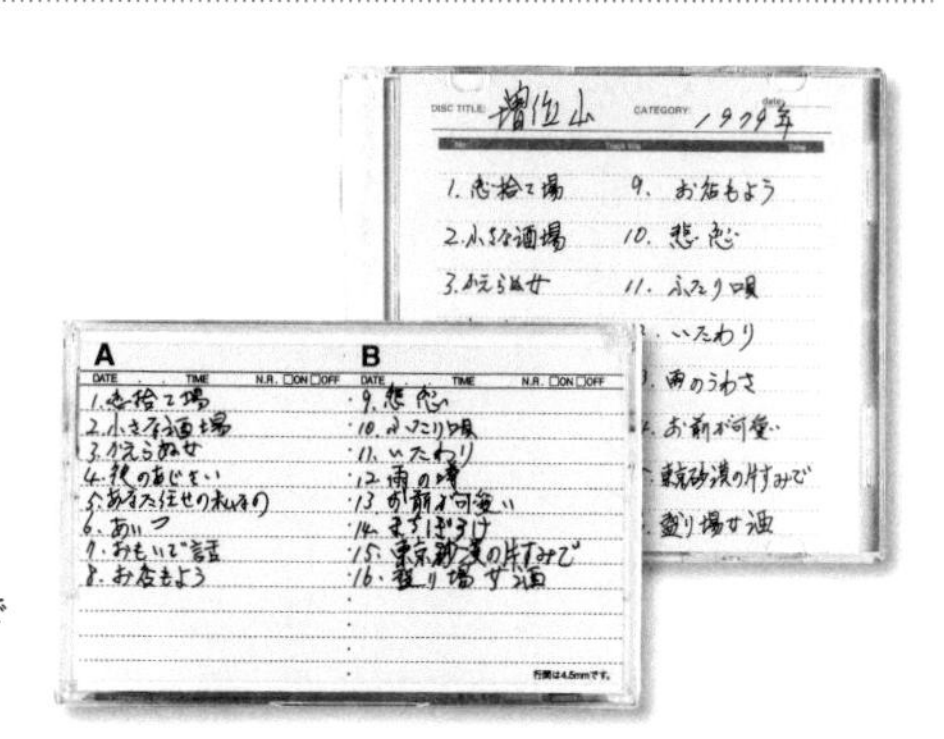

▷SIDE A
1. 恋捨て場
2. 小さな酒場
3. かえらぬ女
4. 夜のあじさい
5. あなた任せの私なの
6. あいつ
7. おもいで話
8. お店もよう

▷SIDE B
9. 悲恋
10. ふたり唄
11. いたわり
12. 雨の噂
13. お前が可愛い
14. まちぼうけ
15. 東京砂漠の片すみで
16. 盛り場女酒

『夢の花 咲かそう C/W 男の舞台』(2013)

▷SIDE A
1. 夢の花 咲かそう
2. 男の舞台

▷SIDE B
1. 夢の花 咲かそう(オリジナル・カラオケ)
2. 夢の花 咲かそう(メロ入りカラオケ)
3. 男の舞台(オリジナル・カラオケ)

1979年当時の自らの歌を集めた編集テープと、今年発表した新作。共に現役バリバリのカセットテープだ。多忙を極める親方業のかたわら、各地のイオンなどで請われて実演をし、自らの歌を届けている。偶然、イオンの会長・村上氏とも「レース鳩仲間」だったと言うように、趣味の多彩さも現役だ。休日には栃木県のオーディオ店や、秋葉原まで掘り出し物を探しに行くという。「この病気っていうのは、1回かかったら治らないね(笑)」

「カセットだと編集できるでしょ？　色んなレコードから〝この曲、この曲〟って。だからレコードからカセットに入れて編集する。それで、カセットからCDに落とす機械を買ったんですよ。それを使ってCD・Rに焼く。それを今度は自分の車に入れて聴く。……でも今は通販なんかでレコードからCDっていうのがあるんだよね、そんな面倒くさいことしなくても（笑）。ニーキュッパとかで。でもあのプレーヤーじゃレコードを録っても、いい音が出ない……カートリッジがね。やっぱり俺が今やってる方法が正解だと思うんだけど。ただ面倒くさいんだ（笑）！　未だに、それ用に60分ぐらいのカセットを買いに行くもん。そうやって編集して、CDに入れて。でもその落とした後のカセットも全部とってあるんですよ。消して次に入れるのが可哀想な気がして。だから未だに現役ですよ俺は。なくなってほしくないよね。

　そういう物に凝る人って〝物欲〟なんですよ。自分の手元に……って、宝物なんだよね。そういう宝物感覚を、アナログっていうのは満足させてくれる。デジタルだと誰でも同じように手に入る。CDとか一時期はMDとか色々出たけど、やっぱり演歌っていうか音楽業界が下火になってきたのは〝かたち〟がなくなってきたからじゃないですか。昔はドーナツ盤にしろカセットにしろ、かたちを持つことにひとつの喜びがあった。未だにこれ（新作『夢の花咲かそう』）はカセットでも出てるけど、営業先でも年寄りの人なんかはやっぱり〝カセットないの？〟ってくるからね。自分だけの物にしたいじゃない、人間って？」

かつては多くの力士がレコード歌手としてデビューしていた。増位山はその筆頭、リーダー的存在、別格だった。だが自らの歌が「売れすぎた」ことも一因となり、85年に力士の副業が原則的に禁止され、歌手活動を一度は休止。2007年、長いブランクを経て再び本格的に歌手として第一線に立った時、妻は「涙して喜んだ」と言う。そして今、その後に続く、若手、後継者を望む声は高い。

「相撲というのは、農耕民族が、五穀豊穣で神を祭る、そういうお祭りの一環でとったんだから。そういう流れから出てきたわけだから、大衆のものなんですよ。大衆のものじゃなきゃいけないのに、ネクタイ締めちゃったらダメなんですよ。それは絶対良くない。だから今はそれを改革してるから、だんだん良い方向に向かってるから、これからはそういう後続も出てくると思いますよ。そういう意味で原点に返って、どんな人にも見てもらえるように、色んなものに力士も露出して。昔は色んなテレビに出たり、映画だって出てた。そういう露出を増やして力士の名前も覚えてもらえれば、〝その力士の取り組みを見ようか〟っていうことになる。それが人気に、集客に繋がってくるわけだから。そういう流れとは逆行してしまってた。今は俺等にも〝どんどんやってください！〟だから。やっと目覚めたな、って」

最後に聞いた。〝現役力士の中で、こいつのノドはものが違う〟という方はいらっしゃいますか？

「いや、そりゃもうカラオケ行って横で聴いてても、テレビに出てる歌手より上手いやつはいっぱいいる。でも歌が上手いからとか、声がいいからとか、男前だからとか、そういうのってあまり関係ないんだよ、売れるのには。その時の時流っていうのかな、流れにピタッと歌や本人が合わさった時に初めてヒットが生まれるんで、そこが面白い。ただ歌が上手くても、〝じゃあどうしたの？〟って」

（2013年）

※ベルトドライブ
モーターから直接ではなく、ベルトを繋いでCDの主軸を回すシステム。

vol.
28

松村邦洋

Kunihiro Matsumura

時に「天才」と称されるものまね芸を駆使するタレント・松村邦洋が手にするカセットテープに込められたのは、素人時代自らの原点にもなったカセットテープ録音のまさに延長線上にある、プロの話芸だった。

「カセットテープですか？　テレビで『花ぐるま』（74年）っていう、島田陽子さんが出ていたNHKのドラマを見てたんですよ。テープレコーダーがちょうど出始めの頃だと思うんですけど、浪曲を歌うおじさんが出てきて♪（浪曲調で）いんかんに〜酒を〜♪って、テープで自分が歌っているのを録音してて。そのテープから、歌っていた声を流していたんで、それに驚いたのを覚えていますね。当時小学2年生で、喋ったことがテープから出てくる！　っていうことに凄く驚いたのが、カセットテープへの驚きと出合いですね。好きになるきっかけというか。そう、だから憧れましてね」

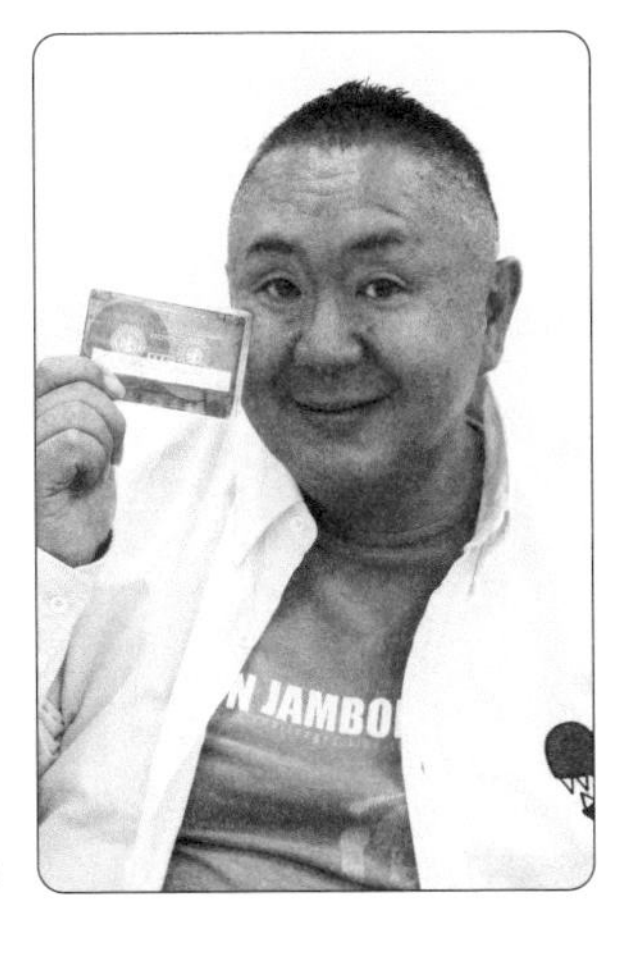

1967年山口県田布施町生まれ。九州産業大時代の88年、片岡鶴太郎にモノマネを認められ、芸能界入り。『ものまね王座決定戦』の常連として活躍を始め、高田文夫やビートたけし、掛布雅之などのモノマネで人気を博す。テレビ・角界・野球を始めとする該博な知識を持ち、多数の番組で活躍中。

特異な活動を続けるタレント・松村邦洋のカセットテープとの出合いは、素朴な驚きによるものだった。しかし出合ってから、長年にわたりカセットは、松村にとってなくてはならない存在となる。

「僕、高校を1年余計にやってて、2年生を2回やってるんですよ。みんな社会人になっていくんですけど、自分だけ高校3年生っていう現実の中で、オーディションを受けて大阪や広島のラジオによく電話で出させてもらってた。電話の近くにラジオがあると、ハウリングを起こしてしまうので、ラジカセを隣の部屋に置いて録音してました。それを聴いた時のね、〝ああ、自分の声がラジオで流れたんだ……〟っていう嬉しさは覚えてますね。高校時代はそれが一番の思い出です。僕の家は山口県の田布施というところで農家をしていたんですけど、そんなに裕福じゃなかったのでビデオがなくて。だから『スクール☆ウォーズ』とかドラマの音だけを録音して、それを寝る前に聴いてました。録音したドラマのセリフを書き出し、それを繰り返してたことが『スクール☆ウォーズ』の出演者のものまねとか、芸能界に入った後で凄く役立ってると思います」

ひとつの台詞だけでなく、シーンをそのままモノマネで再現する。松村の芸の特異性は、カセットとの自室での付き合いによって培われた。そしてカセットテープは、芸能界に憧れていた山口の青年を、思わず知らず現在と繋げていた。

「高校の時、太田プロにカセットテープを送ったことあるんですよ。もうなんだか分からないモノマネのテープを（笑）。対応していただいたのが、僕の地元・山口出身の営業担当で秋本さんという女性で。僕はその方によく電話をするようになったんです。〝（方言が）懐かしいわね～〟なんて言って、テレクラのような状態で（笑）。〝私はね、山口の桜ヶ丘高校なのよ。あんた田布施なんだ。懐かしい声だわ～、嬉しいわ〟なんて言って。秋本さんにとってはたくさんあるそういう電話の中の1本だと思うんですけどね。そうやって声を聴いていただいてた。カセットテープは〝イマイチだったわ〟って言われましたけど（笑）」

素人芸からプロの芸へ

そんな松村が我々の前に置いたカセットは、自らのラジオ出演時の同録テープであった。

「これはプロになってから、『爆笑問題カーボーイ』に出演した時に、TBSラジオなのに『オールナイトニッポン』をテーマにやったんですよ。〝歴史の武将がオールナイトニッポンをやったらどうだ？〟ってことで織田信長のオールナイトニッポンとか、坂本龍馬のオールナイトニッポンとか。そういうのが……僕の中では楽しいラジオだったなあって、大事にとってますね。あとは津川雅彦さんや堺雅人さんがゲストでいらっしゃった『高田文夫のラジオビバリー昼ズ』。映像がないぶんだけ、ゲストの方も最近のご自身の状況とかをよく喋ってくれるんですよね。トークという意味では、ラジオにかなうものはないですよね」

素人時代、松村はテレビドラマをカセットに録り、そのセリフを紙に書き出して再現するだけでなく、自ら疑似ラジオ放送を喋り、それを録音／再生して楽しんでもいた。「〝とんねるずのオールナイトニッポン！〟って自分でやってました（笑）」。やっていることは変わらなくても、今カセットから聞こえてくるのは、完全なプロの芸だ。

「芸能界に入ってからはプライベートでは

やってないですよ（笑）。でも本当はもっとしなきゃいけないと思うんですけどね。素人時代のほうが、そういう意味では熱かったような気がしますね。この世界に入りたくてしょうがなかったもん。同級生とかに聴かせてましたもん。18とか19の時に、カセットテープに色んなことを録音してた時代っていうのが一番楽しかったんじゃないかな、って思いますよね。学校の先輩の真似とか先生の真似とか、みんなでカラオケをやってそれを録音したり。それをもう1回ひとりで聴いたりしてる時が……まあ、自分がこういう世界に入れるとは思ってなかったですけど、希望に燃えて録音して、夢だけを追ってたような。この年齢になってみてもカセットテープって本当に思い入れあるし、自分の中でも憧れの物だったなあ、と思いますね。大阪や広島のラジオに出た時の録音カセットなんかは、凄く自分の宝物にしてたんですけどね、それもどこに行ったかわからなくなってしまいました」

と言って頭を抱える。かつて自宅に山と

爆笑問題カーボーイ 2/23(2011)

TBSラジオJUNKにて放送された2011年2月23日の『爆笑問題カーボーイ』を収録。

松村が出演した『爆笑問題カーボーイ』は、一部ではその面白さから「神回」と言われる伝説の回になっている。そんな各メディアで才能を発揮する才人も、20歳の頃、上京して太田プロへの所属が決まった時は、初めて目にした実物の秋本さんに声すらかけられなかった。「声かければいいじゃない！ って後で言われました（笑）。随分お世話になりました。営業にも呼んでいただいて。当時は空回りが多かったですけどね」

ビバリー（津川雅彦）8/26(2008)

自らが毎週金曜日にレギュラー出演する『高田文夫のラジオビバリー昼ズ』にて、津川雅彦がゲストだった放送を収録。

こちらが松村氏が参加するラジオ体操で実際に使われているラジカセ！（撮影／本人）

積まれていた本や昔のカセットなどは、テレビ番組のお宅掃除企画の時に一気に整理をし、もしかしたら捨ててしまったかもしれないそうだ。だが松村本人は、〝あの時の〟太田プロ所属タレントとして活躍している。上京して初めて顔を合わせた秋本さんはもう退社したが、カセットは、新しい出会いにも一枚噛んでいる。

「自宅近所の公園で毎朝やっているラジオ体操に参加してるんですよ。その体操をカセットでやってますね。ラジカセを使って、ラジオ体操第1と第2は本当にラジオでやるんですけど、その前にテレビの〈みんなの体操〉を録音したのと、地区だけのオリジナルの体操を。〝はい突いてくださ〜い〟〝舟漕いで〜ヨイショ、ヨイショ〟って。時々冬とか寒すぎて、凍っちゃってるのかしらないけど音が悪いんですよね（笑）。倉庫の中に入れてるんで機材の調子が悪いんじゃないですかね。

　そもそもは近所のファミレスでおばちゃんたちと会って。そしたら〝ラジオ体操出なさい！〟って言われて出ることになって。最初のきっかけは、眠れなかったんですかね、それともたまたま早く起きちゃったのかな。何回かラジオ体操したら凄く気分が良かったんで、〝あ、これは早起きしたほうがいいのかな〟って。それから、昼の12時に起きるような人が多い芸能界で6時間早く起きてますからね。力士のような生活ですよ（笑）、昼ぐらいには眠くなりますもん。おばちゃんとかは朝ご飯食べた後ファミレスで寝てますもん（笑）。そんなことまでして朝やってんだ、って。健康のためにいいのか悪いのか（笑）」

　たとえ整理されても、カセットはしぶとく人を繋ぐ。時にもうここにいない人も。

「92年に祖母が亡くなったんですけどね。僕は長男ですけど、弟が面倒をみていたんですよ。僕は東京に来てたんで。その祖母がひとりで歌を歌ってたんですよね。念仏の歌みたいな……民謡だと思うんですけど、それをカセットテープに録音してたんですよ。10年後に親戚がいる前でかけたら、叔父や叔母は涙が出るくらい喜んでましたねえ。

　その人は亡くなってるけど、テープは残ってる。著名人だったらそういうこともあるんでしょうけど、普通のおじさんやおばさんの録音って残ってないじゃないですか。またビデオともちょっと違うんでしょうね。声だけを聴く、っていうことが。僕もそれを聴いた時はいてもたってもいられなかったです。〝もう祖母とは会えないんだなあ……〟って」

（2013年）

vol.
29
特別編

ヤブキ録音工房

1992年に設立し、2018年に幕を下ろしたヤブキ録音工房。製造から録音まで、カセットテープを知り尽くした町の録音工房の在りし日の内幕を探る。

カセットテープ作品が増えてきた。という声を3年前以上に、今、耳にする機会が増えた。カセットテープがすでに身近なものではなくなってきつつあった時代、20世紀の終わり以降に生まれ育った人たちにとって、カセットテープはレトロな物というよりも、奇妙な物、デジタルな録音再生用品では感じられない操作性を持った物体のようだ。どこか淡く、曖昧さをともなった音が立ち昇ってくる。カセットテープで〝新作〟を発表し続けている世代に、アンビエントミュージックやノイズミュージックの担い手が多いのはその特性に着目した結果かもしれない。

鮮明で硬質で押し出しの強い音が、大衆音楽の世界では当たり前の世の中になって、すでに20年以上が経っていた。かつて聴いていたカセットテープを改めて再生していると、ふと、そんなことを思う。

カセットで作品を発表するにあたって、少なくない数の、何百本かの同じ内容のカセットを作るには、さすがに自宅で1本ずつダビングするというのは手間がかかりすぎる。そこはプロのカセット制作会社に依頼することになる。かつて、主に1970～80年代に隆盛を誇ったカセット関連会社も減少した。しかしかつての技術の粋を結集し、磨き上げた職人技で多くの依頼に応

じ続けたプロ集団は今も種々の〝発注〟を受けている。その中のひとつ、ヤブキ録音工房を訪ねた。

工房に一歩足を踏み入れたとたん、使い込まれた機材の数々に目を奪われた。

「この機械のメーカーはね、日本の。オタリっていう、もうカセットの前に8トラックのカートリッジのテープが盛んな時からそういう物を作ってた会社で。オタリはまだやってると思いますよ。今だとDVDだとか、そっちのほうをメインにやってるんじゃないかな。だからオタリの人がここに来たって、〝まだこれを使ってるんですか!?〟って言える人自体が、いるかどうか」

カセット音響のプロ・坂本は依頼された演歌テープのインデックスなども自分でデザインして作ってしまう。「なんでもやるよ。まあぶっちゃければ……暇なんだよね（笑）」

ヤブキ録音工房代表取締役の矢吹靖夫が語ってくれた。その矢吹の片腕、同社の音響プロデューサー、坂本秀悦が奥の部屋から何やら持ってきて我々の前に広げた。

「オタリのこの機械の設計図はもうウチにしか残ってない。オタリにも残ってない（笑）。こういうのを扱えるエンジニアの方がいなくなっちゃったからね。保守用の部品もこうやって昔、秋葉原に通って買ってきてあるんですよ」

オタリの図面（回路図他）と共に、トランジスタ等の部品の数々が区分けされて、目の前にあった。

工房に持ち込まれる音素材はCD-R、DAT、カセット、MD、MO、圧縮データ、オープン・リール・テープ等、ほとんどの再生メディアに対応できる態勢が整っている。それをカセット化するためのハーフ・インチのマスター・テープにうつす。その時に坂本の技が生きる。もとの素材をカセットで聴くにふさわしい音に整える。まろやかになったり、奥ゆきが増したり、歌がふくよかになったり、カセットから醸し出される空気を坂本が豊かにする。

「今、いわゆるスタジオで録音する人たちは全てオペレーターですからね。アナログの時代からそういうのに携わってる人たちがやってるわけじゃなくて、あくまでもPCを操作できる、っていう若い人たちがやってるから。分からずに作ってるから、

そのままの音質がCDになっちゃって。CDの初期なんてひどい録音がいっぱいありましたよね」（矢吹）

「でもCDもだいぶ、サンプリングが上がってきたから音がまろやかになってきたよね。僕は趣味で音楽をいじったりはしないんですよ。音楽の聴き方が変わっちゃうっていうのかな、音のバランスが悪い、とかそういう聴き方になっちゃうんですよ。製品として聴いちゃう。いいミキサー、エンジニアが作ってるんだな……みたいなね。最近なんかは〝もっとこうしたほうがまろやかに聞こえるのになあ〟なんて思っても、世の中はそういうふうに進んでいかない。全然違う方向に行っちゃう。しょうがないけどね」（坂本）

現在の主な受注に、目の不自由な人たち用に、都や区の広報を録音配布するための生テープの納品がある。

「これは年間契約なので。CDより使い勝手がいいらしいんですよ。ウチは裸の状態のテープで納品するんだけど、ラベルなんかにも点字を打ったものを貼るんですね。カセットの場合はビスがあるから、目の不自由な方もどっちがA面かB面か分かるんですよね。CDの場合はそれ自体に点字も貼れないし。これは政権が変わってもきっちり予算が付いているみたいです」（矢吹）

社長・矢吹は富士フイルムの代理店勤めの時代から45年以上、磁気材料の仕事に関わっている。「カセット産業がガクッときたのはやっぱりここ10年ぐらいじゃない？　23年前にこの会社を始めた頃は年間でみると3億弱の売り上げはあった」

その他には演歌系の歌手の新作や、踊りの稽古用のテープが毎月のように依頼があるという。

「あとはインディーズレーベルの若い子たちで〝CDじゃ嫌だ!〟って言う人がいるわけ。表現としては〝音がトゲトゲしている〟って言うんだけど」（矢吹）

「あと価値観かな？　若い人たちがカセット録音の依頼に来た時に、逆に聞くわけですよ。〝カセットの何がいいの？〟って。

そうすると彼らは〝ノイズが入ってるからいい〟って言うんですよね。ノイズがスパッとなくなるよりも、（カセットを再生しながら）こうやって無音部にも残ってるのが安心する、って言うんですよね。こっちは長年ノイズを取ろうとして仕事してきたんだけどね（笑）」（坂本）

「そこの部分を表現するのに〝まろやか〟って言ったり〝あったかい感じ〟って言ったりする子もいるよね。もう感性だからさ、それは（笑）。教科書的にいい、悪いで言えば、デジタルのほうがいいに決まってるんだろうけど」（矢吹）

「アナログのほうがいい、って言っても説明できない。聴いてもらうしかないんだよね」（坂本）

カセットは耳にいいというより体に心地いい音なのかもしれない。情報がびっしり詰め込まれた音の波や塊に息苦しい思いをすることは、色々な場面である。音なのに息が苦しくなる、とは？　音が感情に直接訴えるものだからではないだろうか。

「修理なんかもウチは頼まれるからね。そういう中で、依頼者が子供の頃に、叔父さんか誰かが録音した、依頼者とその父親が騒いでるのを録音したカセットが出てきた、と。その父親はもう亡くなられてて、何年かぶりの法事をやるのでそのカセットを聴きたい、となったけど、叔父が持ってきたテープを回してみたら、経年劣化で回らなかった、と。その修理の依頼に来たりだとかね。もちろんこっちはいくばくかのお金をもらって修理するわけだけど、そういう場合はお礼の手紙をもらったりするわけ。〝何十年かぶりに父親の声を聴かせていただいて、ありがとうございました〟って。そんなことがあると、ウチもそれなりにいい仕事してるんだな、って思いますけどね（笑）」（矢吹）

矢吹の小指の爪は長い。爪を使ってテープを引っ張り出すために伸ばしているそうだ。「まあカセット職人ならではだよね。耳垢ほじくる時もあるけどね」

カセットはなくなるだろう、と言われて久しい。しかしカセットは現役である。この形、大きさ、たたずまい。手軽だから、安価だから軽視されることはある。しかしこの軽さだからこそ身近にいても邪魔にならないのだ。回るテープをふと見ていると、記憶のふたが開く時があるのだった。

（2015年）

10
有限会社 ヤブキ録音工房

SIDE B

vol.
30

ECD

ECD

50歳を超えてなお、昼間の仕事をこなし、ふたりの幼い娘を育てながら、現役のラッパーとしてピークとも言える創造力を発揮した異才・ECD。その手元には、10代に始まったカセットライフが続いていることを証明する1本があった。

「中1の時に初めてレコード買って。でもその当時ウチには、音が出ればいい、っていうぐらいのプレーヤーしかなかった。で、高校受験する時に〝受かったら買ってもらう〟っていうので一応アンプとプレーヤーとスピーカーを買って。でもその時、チューナーとカセットデッキは買わなかったんですよ。だからしばらくカセットには……多分高校を中退した後、17歳で劇団に関わるようになって、僕は音楽係とかやってたんで、劇団のラジカセをウチに持って帰るようになって……その頃ですかね、カセットデッキで音楽を聴くようになったのは。その後79年にすぐウォークマンが出た。

あ、でもそのもうちょっと前から僕、カセットに親しんでるはずなんですよ。たまたまなんですけど、ウォークマンが発売される前に「子ども調査研究所」っていうところのバイトで〝新しい形のラジカセを提案してもらえませんか〟っていう、子供に向けてのアンケート調査をしたことがあって。その時に僕は〝スピーカーはいらないから、カセットだけをヘッドホンで聴ける〟っていうやつを図解入りで提案したん

1960年東京都生まれ。本名・石田義則。高校中退後、働きながら劇団「名無し人」に加入。87年、黎明期のHIP HOPシーンでラッパーとして活動を開始。アルコール依存症による活動中断を乗り越えた後、独自の境地を拓き、2018年の死去まで革新的な作品を世に問い続けた。17年に遺作となったベストアルバム『21世紀のECD』をリリース。

ですよ」

日本のラップの魁傑、ECDはあの、カセット・ウォークマンの発案者、生みの親だった！　この発言に心穏やかならず、さすがはECDと感動を覚えた。

「絵も自分で描いて。しかもそれソニーからの依頼だったんですよ（笑）！　でも、ついこの間ネットか何かで〝当時ウォークマンがどうやって生まれたか〟を詳しく語る、っていうオフィシャルな発言があがってて。それによると、〝飛行機に乗る時に好きな音楽をいい音で聴きたいから〟っていうので、当時の盛田会長が社長へ直々に〝こういうものを作れ〟って命じたっていう……」

しかし、それは社の対外的なコメントに過ぎない、という見方もできる。むしろ〝ウォークマンの生みの親はラッパーのECDだった〟と宣言したほうが、さすがはソニーと、それこそ「株」が改めて上がりはしないか？

「カセットテープの【再生】だけがあればいい、っていう発想は前から自分の中に間違いなくあったんで。そのバイトをしたのが、劇団入って……その関係者から来た話だったんで、78年ぐらいじゃないですかね。もともとウォークマンの原型みたいなのを欲しいなと思ったのも、劇団でラジカセを持って歩く習慣があって。でも映画で、黒人がラジカセから音出して持って歩いてるの、あれがさすがにできなくて（笑）。〝あ、じゃあ電車の中でラジカセにヘッドホン付けて外で聴いてみよう〟と思って、電車の中でラジカセにヘッドホンを付けて聴いたら、とんでもない体験だった。それがあったからそういうコンセプトを考えたのかもしれないですね」

それはどのような感覚だったのだろう。その感覚はそれまで味わったことのないものであったことは確かだろう。

「だから、普段何も音楽がない状態でいる電車の中で、耳元で音楽が聴こえるって……それだけで、なんて表現したらいいのかなあ？　映画の中に入ったような。BGMっていうか映画のシーンで音楽がかかっている、というのに近いような。現実感が、ちょっと変わった。でも今の子たちって最初からそうやってイヤホンで聴いてるじゃないですか？　彼らがそういう感覚を持つことってないのかな、って思いますね。あれか、むしろAirで普通に聴くっていうことのほうがないんだ」

ECDは記憶を辿る。恐らく77年頃からカセット生活に突入したものと思われる。その頃はまだ、〝録音する物〟というより、優れた再生装置として活用していた。

「ラジカセは買ってるのかもしれないですけどね。覚えてないですけど。その頃に劇団とかで知り合った山崎春美[※]……あ！　なにせ僕、山崎から預かったガセネタのカセットテープがあって。それをひたすら聴いていた時期があったんですよ。でも録音したテープがそれ1本しかなかったらしくて、そのテープがゆくゆく『タコ』のアルバム（83年）に収録された〈宇宙人の春〉のマスター音源になったっていうことがあった。ずっと借りパクしたまま音信不通だったのに、ある日〝石田君貸したよね？〟っていきなり連絡が来て（笑）。だ

MILK『SMALL SONGS』(2013)

▷**SIDE A**
1. train punx go for it
2. wants list
3. ten
4. (PUNK)

▷**SIDE B**
※10分テープにA面のみ収録

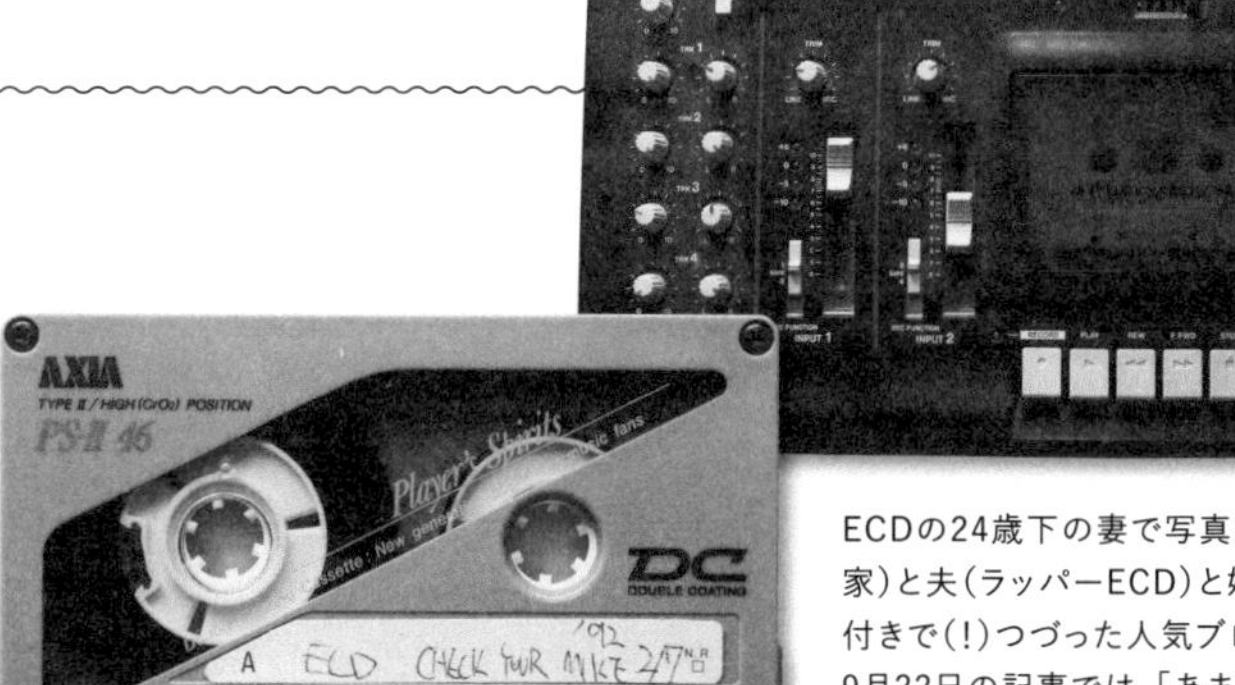

ECD『CHECK YOUR MIKE '92 2/7』

ECDの24歳下の妻で写真家の植本一子が、妻（写真家）と夫（ラッパーECD）と娘ふたりの生活を、家計簿付きで（!）つづった人気ブログ「働けECD」の2010年9月22日の記事では、「あまりの汚部屋っぷりにうんざりして（中略）勝手に捨ててしまった。フィギュアとかカセットテープとか」とある。今残っているカセットテープはその時に偶然残った物と、新しく買った物だ（写真は愛機だったMTR）。

からあの曲には、僕がさんざん聴きまくって、テープを伸ばした痕跡も一緒に込められてるんですよ（笑）」

37年間のカセットライフ

そして26歳でラッパーの道を歩み始めてからというもの、カセットはなおさらなくてはならないものになる。

「自分で曲を作り始めてからは、録音するメディアになっていきますよね。最近3〜4年は普通にハードディスクで録れるやつを使ってますけど、長い間カセットMTR（マルチ・トラック・レコーダー）を使ってました。カセットは今でも聴きますね。iPodを買うまで普通にウォークマンでした。ヒップホップだとアナログにやっぱりこだわりがあったんで、DJとかでもCDあんまり買ってもしょうがないっていう時期が長かったので。だから自分で買ったレコードは全部1回カセットに落として、ウォークマンで聴く、っていうのを2000年代中盤までは普通に。

その頃、自分が1回アル中でダメになって、しばらくまだ調子が悪い時期があって。カセットをウォークマンで聴いてると、電池がなくなって回転が遅くなったりするじゃないですか？　あれが、機械のせいなのか自分のせいなのか分からなくなっちゃって（笑）。しかもそれが〝いい！〟って思って聴いてる、あの感じ。あれがそうだ！　そこだけはカセットの捨てがたい点ですね。あの電池がなくなって遅くなる……あの効果だけはデジタルでは、他のメディアでは絶対にできませんよね。あれが良かった（笑）。アル中から復活したあの当時が、一番カセットにこだわってました。そういえば最近、カセットを出す人が増えましたね。若手が主ですけど」

と言ってECDが出してきたのが、MILKというバンドのカセットだった。

「これが一番新しいものです。新譜です。若い、シャッグス※がパンクをやってるみたいなバンド。いいですよ。ライブ会場で初めて見て、良かったんで物販で買いました。音源はまだそれしか出てないんじゃないですか？　ボーカルの子がひょろひょろでメガネの、見た目が凄くいいんですよ。また音が小さいんですよ、ライブ（笑）。この時対バンだったからリハーサルから一緒だったんだけど、PAの人が〝音量これでいいの（笑）？〟〝これでいいんです！〟って。絶対パンクバンドってでかくするのに。最近ちょっと女の子に人気が出てきたみたいですよ。メガネっ子な感じが」

メディアが変遷しても、ECDは今もラッパーとして活躍しながら、新しい世代と同じイベントに立ち、カセットで新しい音楽と出合い続けている。ところで彼の著作によると、高校を辞めるきっかけとなったあるカセットとの出合いがあるはずなのだが。

「そうか！　イターナウ※！　あれを買ったのが一番最初だ。あれが76年ですね。もしかしたらそれを聴くためにカセットの再生装置を初めて買ったのかもしれない。あれはちょっと今でも聴きたいですけどね。僕はロッキング・オン信者っていうか岩谷宏※信者だったので、あのテープにやられたっていうか、あのテープに書いてあった岩谷宏のライナーに影響されて高校を中退して、岩谷さんの劇団に入ったんですもん。すっかり忘れてた（笑）。結局僕は入り口からカセットだったんですね」

（2013年）

※山崎春美
1977年、伝説的な前衛ロックバンド、ガセネタを結成。83年には坂本龍一ら多彩なミュージシャンとのコラボレーションアルバム『タコ』を発表した。

※シャッグス
アメリカ・ニューハンプシャー州出身の3姉妹によって結成された女性ロックグループ。1960〜70年代に活動。

※イターナウ
「ロッキング・オン」創刊メンバーの音楽評論家・松村雄策が結成したグループ。1975年に自主制作カセットテープ（岩谷宏プロデュース）を発表した。

※岩谷宏
1942年生まれ。72年に渋谷陽一らと雑誌「ロッキング・オン」を創刊。その理論的指導者として活躍した。77年に劇団「名無し人」を創設。

vol.
31

高田漣

Ren Takada

日本を代表するフォークシンガー・高田渡を父に持ち、スティール・ギターをはじめとするマルチ弦楽器奏者として活躍する才人・高田漣が大切に残していたのは、自らのもうひとつのルーツである伯父から託された、1本のカセットテープだった。

「小学校に入った頃だったかなあ……もうウチの親父と一緒には住んでない時期で、でもよく会ってて。毎年夏に親父が1か月ぐらい軽井沢のコテージに営業に行くんですよ。それに僕は付いていってた。それである年、親父が箱のような物を持ってきて、〝ちょっと聴いてごらん〟ってイヤホンを渡されたんで聴いてみたら、大好きだったニルソンの『ハリー・ニルソンの肖像』が流れてきたんですよ。それが生まれて初めて見たウォークマン、ってやつでした。当時だから本当に初代か2代目の機種だと思うんですけど、もう衝撃的で。音楽って、

1973年生まれ。14歳からギターを始め、17歳でセッションに参加、2002年、アルバム『LULLABY』でソロデビュー。ギター以外に、ペダル・スティール、ウクレレ、バンジョー、マンドリンを操るマルチ弦楽器奏者。デビュー20周年を迎えた22年『CONCERT FOR MODERN TIMES』をリリース。

家の居間で鎮座してるレコードプレーヤーからしか聴けないものだと思ってたから」

マルチ弦楽奏者、シンガー・ソングライターの高田漣は、日本音楽界で独自の活動を生涯つらぬいたシンガー・ソングライター、詩人の高田渡を父に持つ。飄々と歌うイメージが強い渡氏が、早い段階でウォークマンを所持していたことは少々意外ではある。

「父のお兄さんがもともとオーディオ、レコードプレーヤーを昔持ってたらしくて、割と子供の頃からオーディオ機器が好きだったみたいですよ」

小学生がニルソンを愛聴する、というのも少々珍しい。漣少年はやはりレコードに囲まれて、幼少時から様々な音楽を耳にして育っていった。

「ニルソンのアルバムに関しては特に好きだったんですよ。多分その、サーカスみたいな感じ、デキシーランド（・ジャズ）っぽい感じだから、子供が聴いてもわくわくするものだったんでしょうね。他のはみんなお爺さんが弾いてるような渋いやつばっかりだったから（笑）。とにかく凄く好きだったから、母親が関係のありそうなものを探して、〝こんなのもあるわよ〟って聴かせてくれたのをよく覚えてます。今でも家にそのアルバムはありますよ。それでもうちょっと大きくなってからですけど、アルバムの中にレノン&マッカートニーの曲があることを知って。〈マザー・ネイチャーズ・サン〉」

漣少年は、ニルソンをきっかけにしてビートルズを本格的に聴くようになっていった。

「母の凄く仲の良い友人がいて、やっぱりレコードコレクターだったんです。その人の家に遊びに行くと、ご多分に漏れずビートルズも全部ある。ただ当時、そのニルソンのアルバムに入ってた曲がなんだかは母も僕も思い出せなかった。だからとりあえず見つけてパッと手に取ったレコードをカセットにダビングして帰ってたんですよ。そうやってるうちに、最初はニルソンがカバーした曲を探してたんですけど、そのうちにニルソンのことはどうでもよくなっちゃって（笑）。ビートルズを聴く愉しみに目覚めて。それでだいぶ経ってからですかね、『ホワイトアルバム』。〝これちょっと長いけどダビングしとくか……〟って、カセット2本かかるんで（笑）。そこでようやく〝これがニルソンの曲だ！〟って見つけて、探すのはやめたんですけど、その後もその家で自分が興味のあるレコードをいっぱいダビングしました。だから小さい頃はほぼカセットですね」

耳に馴染むカセットの音質

その音楽的土台はカセットが作ったと言っても過言ではない。そんな高田が差し出した1本は、年季の入ったカセットケースに入っていた。

「僕の母方の伯父さんが、昔京都で『むい』というライブハウスをやってたんですけど、僕が10歳ぐらいの時（83年頃）に店を閉めると言うんで、お店にズラーッとあったレコードが京都の母の実家にしまわれることになったんですね。伯父もそこに住んでたので、僕がだんだん音楽を聴くようになった時に〝好きなやつを持てるだけ持ってっていいよ〟って言われて。で、30枚とか両手で持っていけるだけ毎回頑張って袋に詰めてた。だから僕が自分の音楽的ルーツを話す時、なんとなくそういう年代のものが多いから父親の影響をよく言われるんですけど、どっちかっていうと伯父さんの影響のほうが強いんですよ。

このカセットはその伯父が勝手に録った海賊録音で。ライ・クーダーが78年にひとりで来日した時の、名古屋でのライブを録ったものです。会場は分からないんですけど、なんかね、飲み物のカチャカチャした音が入ってるんで結構小さなところだったのかもしれない。伯父さんはこういう来日公演とかを関西地方でいっぱい録ってたみたいで、だんだんレコードだけじゃなくてこういう伯父さんのカセットにも興味が出てきて。特にこのカセットはよく聴きましたねえ。レコードと全然違ってより演奏が生々しくて。サントリーのウィスキーのテレビCMで初めて動くライ・クーダーを見て、それから興味を持ったんで、ああいう演奏が聴きたかったんですよ。だからレコードよりもこっちのほうに興味があって。僕が伯父さんのところから持ってきたのはこれとストレイ・キャッツのやつだけです。ストレイ・キャッツのほうは多分誰かに貸したきり……と思うんですけど、このカセットは不思議と自分の楽器とかの工具箱の中にいつも大事にしまってましたね」

カセットと共に高田は大きなラジカセを2台、持ち出してきた。ひとつは大きなスピーカーを備え、2本のアンテナとインプット端子もしっかり装置されたシャープ

RY COODER（Live） '78 4/11 Nagoya　（1978）

▷**SIDE A**	▷**SIDE B**
1. Ditty wan ditty	1. Great dream from Heaven
2. Tamp 'em up solid	2. (SLAC KEY tune)
3. F.d.R in Trinidad	3. Can you do nothin'buy me?
4. Fool for a cigarette	4. Dark is the night
5. Cherry ball blues	5. Vigilante man
6. How can apoor man stand such times & live?	6. Jesus on the mainline
7. Billy the kid	7. Comin' in on a wing & prayer
8. (blank)	8. Police dog blues
9. One meat ball	9. (blank)
10. Taxes on the Farmer Feeds us all	10. Goin'to Brownsville (end)

タイで購入した
ムエタイのテープ

製の重厚な1台。もう1台は赤い、ちょっと変わったソリッドなボディのソニー製。

「30を過ぎてから、トーキング・ヘッズの『ストップ・メイキング・センス』とか、クラッシュの〈ロック・ザ・カスバ〉のミュージックビデオとか、ああいうのの刷り込みでラジカセがかっこいいなあ、と思ってる時期があって。その頃に高円寺で『ターボソニック』っていうラジカセの専門店を見つけたんですよ。最初は短波ラジオが欲しくて行ったんですけど、このルックスがあまりにも可愛いらしくて。一時は自分で演奏するのにひとりでアコギだけではつまらないんで、ここにリズムボックスを録音したカセットを入れてって、ホントに『ストップ〜』と同じように（笑）、演奏して遊んでましたね。こっちはその後見つけたソニーのラジカセなんですけど、リズムボックスが付いてるんですよ！　もう〝これしかないだろ！〟と」

演奏者としての高田漣は特異な幅広い表現力を持つ。繊細にして大胆。父をはじめとする様々な先達の声はあったものと思われるが、どのような経緯があったのか。

「もともとキース・リチャーズが好きで、ギタリストになりたかったんですよね。それでギターがどういう楽器かもよく分からないまま弾き始めたのが最初です。それで弾き始めたら、それこそ親父もそうですけど中川イサトさんとか、そういうフォーク界隈の大御所の方々がどんどん家にやってきて、弾き方を伝授していくわけですよ。気持ちはロックをやりたかったんですけど、気がつくと全然ロックができない（笑）。気持ちはね、ジミヘンやってみたいな、ヴァン・ヘイレンやってみたいな！　って思ってるんですけど、カーター・ファミリー・ピッキングとか（笑）、そういうテクニックばかり教えられて。そういうことがあって、伯父さんからレコードをもらう頃には、どちらかっていうとフォークブルースとか、そういうルーツに興味が出てきて。ロックを通り越しちゃったんですよね。

中学、高校、大学とずっと自分で新しく色んなものを聴こうとしてました。当時の新譜もそうですけど、僕等の年代はＣＤの再発世代でもあるんで、古いものも。でも古いものを聴いてみると、絶対どっかで聴いたことがあるものばっかしなんですよ（笑）。凄く愉しみにしてようやく再発されたのを聴いてみたものの、よく考えたらジャケットからして知ってるな、みたいな（爆笑）。全部そういう、うん、今でも不思議とそう思う瞬間はありますね」

探究活動がデジャ・ヴュの連続。高田漣はやはり常人とはちょっと違う。

父・渡は2005年に他界したが、伯父は京都で健在だ（取材時。現在は他界）。「この間久々にライブに来てくれて。ウチの親父の曲をポロッと歌ったら凄く喜んでくれた。その会場が『拾得』という店なんですけど、閉店した伯父の店と同じ年に開店してるんですよ」。残る場所、消える場所はあれど高田家の音楽は続く。持参したラジカセには、タイで購入したというムエタイの試合時の音楽カセット（！）が入っていた。

（2013年）

vol.
32

鈴木惣一朗

Sohichiro Suzuki

バンド活動からプロデュース業まで、多方面で腕をふるう〝マエストロ〟鈴木惣一朗が持参したカセットテープは、後に自らがその世界へと足を踏み入れることを未だ知らない青年時代の「初心な」憧憬のコレクションだった。

「中1ぐらいですかね。一番最初は間違えて買ってきちゃったやつ。8トラック・カセットっていうんでしたっけ、ありましたよね？　それで最初に買ったミュージック・テープが『バイオリンのおけいこ』、ケメ。佐藤公彦。当時ちょっと流行ったじゃないですか、深夜放送とかで。家で喜んでかけようとしたら、でかいサイズのカセットだからデッキに入らないの。だから削ったりして（笑）。親父に〝これ入んないんだけど交換してきてくれる？　恥ずかしいから〟って言ったら交換してきてくれた。多分買い直したんだと思うけど。削ってるし（笑）」

1959年静岡県浜松市生まれ。83年、インストゥルメンタル主体のポップグループ・WORLD STANDARDを結成し、細野晴臣のプロデュースでデビュー。近年では数多くのアーティストをプロデュースするほか、映画音楽、執筆など、多方面で活躍。最新作は『ポエジア… 刻印された時間』（Inpartmaint Inc.／2023年3月25日発売）。

柔軟な異才。ワールドスタンダードの主宰。プロデュースでも腕をふるい、最近では盟友・直枝政広とのデュオ＝ソギー・チェリオスで傑作アルバム『1959』を世に送り出し、すきすきスウィッチの一員としても素晴らしいアルバムを発表した鈴木惣一朗のカセット・ライフは、ちょっとした間違いから始まった。

「それまでも録音やエアチェックはしてました。ミュージック・テープとLPは同時に買ったりしてましたね。やっぱり中1ぐらいの時、ビートルズの『レット・イット・ビー』が公開されたんですけど、地元の浜松では『サウンド・オブ・ミュージック』と並映で。先に『サウンド～』を観なきゃいけないんで、『レット・イット・ビー』を観る頃にはフラフラ（笑）。でも感動して。帰りにイケヤ（浜松の商店）でシングル盤買ってポスターももらって。それで貼ったかな？　それを毎日見ながらB面の〈ユー・ノウ・マイ・ネーム〉聴いてたんで」

音楽雑誌、FM雑誌をことごとく買って熟読しては、友人との貸し借りで様々なレコードをカセットに入れ、ラジオをエアチェックし、ひたすら聴いた。

「中1でサイモン&ガーファンクル（以下SG）が好きになって。でももう、凄い完成度のコピーをできるやつが身近にいて、やることがないわけ。だからなぜかフラマンを買っちゃったの、フラット・マンドリン。それで、そのSGのコピーに参加してたんですよ。でもパートがないじゃない？（笑）だからオブリガード（助奏）してたんですよ。で、当然変な感じになっちゃう。フラマンが入ってるSGだから、ちょっとジム・クエスキンみたいな（笑）。良く言えば、ですけど。

〝これじゃダメだ〟ってことでギターを買ったんですけど、高校でバンドを組んだらドラム担当だった（笑）。ドラムをやるやつがいないから。だからひと月の間、お昼になったら学校で8ビートを叩いてたの、ひとりで。横がコーラス部で、それと一緒にやらなきゃいけないから〝鈴木君止めてくれる!?〟みたいな（笑）。ひと月経ったらだいぶ上手くなって、結局バンドを4つぐらいやってましたね。忙しかった。それから上京して大学に入ったら、今度はシンセサイザーを買って、宅録してちょっとずつ作曲のモノマネを始めて……っていう流れなんですけど」

アマチュアだった。だが音楽が生活で生活が音楽な歩みは今と変わらない。カセットは生活の中では当たり前のものではあったが、鈴木は〝録音すること〟にもひたむきだった。

「東京に出てきた頃、ヌーベルバーグとか昔の邦画とかの上映を凄くやってた。それで、文芸坐とか三鷹オスカーの小津（安二郎）特集なんかによく行くようになるんですよ。そこで、録音する。斎藤高順（たかのぶ）っていう作曲家が凄い好きで、小津の『東京物語』のテーマが家で聴きたい。でも当時はサントラが売ってなかったから、隠れて録って、家でひとりで聴いて小津気分、みたいな（笑）。ビデオもなかったですから。

笠智衆とか原節子が喋ってる声が……音楽みたいに聴こえたんです。多分そういう録音がね、僕にとってのアンビエントというか、そういうものを〝音楽〟として聴く耳の構造に変えてくれたのかなあって。ざわめきや靴音、既製曲だけではそういう雑多な音が入ってこないじゃないですか。でも映画だったら、雑踏もタンゴもシャンソンも入ってくる。ルイ・マルの『鬼火』とかを観に行くわけですよ。そしたらエリック・サティが流れてるんだよね。当時の僕はエリック・サティも知らないわけ。それで録音するじゃない？　すると当時は映画館内に浮浪者の方とかがいるわけですよ、

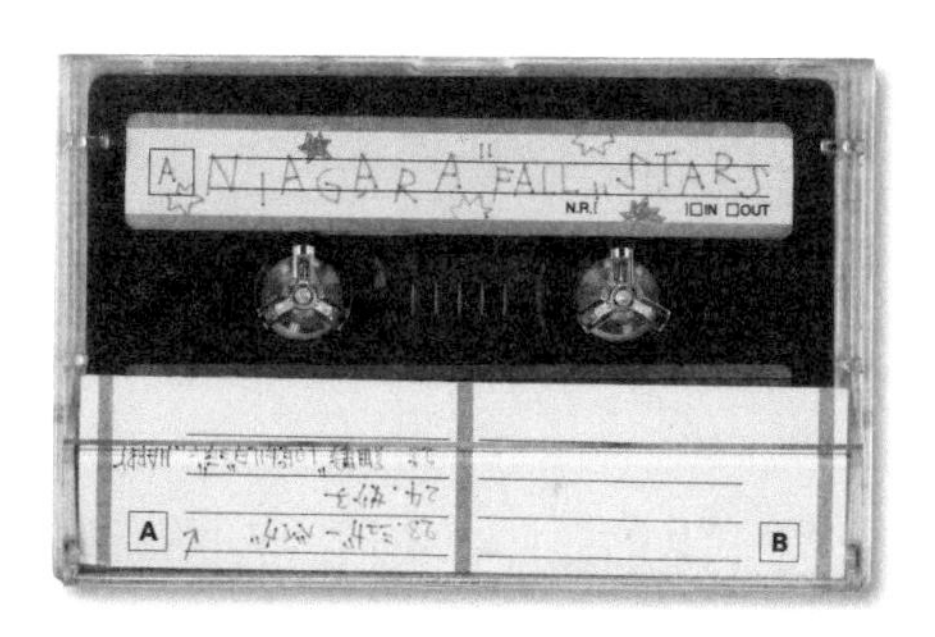

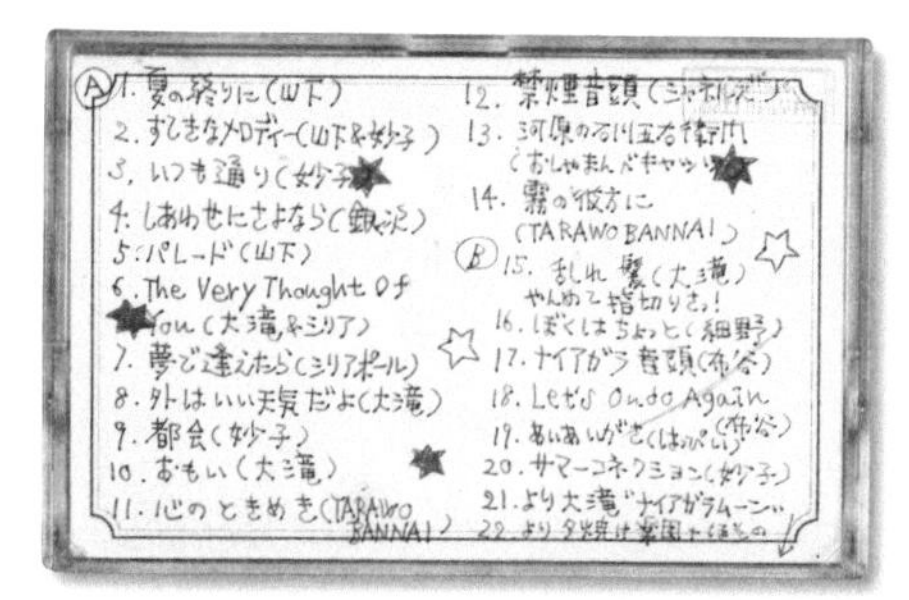

このテープで〝勉強〟の対象だった細野晴臣が鈴木のデモテープを気に入ったことで、作成の約1年後には細野のレーベルからデビューが決まる。「でもその時言われたのが〝鈴木君、このデモは良くできてるからこのまま出したい〟って。褒められたのは嬉しいけど、夢も希望も持って東京に出てきたのに……新しく録音させてくださいよ！ って（笑）」デビュー時も、テープに翻弄された。

NIAGARA "FALL"STARS（1982頃）

▷SIDE A
1. 夏の終わりに（山下）
2. すてきなメロディー（山下&妙子）
3. いつも通り（妙子）
4. しあわせにさよなら（銀次）
5. パレード（山下）
6. The Very Thought of You（大滝&シリア）
7. 夢で逢えたら（シリアポール）
8. 外はいい天気だよ（大滝）
9. 都会（妙子）
10. おもい（大滝）
11. 心のときめき（TARAWO BANNAI）
12. 禁煙音頭（シャネルズ）
13. 河原の石川五右衛門（おしゃまんべキャッツ）
14. 霧の彼方に（TARAWO BANNAI）

▷SIDE B
15. 乱れ髪（大滝）
16. ぼくはちょっと（細野）
17. ナイアガラ音頭（布谷）
18. Let's Ondo Again（布谷）
19. あいあいがさ（はっぴい）
20. サマーコネクション（妙子）
21. より大滝"ナイアガラムーン"
22. より夕焼け楽団+ほその
23. シュガーベイブ
24. 妙子
25. 細野"トロピカルダンディ"HARRY

僕の前に。サティの〈ジムノペディ〉が流れてる時に、そこが好きで録ってるのにおならするんだよね（笑）。プッて！ それが入ってるのを寝る前に聴いたりしてたから、嫌な印象になっちゃったり（笑）」

1982年の憧憬

映画館や「新宿の末廣亭」での録音が、マエストロの貴重な耳を育んだ。そんな鈴木惣一朗が取り出した1本、そこには『NIAGARA〝FALL〟STARS』と書かれている。しかし実際に市販されていた同名のコンピレーションとは著しく中身が違っている。

「大瀧詠一さんのナイアガラから『ナイアガラ・フォール・スターズ』っていうコンピレーションが81年に発売されて。これは、それを真似して自分で作ったマイテープ。だからナイアガラだけじゃなく周辺の曲、細野晴臣さんとか普通に入ってる。多分※ティン・パンとかキャラメルも含めた周辺を、このマイテープを作ることで学習したかったんですよ。曲の横にカッコして〝山下〟とか名前が書いてあるでしょ？　これ勉強してるつもりなんだよね（笑）。ファミリーツリーというか、日本のシーンを支えている人たちの名前が重なってるわけですよ。例えばだいたいの曲は林立夫さんがドラムを叩いたりしてるし。このテープをお経のように聴くことで、日本のシーンを支えてる人たちを知りたかったし、〝そこに入っていけないのかな、自分は？〟みたいな」

その後鈴木は、結成したグループ、ワールドスタンダードで細野晴臣と浅からぬ関係を持ち、プロのミュージシャンとして生きていくことになる。いわば、このカセットの〝中〟の人になっていく。

「このカセットを作った時点では誰にも会ってないからね。プロになる前だから、イメージで生きてたから。日本のスタジオミュージシャン、ティン・パン・アレーとかも〝かっこ良くやってるんだろうな〟っていうイメージだったんですよ。アメリカでも、例えばジェームス・テイラーのバックのセッションとかはかっこ良くやってるんだろうな、って。そういうふうになってみたいな、って。でもみんな演奏が上手いから、〝それは難しいだろうな〟っていう思いがあって、この頃、1度は就職したんですけど。

　これを作った82年頃、世間はだんだんニューウェーヴでコンピューターになってきて、〝楽器なんか弾けなくてもいいんだよ〟みたいな。だんだんここに入ってる音楽が古いものになっていくというか。だから作成時期的には倒錯してる。微妙な時期ですよね。生で演奏できることが全てじゃないという、サブカルチャーの考えがすでに台頭してきてるから。でも、ここに入ってる音楽は、明らかに豊かだし。だからこのカセットは、凄く長く聴いてたし」

カセットテープの時代とハードディスクの時代、両方を身をもって知る鈴木のしみじみとした〝心の基本〟がここには詰め込まれている。そんな時、カセットラベルの裏側を見ていた鈴木の手が止まった。破顔一笑。

「あれ、ちょっと見てこれ。別の作ろうとしてる。ヴァン・ダイク・パークスって書いてある」

見ればそこには、ヴァン・ダイク・パークス、ビートルズ、モンスーンと記されていた。

「モンスーン……シーラ・チャンドラーだ。これはきっと何か〝エキゾチックなもの〟を作ろうとして止めたな。アハハハ！　ビートルズの曲は書いてないけどきっと〈トゥモロー・ネバー・ノウズ〉だよね。それに挫折してこっちを作ったんだね。今初めて知った、感動だわ」

カセットには本人も知らない「初心な」心まで詰まっているのであった。

（２０１３年）

※ティン・パンとかキャラメル
ティン・パン・アレーは1973年に結成された細野晴臣、鈴木茂、林立夫、松任谷正隆らによるユニット。キャラメル・ママはその前身となったグループ。

vol. 33

甲斐よしひろ

Yoshihiro Kai

70歳になろうとする今も圧倒的に現役。バンドとソロを両輪に印象的なメロディを紡ぎ続けるミュージシャン・甲斐よしひろが取り出したテープからは音楽だけでなく、その裏にある時代と記憶が流れ出てきた。

「物心ついた頃には楽器とか、譜面とか、レコードとかが、身の回りにごろごろ置いてあったんですよ。そういう家庭環境だったんで。ウチは理容業をやってたんでしょっちゅうラジオが流れてたし、親父は商売には成功してたんですけど、夜はだいたいナイトクラブで演奏する、という人でしたから」

日本のロック／ポップスを牽引した重要人物・甲斐よしひろの音楽人生は〝この世に生まれる前から〟だったのか、と思い知らされる。甲斐の父はフラット・マンドリンにエレクトリック・マイクを自分で装着し、アンプリファイド・フラット・マンドリン奏者としてジャズをやっていた人物。

1953年福岡市生まれ。甲斐バンドを結成し74年デビュー。セカンドシングル〈裏切りの街角〉でヒットを飛ばし、79年〈HERO（ヒーローになる時、それは今）〉で初のチャート1位を獲得。その後も〈安奈〉〈漂泊者（アウトロー）〉など、代表曲を立て続けに発表。現在も甲斐バンドと並行し、ソロ名義でも精力的な活動を続けている。

「スタンダード・ジャズなんかを演奏してたみたいで。その楽器、触ると本当にビビビーンって感電するんですよ。兄貴たちから〝絶対触るな！〟って言われてましたもん。危険、本当に危険。そんな環境だから、タンゴ、マンボ、ボサノバやらジャンゴ・ラインハルトなんかも流れてて、それがジャンゴだったのかと気がついたのは、20歳過ぎてからですけど」

カセットを使うようになったのは、中学生になって自分でギターを演奏し、歌うよ

うになったことがきっかけだった。

「中2ぐらいの時に。まあ中2の音なんで、痩せて心細い音なんですよ、友達と生ギター2本で。一番最初は〈バラが咲いた〉とかを録音した記憶がある。〝全然上手くないな〟って思いましたね（笑）。〝自分の声ってこんなんなの？〟ってがっかりしたし。みんなそこからですよね？　一番最初から自分の声っていいなあ、と思うやつとか会ったことないよねえ。自分の耳で捉えてる音とこんなに違うんだって、そこで自覚するとか、居直る、っていうことですよね。ある種の居直りがないと、自分の声を売り物にするのはちょっとしんどいですよ」

その「居直り」を用意した、という点では、カセットもまた音楽家・甲斐の原点だ。そしてレコードから録音するという行為もまた、特別な思い出を用意した。

「その頃知り合った谷崎君っていうやつがいて。彼の父親が西日本新聞の社会部か何かの部長で、遊びに行くと団地なんだけど裕福で。ウチにもカセットデッキはあったんだけど、谷崎君はデッキをラジオに繋いで録音してたんですよ、ラインで！　〝お、こいつ凄いじゃん〟って思ったんです。そんな彼に僕が洋楽を教えたんですよ。〝今流行ってる曲は何かな？〟って言うんで〝CCR※じゃない？〟って。CCRっていっても当時はまだレコード屋に並んでなかったんですけど、〝FENで5時からヒットパレードをやってて、それ聴くと今〈スージーQ〉っていうめちゃめちゃ良い曲があるから〟って教えてあげた。そしたらいつの間にか、彼がそれをラインで録ってたんです。

当時、KBC（九州朝日放送）で一番ぶっ飛んでたアナウンサーで松井伸一っていう人がいたんですよ。松井さんはステッペンウルフの〈マジック・カーペット・ライド〉とか、1曲8分あるような曲をノーカットでかける過激な番組をやってた。その松井さんのところに〝ラインで録ったカセットを持っていこう！〟ってなったんです。まだレコードは出てないけど、多分あの人なら知ってるはずだ、って。それで持っていったら凄い喜んでくれて。〝ありがとう。これね、まだ出てないんだよ！〟ってやっぱりよく知ってた。それで帰りに、谷崎君と僕に九州朝日放送のこぢんまりとした食器セットをくれました（笑）。音楽的にはませたガキでしたね」

カセットが閉じ込めるもの

そんな甲斐が取り出したカセット。ひとつはインドネシアとアメリカと日本の国旗がラベルに印刷されているものだった。

「ラベルの国旗は場所を指してると思うんですけど、これはなんとですね、東南アジアで出たスターズ・オン※なんですよ。聴いてみてください、ほら、〈安奈〉が流れてきた。インドネシアの歌手なんですけど、日本語で歌ってるのが凄いですよね。実は僕よく知らなかったんですけど、〈安奈〉って、中国で誰かがカバーしてめちゃくちゃ流行ったらしいんですよ。それが東南アジアに派生したみたいで。ちょうど僕がデビューしてNHK-FMで『サウンドストリート』をやってた時（1978年〜）で、その時にリスナーが海外に旅行するじゃないですか。それで現地で聴いて〝ああっ！〟って買って送ってくれたんです。他に〝インドネシアの西城秀樹〟とか〝フィリピンの五木ひろし〟みたいな色々な人が母国語で歌ったシングル盤なんかも送ってもらったんですけど、何故かこのスターズ・オンだけが手元に残った（笑）。でも偉いですよね、リスナーって」

もう1本には『ハウスBEST』と手書きで記されている。これはいったい、何か。

「昔、西麻布に『レッドシューズ』っていう店があったじゃないですか？　一時期僕はあそこで毎晩飲んだくれてたんです。そしたらある時、トーキング・ヘッズのデビッド・バーンがいたんですよ。それで僕の横にパッと誰かが座ったと思ったら、映画『ストップ・メイキング・センス』※でバーンの後ろでパーカッションを叩いてたスティーブっていうやつで。僕凄い好きだったんで〝君、パーカッションの！〟っ

『40 MEDLEY NON STOP SENAM TRIPLE VERSION』

【INDONESIA】
Sorga Neraka / Dia madu cintaku / Jawaban sona ta yang indah / Jawaban Kau milikku / Hati Seorang Wanita II

【AMERIKA】
I Can't Wait Forever / Nikita / You're The Love Of My Life / Cherish / Say You, Say Me

【JEPANG】
Amaya Do Ri / Subaru / Kokoro No Tomo / Anna / Wo Ai Ni / Good bye my love

ハウスBEST

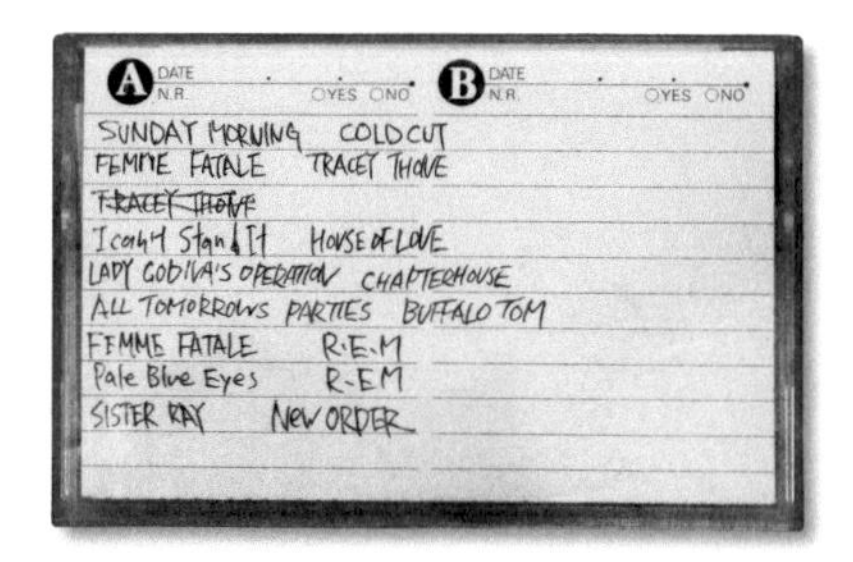

実は他にもう1本、甲斐の〝魂〟のテープがあった。それは甲斐がまだデビューする前にゲスト出演した、同じ福岡でしのぎを削ったバンド、リンドン（後にARBを作る田中一郎がいた）のフェアウェルコンサート音源。「自分の始まりを見るような気がして、見ると背筋がピンとする。絶対に聴かないけどね（笑）」〝じゃあ聴きましょう〟と言ったら、甲斐は笑顔でカセットを掴んで素早く引っ込めた。しかしその眼の奥は笑っていなかった。

て話しかけて仲良くなったんですよね。彼等は当時結構日本に来てて、スティーブが〝甲斐、今ハウスっていう音楽がかっこいいんだよ〟って言って、それで彼が持ってきたのかは知らないけど、日本では凄く早い時期に『レッドシューズ』でハウスがかかり始めた。このカセットは店のスタッフとかが身内で回してたやつだと思うんですよね。1曲目はCOLD CUTがヴェルヴェット・アンダーグラウンドの〈サンデー・モーニング〉をハウスでやってるんですけど、かっこいいでしょ!?

　そういうやりとりを毎晩やってる中で、ある時こっちをジーッと見てるやつがいるんですよ。僕なんかは従業員も全員知り合いだし、四六時中ピャーピャー言ってるわけですけど（笑）、そんな中いつもこっちを見てる。良い顔なんですよ。なんなのかな？　って思ったら、尾崎君なんですよ。尾崎豊。彼は甲斐バンドの大ファンだったらしくて、声がかけられなかったみたいで。すると今度は〝最近売れてるんだよ〟って言われて吉川晃司君を紹介された。彼は僕にあんまり思い入れもないだろうし（爆笑）、そういうやつは気軽じゃないですか。だから一緒に飲んでると、吉川は親友の尾崎が僕に声をかけられないことを知ってて、わざと〝俺は甲斐と話してるぞ〟っていう光線をバンバン出してる。それをずーっと見てる尾崎……っていう背景に、このカセットがかかってた（笑）。それを急に思い出して持ってきたんです。今思えば、なんかいいなあって。ハウスのヒップなサウンドと、情念と思惑が店の中で混乱して流れてるっていう」

**　カセットの奥に人間の魂が忍び込んでしまうことがある。音楽と一緒に、その場所と時間と空気が磁性体が記憶と一緒に記されてしまうのか。食器セットをくれた松井伸一とは今も親交がある。尾崎豊は先に逝った。**

「結局ある日、人が凄く少ない時に僕が〝座る?〟って言って。尾崎君が隣に座った。やっと、店で会って7回目ぐらいで。きっと彼は思いのたけを僕には全部話せなかっただろうから。その後は彼も混乱と動乱の時代を生きていくわけじゃないですか？　それはみんな一緒ですよ。僕なんかもそうだったし。ロック的なやつの生き方はそうなっていくんでね」

**　甲斐よしひろは残されたカセットと共に、現役のミュージシャンだ。**

（2013年）

※CCR
クリーデンス・クリアウォーター・リバイバル。ジョン・フォガティを中心とするアメリカのロックバンド。

※スターズ・オン
人気アーティストの曲のおいしい部分だけを、本物そっくりにコピーして、メドレーで聴かせる手法。

※ストップ・メイキング・センス
トーキング・ヘッズのライブを収録した1984年公開のドキュメンタリー映画。監督はジョナサン・デミ。

vol. 34

吾妻光良

Mitsuyoshi Azuma

定年を迎えた今も、ジャンプブルースバンド、スウィンギングバッパーズを率いて歌い、弾き倒す豪傑。吾妻光良のカセットは、ブルースへのこだわり「だけ」でできた逸品だった。

「カセットはね、大量虐殺したんですよ。ジェノサイド。ビニール袋4つぐらい。それまで全然捨てられなかったんですけど、もうかみさんが凄くてね。〝捨てないと殺す〟ぐらいの勢いで（笑）。でも捨てるには基準を決めなきゃいけないじゃないですか？　で、3つ決めたんです。①世の中で手に入るものは捨てる―CDだったり、レコードだったり。②中間素材は捨てる―自分がCDやらを作る時の途中段階の音源とか。それと③あっても一生聴かない物は捨てる（笑）」

1956年東京都生まれ。79年、大学の卒業記念でジャンプブルースバンド、吾妻光良&The Swinging Boppersを結成。83年に『Swing Back with The Swingin' Boppers』でアルバムデビュー。2019年には8作目『Scheduled by The Budget』を発表。著書の『ブルース飲むバカ歌うバカ』は23年2月に新装版として復刊（TWO VIRGINS社）。

久々の新作スタジオ・レコーディングアルバム『シニア・バッカナル』を発表した、脂の乗りきった中年ジャンプ・ブルースマン吾妻光良の家庭の事情、葬られたカセットテープたちのことを思うと胸が少し痛むが、冥福を祈るしかない。

「それでジェノサイドしたんですけど、本当は現存してれば絶対に持ってきたかったのが、中3の2月にB・B・キングをサンケイホールに見に行って、それの隠し録り。凄いですよ、今のパソコンよりでかい機材で（笑）、〝隠し録り〟じゃねーだろ！　っていう。カセットで録ったんですけど、すぐに〝カセットのままにしておく場合じゃない〟と思って、持って帰ってから1週間しないうちにオープン・リールにうつしてて。デジタル化もしてて、音源としてはウチのハードディスクに入ってるんですよ。マイグレーションが済んでる、っていうやつですよね。カセットレコーダーはちょうど私が中3の時（1970年）に親父が買ったんじゃないですか。英会話勉強するとかなんかで、ところがその秋ぐらいに親父が亡くなっちゃって、B・B・キングに持ってった。71年の冬、真冬の2月。1500円のB席でしたね。壁から2列目、サンケイホール」

〝平成の吾妻家カセット大虐殺〟を命からがら脱出したカセットの中から、その日吾妻が連れてきたカセット。「これは〝選曲もの〟の一種ではあるんですけど……」と目の前に置かれたのはラジオ番組の録音だった。かつてFM香川で放送されていた、吾妻光良がホスト／選曲／構成／録音を担当した番組だ。

「とあるブルース・バーでの知り合いが、スポンサーを集めてブルースの番組をやってたんですね。ところがスポンサーが一抜け二抜けで、ついに制作費がなくなって〝もう止めるしかない〟って泣きながら飲んでるわけですよ。それを見た私がつい〝大丈夫だよ、ウチも機材あるし作れるよ〟とか言ったら〝ホントですか（笑）!?〟〝いや、で、でもテレコとかプロ用のはないよ〟って言ったら〝それはありますから持ってきます〟〝え、いや……〟って、次の休日に持ってこられちゃって」

当初はナレーションと音楽を別々に録ってテープを切り貼り編集していたが、もしも接合部分が切れたら……との配慮から、吾妻家の機材を使ってのミックスダウン方式となった。その30分番組『MFC Gotta Move On Up』は4か月作られた。週1本、全部で18本、香川から遠く離れた東京の一室で。

「だから休日がほどんどそれで、もうめちゃくちゃ疲れちゃって。俺の自宅で作る前に番組は半年以上やってたのかな? ちゃんとしたスタジオでちゃんとしたナレーターの方で。でもこっちは全部ひとりだから納品とかはぎりぎりなわけですよ。香川出身のブルースファンたちが盛り上がってやってたような番組なんで、取りに来るのも香川出身の学生。完成したマスター・テープを都内のネット局の支社が集まるようなところへ届けて、それを香川に送る。18本全部取っておけばよかったわけですけど、ないんですよ。それは当たり前で、締切ぎりぎりだからダビングなんかしてる余裕がない！ 学生が取りに来ても漫画家さんみたいに〝もうちょっと待ってて（笑）！〟だから手元にあるのは、時間に余裕があった時の6本ぐらいだけ。

スポンサーは、最初は大手の飲料メーカーが付いてたらしいんだけど、何しろ深夜番組でひとつ降り、ふたつ降り。僕がやってた時は香川のローカルスポンサーの『ターンオーバー』っていう服屋さん。♪ターンオーバー、鍛冶屋町フェスタ2♪っていう。あとはねえ、『グランドファーザーズ』というお店と、一番凄いのは『This』っていう美容院さんで。これはね、〝贅肉を削ぎ落としたコマーシャル〟

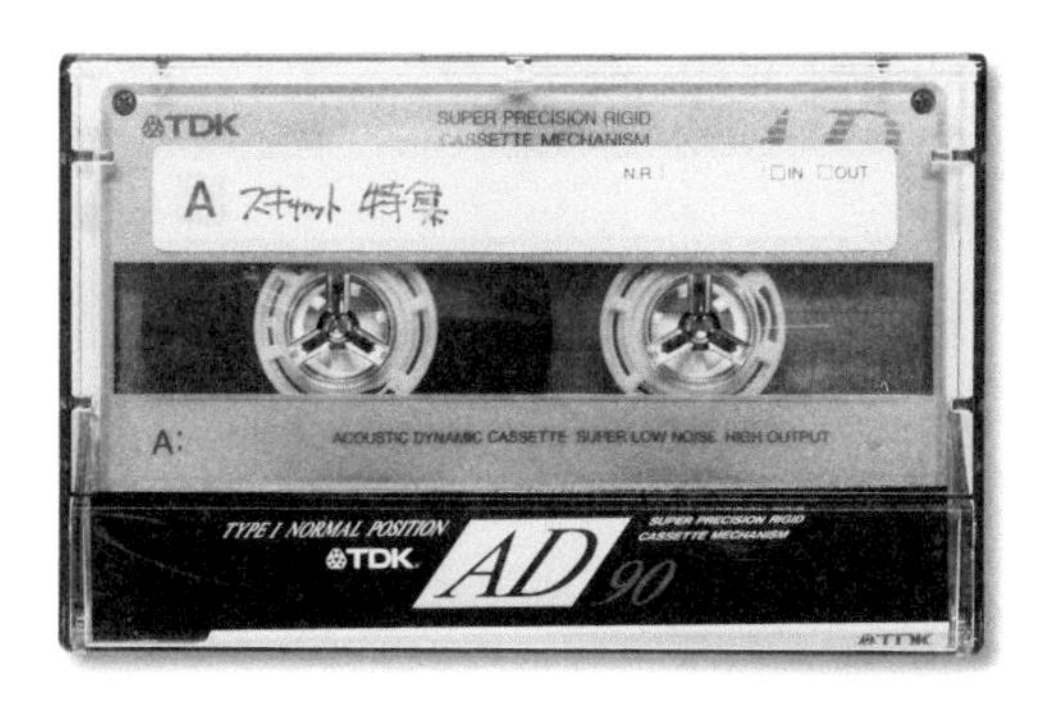

スキャット特集(1990)

FM香川『MFC Gotta Move On Up』を収録

(CM)「ターンオーバー」〜「グランドファーザーズ」〜「This」
#1 Leo Watson – The Man With The Mandolin
#2 Cab Calloway – I Beeped When I Should Have Bopped
#3 Babs Gonzales – Ornithology
#4 Billy Eckstine – I Love the Rhythm In a Riff
#5 Young Jessie – Be-Bop Country Boy
(CM)「This」〜「グランドファーザーズ」〜「ターンオーバー」

SAX 個人練習(1998)

吾妻がもう1本持参したのは、「これは世の中で絶対手に入らない」という自宅でのサックス練習テープ。33歳で思い立ち、突如テナーサックスを始め、【吾妻光良とキッチンシンク】というスモールコンボを結成。ライブも3回ほどやったが、ある客の〝ヘタクソー! 止めろー!〟という声に完膚なきまでに叩き潰された。「(聴きながら)疲れてるね……嫌なら止めちまえ!(笑)」

と呼ばれてですね。B・B・キングの〈シックス・シルヴァー・ストリングス〉が流れる上で、♪This……This……美容院This♪って言うだけ(笑)」

1990年 こだわりだけが詰まったテープ

この日聴かせていただいたのは、〝とっても楽しいスキャット大会〟の巻だった。34歳の吾妻が〝スキャット爽やか!〟というムサい駄洒落を飛ばし、1曲目は1939年録音のレオ・ワトソン〈The Man With The Mandolin〉。

「とにかくあまり聴かれてる番組じゃなかった、非常に聴かれてなかった。〝番組へのご意見お待ちしております〟、1通も来たことがない! 俺がやる前からトレーナー作ってたんで〝吾妻さん、こんどトレーナープレゼントって言ってください!〟〝OK!〟……1通も来なかった(笑)! ゼロ通ですよ。もうね、渦潮しか聴いてない（爆笑）。あとは、うどん。いや、うどんすら聴いてない。だって寝かされてるんだもの（爆笑）。人は聴いてない。それを1週間、仕事の空き時間で構成考えて、レコード集めて、原稿書いて、喋ってですからねえ。まだ狭いアパートに住んでたから、胡座かいてミキサーの前に座って横にテレコ置いてマイク持って。今だったらPro Tools※で簡単にできちゃうんだろうけど、あの頃は〝あ、失敗した、ちくしょう！〟ってもう1回やらないと。もちろん渦潮しか聴いてない、っていう状況も分かってないから（笑）、自分の好きな音楽に対する想い、こだわりしかそこにはないわけです。喋りとか、〝こんなもん世の中全員知ってるもんだ！〟ぐらいのつもりでいるから非常におごり高ぶってる（笑）。とんでもない！　チューボーですよチューボー、やってることは。公共のFM放送に乗せてしまったんだなあ」

キャブ・キャロウェイ、バブス・ゴンザレス、ビリー・エクスタイン、ヤング・ジェシーとかかる実にご機嫌なブルース、ジャズ、R&Bの番組である。ボブ・ディランの『テーマ・タイム・ラジオ・アワー』※にも通じる滋味が漂う中に、登場する香川のご当地CMも強烈に効いている。今オン・エアしたら、話題騒然、かもしれない。こういう番組こそ望まれている、とさえ思ったのであった。インターFMでどうでしょう？

「高校3年の頃かなあ。ブルース、黒人のレコードしか聴かない！　と思い始めた頃に、とりあえず好きな曲全部入れて勉強の間ずっとかけるみたいなことよくやったじゃない？　聴いてたらね、真夜中に玄関の呼び鈴が鳴るんですよ、ウチの。〝誰かな？〟と思って行くと、誰もいない。毎日じゃないけど別の日にも鳴る。〝まただ！〟〝誰だよ！〟って行ってもいない。カントリーブルースみたいなの聴いてると鳴るんだよね。2週間ぐらいそういうことがあって、本当に怖くなってきて……ピンポーン……誰だ、ちくしょー。あれ、待てよ、この前もこの曲の時……って思ったら、昔中村とうようさんがブルースの番組をやってて、それを今みたいにラインじゃなくスピーカーの前にマイク置いて録ったテープだったんで、その（録った）時に客が来てたんです（爆笑）。それだったんです。俺ひとりで夜中の2時ぐらいにノイローゼになってた。お迎えが来たと思いましたもん、本当に。ちょうどロバート・ジョンソン※の話とか聞き始めたところだったから、〝悪魔が来た！〟って。〝これが噂で聞くやつか〟って（笑）」

いやいや悪魔も『MFC Gotta Move On Up』を聴かせれば、納得してくれるに違いない。

（2013年）

※Pro Tools
パソコンを核としたDAW（デジタルオーディオワークステーション）用のソフトウェアの名称。

※テーマ・タイム・ラジオ・アワー
ボブ・ディランがDJを務めるラジオ番組。

※ロバート・ジョンソンの話
米のブルースマン、ロバート・ジョンソンがギターの上達と引き換えに自分の魂を売ることを悪魔と契約（早逝）した、という伝説。

vol.
35

福富太郎

Taro Fukutomi

「キャバレー太郎」の異名で最盛期には数十店舗を構えたハリウッドグループ創業者・福富太郎。80代の敏腕実業家が持ち出したカセットは、長い歴史の中、大衆の心を掴み続ける、ひとつのソースとも言える曲たちだった。

「カセットはどっか散らばっちゃったんですよね。初代圓蔵の落語とか持ってたんだけど。僕は音楽全然知らないんだよ。だから今かかってるのがね……（事務所内でそこそこの音量で『可愛いスーちゃん』／作者不詳 がかかっている）……皆さん知らないでしょ？ 僕らの年代じゃなきゃ知らないんだよね。僕らの年代でもこの曲歌ってたら怒られたけどね。〝兵隊行くの嫌だ〟っていう歌なのよ。♪人の嫌がる軍隊に 志願で出てくるバカもいる 可愛いスーちゃんと泣き別れ♪っていうね」

1931年東京都生まれ。16歳で銀座の喫茶店に入り、ほどなくキャバレーのボーイとなる。60年に新橋からスタートした「ハリウッド」チェーンは、2018年に全店舗が閉店するまで、最盛期には数十店舗を構えた。18年、老衰により逝去。生前は藤田嗣治など日本を代表する作家の名品など数千点をコレクション。絵画の蒐集家としても名を馳せた。

日本のキャバレー界では知らぬ者なき偉人・福富太郎は快活に語る。絵画コレクターとしても高名だが、音楽は苦手であるという。しかし音楽的才能がない、というのではない。実は歌が得意だった。

「戦争中の軍歌がね、あんまりみんなには言えないけど得意なんですよ。全部暗記してるから。軍歌を暗記すると何がいいかっていうとね、軍歌っていうのはひとりで歌うもんじゃないわけですよ。特にね、僕なんかは農業学校だから、足を鍛えろっていうんでよく行軍をしたんですよ。〝今から渋谷まで行くぞ！〟ってひたすら隊列で歩く。駆けていくわけじゃないからザクッ、ザクッてね。そん時、歌いながら歩くんですよ。全員いっぺんじゃなくて、合計200人が、前と後ろに分かれて100人ずつ輪唱するわけです。前の100人が♪天に代わりて不義を討つ♪（〈陸軍軍歌〉）って歌うと、すぐ後ろの100人が♪天に代わりて不義を討つ♪って続く。するとまた前が♪忠勇無双の我が兵は♪って歌うと、後ろが続く。そうやって交互に歌って行軍するんですよ。ところが技術があるんです、あれにもね。

最初のうちは勇ましくジャッジャッジャッと歩いてっけど、帰りがけになると疲れてきてね（笑）、もう歌うのも嫌になっちゃう。そういう時に歌う歌と、まだ勇ましい時に歌う歌とを変えなきゃいけないんですよ。それを僕は上手く研究したんです（笑）。最初のうちは〝天に代わりて不義を討つ〟でいいんですよ。ザッザッザッザ。行軍も足を踏み鳴らしていけるけど、帰りがけになったら疲れて歌いたくもない。そういう時に歌う歌っていうのがあるんですよ。♪我は官軍我が敵は（中略）古今無双の英雄で♪（〈抜刀隊〉）っていう、西南戦争の歌。それとかいよいよバテてきたらね、♪四百余州をこぞる 十万余騎の敵国難♪っていう〈元寇の歌〉。元が攻めてきた時の歌。時代が遡っていく（笑）。日本の歴史を全部知っておかなくちゃダメなんですよ。それが僕のトンチというかね。切り替えが上手いから、〝軍歌はあいつに歌わせろ〟と」

行軍の歌唱リーダーとして一目置かれる存在だった。しかし当時、歌いたい歌が大っぴらに歌えたわけではない。やむにやまれぬ歌だった。

「みんな銃剣道やったりね、それじゃかなわないから僕は。軍歌だけでも先頭に立ってね、でかい声で歌ってカバーしようと。教官もそういうやつがいないとみんなが疲れちゃって歩けないから重宝されてね。ただ実際にはそういう歌は歌いたくないわけ、本人は。内容的には好んで歌ってるわけじゃない。本当は〝人の嫌がる軍隊に〟みたいなのを歌いたいわけだから。またね、そういう歌も歌えないと同僚に人気が出ないんですよ（笑）。ただ表で〝不義を討つ〟とか言ってるやつには付いていきたくないっていうのが、同僚のね。その、本当の気持ちを知らないと。学生だから♪花もつぼみの〜♪（〈ああ紅の血は燃ゆる〉）とかね、そういうのを内緒で歌ってやるとみんな喜ぶんですよ。学徒出陣の歌とかね。今でもそれは歌えますね。みんな暗記してますから」

本当の気持ちを揺らす歌

行軍歌唱リーダーだった福富は戦後、ダンスホール、キャバレー運営でめきめきと頭角を現す。その時そばで常に流れていたのが、日本の映画音楽。取り出したカセットは、10本に及ぶその『主題歌集』だった。

「これはねえ珍しいやつで、映画の主題歌を集めたカセットなんだよね、日本の。中身は1個なくなっちゃったねえ。【1】がない。うんと聴いたからね【1】は。〈愛染かつら〉とかが入ってたんじゃないかと思う。音楽といえば映画の主題歌専門だっ

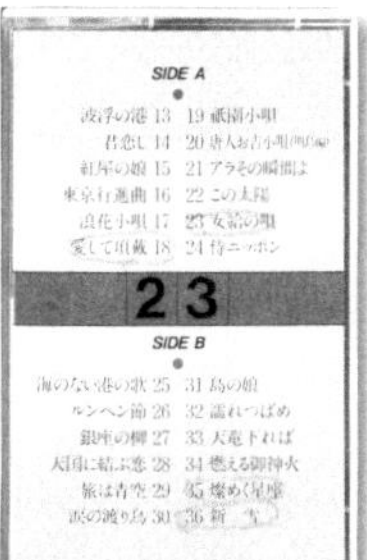

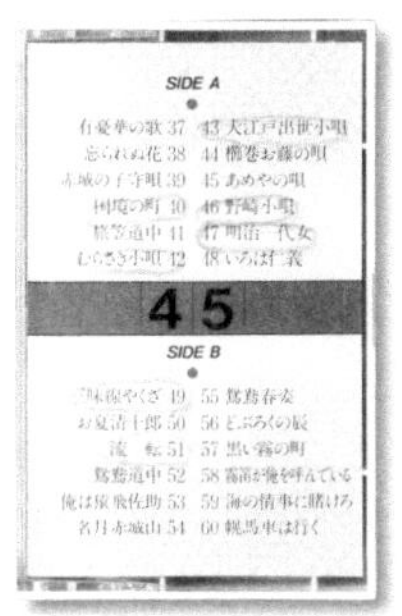

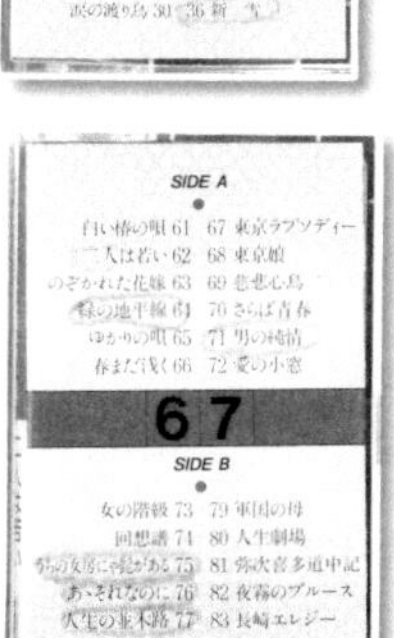

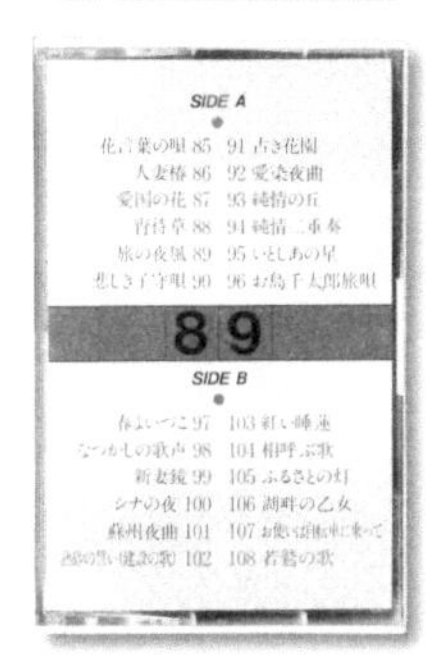

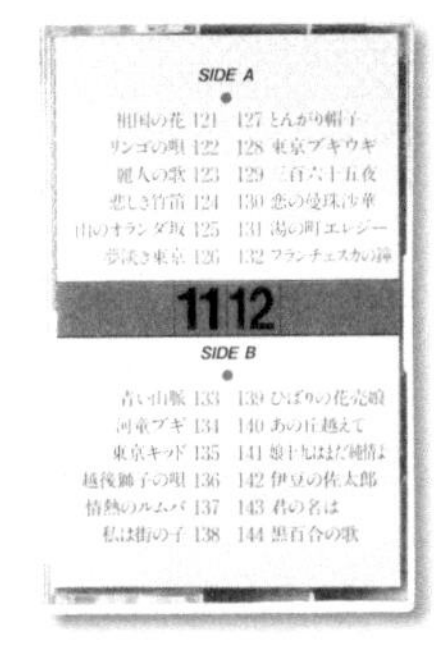

『日本映画主題歌集』(1986)

※全10本組、1は欠け。

残された全9本のカセットテープのうち、福富が特に気に入っている曲には赤い丸囲みがつけられている。赤丸がついているのは〈愛して頂戴〉〈女給の唄〉〈三味線やくざ〉〈国境の町〉〈うちの女房にゃ髭がある〉〈緑の地平線〉などなど。取材時も事務所では軍歌など古い歌が流れていた。「社員には“止めてください”って言われるけどね(笑)」

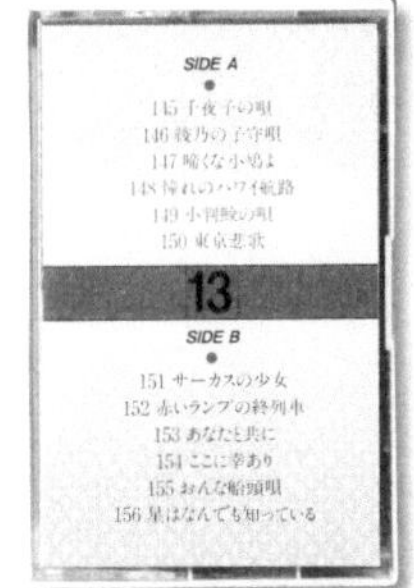

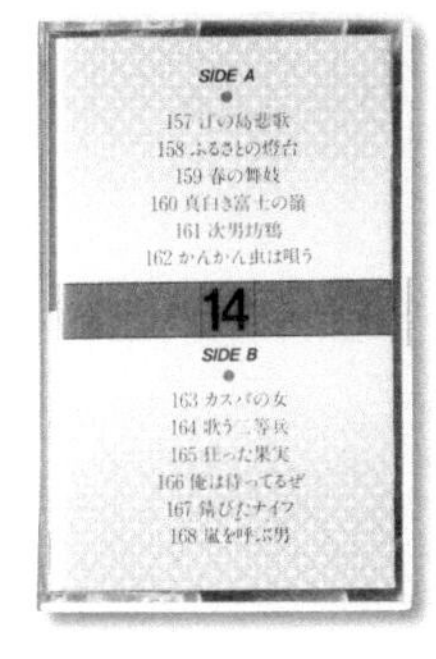

たからね、僕は」

かつてのキャバレーといえば専属バンドが連日連夜にぎやか、かつムーディーに演奏を繰り広げているイメージがある。

「バンドは売り込みですね、だいたい。値段があるから。特別にいいバンドは求めませんよ、値段が合えば。あとは僕のほうで〝こういうのをやれ〟〝ああいう曲をやれ〟って指示するわけです。ただバンドに任せてて、眠くなっちゃうようなやつをやられても困るからね。その時々の流行のやつや、客にウケる選曲を紙に書いて渡して。まだカラオケがない頃だから、みんなが知ってて口ずさめるようなやつをね。だからこういうカセットに入ってるような映画の主題歌なんかだったら、みんな知ってるから。昔はいいもの、というかみんなが好むものはだいたい映画の主題歌だった。流行歌ですよね。バンドが息巻いて、凄い曲を披露しても客は知らないですから。

ただ僕が自慢するのはね、昭和22年頃、浅草で喫茶店のボーイをやってたんですけど、店の前を人が大勢通るでしょ？　流してる曲によっては客が吸い込まれるように入ってくるんだよね。〝その曲がいいから〟って。そういうのを知ってたから、バンドにその曲はやらせましたけどね。一番わかりやすくいうとタンゴの〈ラ・クンパルシータ〉ね」

今も福富の店「ハリウッド」では生バンドが毎夜演奏している。そこで演奏される曲は福富自身の好みが少しは反映されているのだろうか？

「キャバレーのバンドはまあずっとやってますよ。今はそういう店はだんだんないけどね。他の音響が発達しちゃってるから。僕らの時代は管楽器が何本入るとかね、クラリネットが入るとか、そういうのでバンドを選んで入れてましたけど。

昔のちゃんとしたダンスホールはね、30分おきに交替なんですよ。タンゴバンドがやったら、次はジャズが入ってね。でかい店だとね、両側にあったんですステージが。僕がいた『メリーゴールド』という店なんかは、突き当たりがタンゴバンド。逆側にスウィングバンド。でバンドが代わるたびにね、最後の曲はたいていワルツになるんですよ。例えば〈テネシーワルツ〉なんかをやって、代わるぞ、っていうタイミングで天井の灯りがブルーになる。すると今度はいきなりスウィングバンドがあえて派手な曲の演奏を始める。そういう交替でやってましたよね。でも今はそんな巨大なキャバレーなんてないから、昔みたいな理想はできません」

「音楽はよく知らない」、何度も口にする。学生時代の同僚を喜ばせたのも、日本一のキャバレーチェーンとして数多の客を動員したのも、特別ではない通俗的な歌だ。いやその通俗をこそ掴み抜き、多くの「本当の気持ち」を動かしてきたのか。

「ただ、客と僕の好みが合わないんだよね（笑）。客は美空ひばりとかね、そういう演歌歌手を好むんですよ。僕は演歌は都はるみしか好きじゃないんでね。いやあ、都はるみはやっぱり独特なものがありますよ。でもキャバレーで軍歌やるわけにはいかないからねえ（笑）」

（２０１４年）

vol.
36

坂上弘

Hiroshi Sakaue

史上最高齢のシンガーソングライター・ラッパー、坂上弘。74歳で自主制作カセットテープ『交通地獄』で歌手デビューを果たした後も、舞台に立ち続けた男は、いかにしてその境地に至り、取材を行った2014年当時、どう生きていたのか。

「一番最初に作ったのは〈恋しのアンジェラ〉ですよ。実際にこういう人がいたの。大金持ちの娘さんなんだよ。それが男と羽田空港で泣き別れたって話がね、あってね、それを歌にしたわけだ。それでね、ここだけの話だけども、俺は交通事故にあった（90年。1年間入院の大怪我）時にいただいたお金が残ってたもんだから、歌手デビューしようと思ったんですよ。でも1曲だけじゃダメでしょ。カセットの裏面がいるでしょ、もう1曲。そしたら、ちょうど交通事故にあった時のことを色々メモしてたから、それで作っちゃったの」

1921（大正10）年佐賀県生まれ。36年に鼓笛隊でラッパを始め、戦後はトランペット奏者として進駐軍相手のジャズバンドなどで活躍。自身の交通事故経験を元にした『交通地獄』で95年、74歳で歌手デビュー。2009年にはアルバム『千の風になる前に』でビクターエンタテインメントよりメジャーデビュー。20年、99歳で引退を表明するが、101歳となる現在もSNS等で発信を行っている。

2014年に満93歳になる史上最長寿のラッパー／シンガー・ソングライター坂上弘の稀代の名ラップ曲〈交通地獄〉はこうして生まれた。自主制作のカセットで発売された。

「その時に〝どんな曲がいいかな〟と思って研究したわけだ。ちょうど流行り出したの、日本でもラップが。平成5〜6年頃だ。レコーディングはいいスタジオだったよ、ポリドールのね。ミュージシャンも良かった。一流のベテランだよ。でもね、よく分からないんだよ、みんな、ラップが。タタタタン、タタタタンっていうのがリズムなわけ。ンタンタじゃなくてね。※LL・クール・Jの盤をさ、編曲者たちに聴かせて、録音当日も〝持ってこい〟って言ったんだけど持ってこないんだよ（笑）。だからドラムに〝どう叩くんですか？〟って言われちゃって、みんなに聴かせてさ。その編曲の人にお金（制作費）預けといたらさ、使っちゃって（笑）、アッハッハッハッハッハ！　もう1回払ったんだよ。人に言っちゃダメだよ。恥ずかしい話（笑）。彼は今どうしてるんだろうねえ？　……でもアレンジは良いよね（笑）！」

交通事故の実体験をラップする、というわゆるヒップホップの王道作品〈交通地獄〉は〈恋しのアンヂェラ〉を差し置いて密かに話題を呼び、坂上は故・忌野清志郎との共演や、クレイジーケンバンドのオープニング・アクトを務めた。テレビ出演も少なくない。様々な縁からアルバムも近年2枚発表している。戦前、戦中、戦後を生き抜いた男が、である。

「佐賀工業高校を出たんですよ、僕は。昭和14年卒業。なんとなく音楽が好きだったんだけど、学校入って音楽やりたいと思っても何もないわけ。でもラッパ隊があった、進軍ラッパ。戦闘の練習をするための教練っていうのが週2回あるんだけど、ラッパ隊に入ったら教練しなくていいんだよ。だからラッパ吹いてるだけで点数が良かったんだよ。とたんに甲ですよ！　アッハッハッハ。芸は身を助く、本当だよね！　それで卒業してすぐ満州に行ったわけです。会社はね、満州炭鉱。そしたら入社式の日にブ――――ッて良い音が聴こえてくるんだよお。初めて聴いたんだ本物のブラスバンドを。入れてもらおうと思って行ったらちょうどトランペット探してるっていうんだ。5人ぐらいいたよ、〝是非入りたい！〟ってのがね。でも鳴らないんだよなあ、初めてだと、あれ。僕はラッパやってたからプルルルルーっていきなり吹けたわけ。それで採用されたの。これも芸は身を助けるでね、戦争終わって内地に引き揚げてきたでしょ？　そしたらお陰で今度は進駐軍のクラブでバンドマンになれたんだから。とにかくあの頃、民間の月給平均が500円ぐらいだったんだ。その時に俺は3500円ぐらいもらってた。羽田、立川、横田、厚木……メンバー多いからトラックの荷台に乗って回るんだよ。その頃のレパートリーはグレン・ミラー。だいたいグレン・ミラー、うん」

74歳でラッパー／シンガー・ソングライターとしてデビューするまでの多くの時間は、トランペッターが生業だった。

「ホテルセクションっていって、ホテルに進駐軍の家族がいるでしょ？　一流のところは全部接収してるから。そこの家族たちが土日にパーティーをやる。その演奏に俺たちで行ったのよ。その時のバンドにベースで渡辺晋がいたんだよ。後に彼はナベプロを作ってね、びっくりしちゃったよ。4～5年経って僕が他のバンドにいた頃かな、ナベちゃんがね〝坂上さん、良いバンド作ったから聴きに来い！〟って言うんだ。じゃあっていうんで、品川の将校クラブへ行ったのよ。そこで（渡辺晋と）シックス・ジョーズを初めて聴いたのよ。びっくりしちゃってね！　コンボのね、上品な、

『交通地獄／恋しのアンヂェラ』（1995）

1. 交通地獄
   唄：坂上弘　作詞・作曲：坂上弘
2. 恋しのアンヂェラ
   唄：坂上弘　作詞・作曲：坂上弘

サバの女王

本人曰く「いい曲だと思うんだけどねえ」という初の作曲〈恋しのアンヂェラ〉だが、リクエストされるのは〈交通地獄〉ばかりで「誰も注文してくれないよ！」。自宅にはカラオケを録音したたくさんのカセットテープがあり、『サバの女王』もその中のお気に入り。カラオケから始まった歌手人生、2009年にメジャーレーベル（！）のビクターエンタテインメントから発売した現状最新アルバムのタイトルはズバリ『千の風になる前に』!!!

新しい音楽だった。どうしてかって言ったらピアノが中村八大※だったんだよ。アメリカの有名なレコードからヒアリングでパーッと譜面とっちゃってさ、みんなに演奏させて。あの人は天才だよ。音楽が変わっちゃった。〝俺も入れてくれよ〟って言いたかったけど、僕がどっちかっていうとハードペッターだからさ、音が大きいし。考えちゃったよ、本当に考えた。なんとかしなきゃなって。まあでも生活に追われてね」

74歳からのアフターカセット

〝音楽の歴史〟が自分を驚かせて通り過ぎてきた。坂上も演奏者兼店舗経営者として50近くまで活躍していたが、60年代、ビートルズという「革命」により、フルバンドの仕事は激減、「あれもびっくりしたよお」。さらに1969年に妻と死別、人生の転機を迎える。

「母ちゃんは死んじゃって、バーも演奏もダメになっちゃったんで、パチンコ屋に勤めてたわけですよ。それで仕事終わって飲みに行ってたら〝カラオケ始めました〟って。ラッパがダメになったと思ったら、今度はカラオケが出てきたわけだよ。こりゃあ面白いってんで、やれやれーってもんでね。歌は満州にいた時に新京交響楽団の合唱団に入って勉強してたから」

カラオケとの出合いによって音楽魂が再燃、それが〈交通地獄〉から今日の活動へと繋がっていった。坂上にはもうひとつ、尾崎豊の〈卒業〉のカバーという人気レパートリーがある。九十余歳の〝卒業〟とは？　聴くものの常識をくつがえす。

「カセット（『交通地獄』）ができたからさ、吉本に売り込みに行ったんだよ。そしたら〝〈卒業〉歌ってくれ〟ってこうですよ。出番まで15日しかない。渋谷の公園通りに仮設の小劇場があったでしょ？　僕が〈卒業〉をワンコーラス歌ってさ、それで劇が始まるっていうスタイルだったわけ。毎月頼まれる曲が変わってね。尾崎と……あとあの女の人……ユーミンじゃない……（長い間）……とにかく歌ったよ。あ、MISIAの〈Everything〉だ（笑）。1か月ごとに曲を変えて次々歌ったけど、〈卒業〉以外残らなかった（笑）」

今もしばしばステージに立つ。怪我や病気も乗り越え、やる気満々、新作への意欲も燃やしている。

「やってやらなきゃ、と思ってね。いや、僕ね、88歳までほとんど記憶がクリアだったの。でも88過ぎてからね、90、91、92とだんだん忘れっぽくなるんだよ～」

それは別に、普通のことなのでは、と思うのだが坂上弘には憤懣やる方ない。

「まだ今、ステージでは大丈夫だけどね。練習の時フッと歌詞が出なくなる時がある。勉強してるんだけど。でもこの間、新宿のロフトプラスワンのイベントの時に従業員がいいこと言ったよ。〝お客さんいっぱいだね〟って僕が言ったら〝こういう時にね、しっかりやって名を売ればお客さんつくから、しっかりやんなさい！〟って（笑）。それで終わってから〝坂上さん〈卒業〉凄く良かったですよ〟って褒めてくれたよ。嬉しいね」

まだまだこれからですよ、と坂上弘は自宅前の階段を上り下りし、今日も足腰を鍛えるのであった。

（2014年）

※LL・クール・J
1968年生まれ。〈I Need Love〉など、多数のヒットを持つアメリカのラッパー、俳優、実業家。

※中村八大
作曲家・ジャズピアニスト。50年代から60年代にかけて〈上を向いて歩こう〉を始め多くのヒット曲を作曲。

vol.
37

鈴木慶一

Keiichi Suzuki

〝日本語ロック〟の黎明期から現在まで、ムーンライダーズを中心にプロデュース、CM音楽、映画音楽と活躍する生ける伝説、鈴木慶一が取り出したカセットは、裸で、無造作に保管されるにはあまりに不釣り合いな歴史的な内容だった。

「レコーディングがあるじゃない、それを家で聴くためにカセットにうつしてもらうっていうのはあったよね、70年代に。CMとかやるじゃない？ それをカセットに落としてもらって。そういう仕事に使ってたよ。ただねえ、80年代になってもまだカセットあったじゃん？ 例えばさ……みんなで旅行に行く時とかあったのよ。そうするとカセットに今のDJみたいに選曲をさ。〝熱海ぐらいでこれかな……〟とかね（笑）。海見えるぐらいでボズ・スキャッグスかかるといいかな、とかね（笑）。あれなんか特殊な熱意だね。他人を喜ばせる、〝あそこにいるカップルを絶対今日はヤルところまでもっていこう〟っていう、DJの精神みたいなもんだよ。自分のためじゃない、他人のためだからね」

1951年東京都大田区生まれ。はちみつぱいを経て75年にムーンライダーズを結成。活動と並行して、多数の楽曲提供とともにCM、映画音楽を手がける。ソロ作『ヘイト船長とラヴ航海士』で第50回日本レコード大賞優秀アルバム賞を受賞。ムーンライダーズは45周年を迎えた2022年、11年ぶりの新作『it's the mooonriders』をリリース。

カセットは主に仕事での日常使い、という物で、デモ・テープの録音や資料音源のやりとりで頻繁に使っていた。今もその多くが段ボール箱に大量に残されている。

「みんながよく自作テープくれたよね。例えば鋤田正義[※]さんは80年代に会うと必ずカセットくれんの。〝今これ自分の中で流行ってたりするんですよ〟って。それで見ると、持ってるのもあるし、持ってないのもある。それともうひとりね、僕が作曲を担当した、宮崎美子さんのミノルタカメラ〈いまのキミはピカピカに光って〉のCM監督、岩下※さんっていう人。その岩下さんも〝こういうの……〟ってくれる。それはもう全然知らないやつ！　こまどり姉妹の〈涙のラーメン〉とか、それで初めて聴いたの。だからいわゆるクリエーター的な、その呼び名はもう古いけど、CMの監督とかカメラマンとか、音楽家じゃない人がくれるものは面白いんだよ。こっちはまあそれなりに持ってるじゃない？　それとは全然違うものが来るんで。

くれるっていうことは自信あるんじゃない（笑）？　〝これは知らねえだろう〟って。確かに知りません、はい（笑）。〝ほらざまあみろ！〟っていう、あれもサービスだよね。わざわざ作ってきて、そのふたりは会うと必ずくれるから。岩下さんはCMの監督だから、音楽に詳しいCM監督っていうのはすんごい色んな音楽を聴いてた、世界中のね。それこそ後にワールドミュージックって呼ばれるようになるものとか、古い映画音楽とか。さすがに持ってないぞ、っていうようなものを狙って……やっぱり狙って持ってくるんだよ（笑）。俺はもうびっくりするから、ちゃんと反応するからね、この歌詞ナニ!?　とか。〝ラーメン1杯でさ、こんなストーリーできちゃうの!?〟とかね」

40年間、曲を作り続ける

狙いがいのある濃い音楽家。古代の地層のように集積したカセット群の中から鈴木が取り出した1本。それはアンディ※・パートリッジから届いた物だった。

「鈴木さえ子さんがプロデュースを頼んだの、〝1曲アンディ・パートリッジさんが書いた曲をやりたい〟って。そしたらこのデモ・テープが送られてきた。87年だね。だからアンディ・パートリッジもデモはカセットテープで録ってた、と（笑）。曲がみっちり入ってる中から〈HAPPY FAMILIES〉やりましょう、って選んで。他にもいっぱい、〈When We Get To England〉とか、凄いいい曲入ってるんだけど。XTCでやってないものもね。で、全部いいんだけど女性が歌うのに一番いいのが〈HAPPY FAMILIES〉じゃねえかな、って決めたのかな。ただこれを日本語詞にするっていうことになって。ハッピー・ファミリーズって、イギリスの家庭用カードゲームなのよ。それを色々、妊娠したらどうする……とか、歌詞を子供用じゃなくて凄く複雑な言葉遊びにしてるのね。いわゆる『マザー・グース』みたいなものなんだよね。駄洒落もあるし。それを俺がどうにかすることになって。しかもイギリスにいる間だよ!?　録音中に作らなきゃいけない。だからまずFAXを使ってピーター・バラカンに訳してもらって。その全訳を見ながらメロディーにはめていって。火事場じゃないけど現場の馬鹿力でさ（笑）。ほとんどこれに費やしてたような気がするよ。〈HAPPY FAMILIES〉はのちにパートリッジもレコーディングしてたよね」

1曲のレコーディングのために60分テープにぎっしり未発表曲を入れてきたイギリスのポップ職人アンディ・パートリッジは当時多作だった。片や日本のポップ職人、鈴木慶一の最近の仕事量の多さ、作品創出の勢いにも目を見張るものがある。

「俺も、そりゃもの凄い量ですよ。今もプロジェクト、同時に3つだからね。とにかく作るんだよ！　曲は作らないと！」

そう言って取り出したもうひとつのカセット、それはムーンライダーズのものだった。

「これはねえ、ちゃんと聴いてないんだけど、なぜかポンッと出てきた。『Let it カメ万 セッション』っていう、ビートルズの『Let it Be』みたいに、アルバム『カメラ＝万年筆』のデモをダラダラダラダラずっと録ってたもの。『カメラ＝万年筆』と1個前の『モダーン・ミュージック』はとにかくリハーサルをして曲を作ってたから。みんな曲は持ってくるんだけど、リハーサルスタジオでテープを回しっぱなしにして、録音してカセットで1回持ち帰っ

ANDY PARTRIDGE『HAPPY FAMILIES DOLBY.』

アンディ・パートリッジから届いたカセットテープは恐らくイギリス製、あまり聞いたことのないメーカー【MEMOREX】の物。「裸で置いてあった（笑）。多分このまま送られてきたんだよ。でもこのテープも、2014年に自分が下北沢（事務所がある）にいるとは思ってなかったよね（笑）」

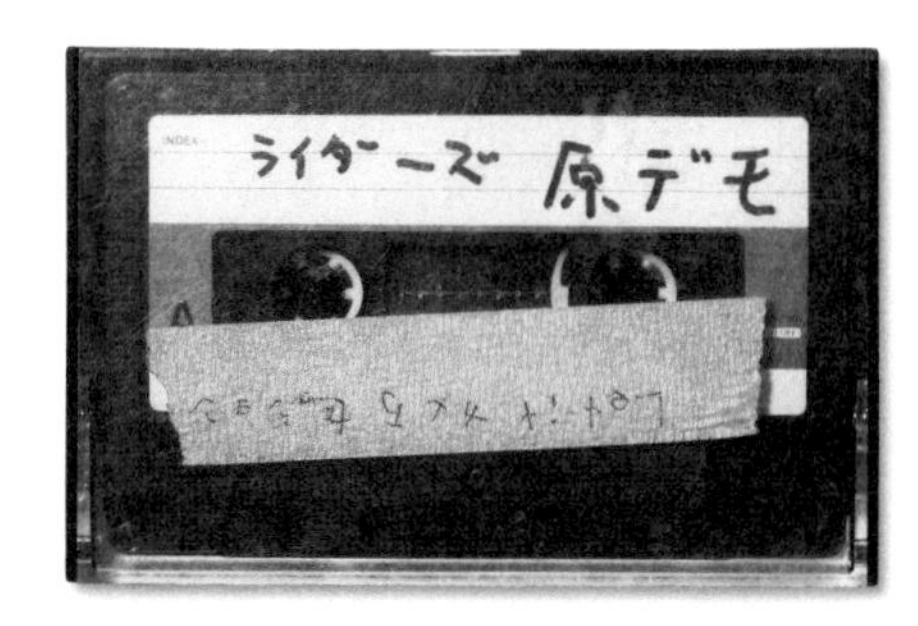

ライダーズ 原デモ
（Let it カメ万 セッション）

て、っていうスタジオでのライブ録音。あまりにも長く同じ曲をずーっとやってるんで『Let it カメ万 セッション』（笑）。どこでやったのか覚えてない。どこかのリハスタだよ。79年かな。70年代は曲を作って持っていくけど、みんなで演奏してみるってことだね。80年代は自分家で4チャンネルのカセットがあったりするんで、自宅でアレンジをやってしまう。そうしないとスタジオ代がかさむでしょ？

その前にやっていた〝はちみつぱい〟もそうだったね。とんでもない時間のリハーサルをして（笑）。アルバムを〝出す〟って言ってリハーサルしているうちに時間がかかりすぎちゃって。リハーサルばっかりしてた。普段のライブもやって、ライブで新しい曲試したり色々したりするうちにアルバムをどうしようかっていう決断がなかなか下せなかった。新宿のヤマハのスタジオでリハーサルばっかり、100時間ぐらいやったんじゃないかな？ あの頃のレコーディングスタイルとしては画期的だよね」

時は遡り73年10月発表のはちみつぱい唯一のスタジオ録音アルバム『センチメンタル通り』は、出ると公にインフォメーションされてから1年以上経って発表された。当時のファンとしては、とにかく〝待たされた傑作〟だった。

「多分レコーディングに入ったらこいつら時間かかるんだろうな……って思われたんだよ。その分リハーサルのほうがまだ安いから。だからレコーディングに入ったらすんなりだったよ。ムーンライダーズほど時間かかってない。ライダーズの時代は新製品との闘いだからさ（笑）。どんどん時間がかかっていった。はちみつぱいは、その当時のトラックス16チャンネルだけあればいいや、っていうテクノロジーの段階だからね」

密度濃い、具体的な「音楽」との生活。日本のロックの生きる伝説ともいえる鈴木慶一は、だからこそ、40年前のことをつい昨日のことのように伝えられる。貴重な、唯一無二の現役音楽家である。

（2014年）

※鋤田正義
カメラマン。1970年代のミュージックシーンを飾ったデビッド・ボウイやマーク・ボランの写真は、世界的に有名。

※岩下俊夫
資生堂を始め数多くのCMを手がけたディレクター。YMOを起用した「FUJIカセット」のCMも。

※アンディ・パートリッジ
主に80年代に活躍したイギリスのバンド、XTCのメインソングライター。

vol.
38

中原昌也

Masaya Nakahara

小説家にして映画評論家でもある中原昌也は、ミュージシャンとしても数多のカセットテープ作品を世に問うてきた。大量に持参されたカセットテープのジャンルもまた多岐にわたるものだったが、かつてそれを手に取った心には、ある共通した動機があった。

「家にテープデッキとかなかったから、小学生の時の誕生日にラジカセ買ってもらいました。それと姉貴が持ってたやつも使って、ダビングしてました。やっぱりまだスウィッチが〝ガチャ〟の頃だから、半押しができたから。テープをこう……グニャグニャグニャグニャ……あれができたんで、いきなり女のアナウンサーの声が男みたく〝ヴォ〜〟ってなったり。ハマりましたね、楽しくてずーっと。馬鹿みたい（笑）。あの〝ガチャ〟を知ってるのが誇らしいですね。今みたいに（ボタンを）〝ピッ〟じゃなくて。そのガチャッて録ろうとした体の動きと、実際録れてる音との差（笑）？　時差っていうか、断面があるんですよ」

1970年東京都生まれ。90年からノイズユニット、暴力温泉芸者の活動を始め、国内外から高い評価を得る。現在はHAIR STYLISTICSとして活動。『あらゆる場所に花束が……』で三島由紀夫賞、『名もなき孤児たちの墓』で野間文芸新人賞を受賞。他小説に『悲惨すぎる家なき子の死』『パートタイム・デスライフ』、映画評論集に『エーガ界に捧ぐ 完全版』など、著書多数。

ヘア・スタイリスティックスとして活動する音楽家・中原昌也は早熟のミュージック・コンクレート作者である。その活動は10代である80年代から世に知られるようになった。カセットテープなしに創作はあり得ない生活を送っていた。小学生時代から録音をしていた中原は、やがて〝作品としての1本〟を意識するようになっていく。

「いつですかねえ？　時代からいうと80年代頭に、トレヴァー・ホーンのZTTレーベルとかが出てきたじゃないですか。ああいうのにやっぱり凄いビビッと反応してて、自分も曲を切り刻んだりするっていうのに凄いハマって。無茶苦茶にコラージュして。今と変わってない。それ以前にNHK（-FM）の『現代の音楽』にもぶつかって聴いてたし。よくあんな番組やってましたよね、日曜の夜に。なんだかんだいって、そうやってお勉強じゃなく自然に自分の中に入ってきたところがありますよね。そういう音楽がある、ということが。ただ問題はレコードを買うお金はまったくなかったから、そういうわけの分からない音楽が、ラジオで流れてくるのを待つしかない。でもまだ当時は待ってればそういうものが流れてくる可能性があったけど、今はないもんね、待ってても」

中学時代はレンタル・レコードショップができ始めの頃だった。都内を闊歩し、色々なレコードを借りた。ニューウェーヴばかり置いてある店や、中にはテープからテープにダビングをしてくれる店もあったという。

「原宿に、レンタル屋で、カセットテープをダビングしてくれる店があったの知ってます？　古着屋の赤富士とかがあったビルの中に、一瞬だけあったんですよ。見た目は美容院みたいなんだけど、カウンターの後ろにカセットテープがお洒落な感じで並んでて（笑）。〝これ〟っていうと、それを市販のテープに倍速でダビングしてくれるんだけど、そうするとA面のケツとB面の頭が余白で残るんですよ。それをちゃんとエディットしてくれる、目の前で。ホントあれ、風船で人形を作ってくれるあれと一緒の要領！　知らないですか？　結局1回しか行かなかった。そこでダビングしたもの？　タコ。※タコ・オッカーズだよ！　なんでそんなもんダビングしに行ったんだろう（笑）」

いわゆる〝バッタもん〟のテープを買い集めていたこともある。有名歌手の名や作品名が書いてあるのだが、中身は得体の知れない人が演っているというものや、さらには。

「最近はもう見ないけど、秋葉原のいい加減な店行くと、わけの分からないテープいっぱい売ってて。権利を買ってないやつ。普通はストーンズとかロックばっかりなんだけど、たまにパンク／ニューウェーヴ集とかもあって。スージー＆ザ・バンシーズとか書いてあるんだけど、写真見たらハゲの男が家で日差しのいい部屋でたたずんでるみたいな（笑）。どこがスージー＆ザ・バンシーズなんだ！　って。中でも一番忘れられないのが、〝新しいコンセプトのテープです〟とか書いてあって、なんだろうと思って〝動物の声と音楽が入ってる〟っていうやつ買っておいたら、凄いことに、片チャンネルが音楽で、片チャンネルが動物の声になってるの！　だから例えば天井にあるスピーカーが凄い離れたところにあると、集中的に動物の声だけが降り注いでくる（笑）。音楽が遠い。20歳の頃にバイトしてた六本木のシネ・ヴィヴァンがそういう構造になってて、そこでかけたら凄い怒られた。普段鳴かない動物の声がループでギャーギャー……〝お前なんだこれ！〟って（笑）。そのテープ？　どっかいっちゃいましたよ。誰が重宝するんですか、あんな馬鹿なもの」

わけが分からない、から、買う。

今も多くのカセット作品を所有する中原は、たくさんのテープを持参してきた。パンク／ニューウェーヴ、ノイズ、サウンド・アートなどなど。

『entre vifs』は、ドイツ……ベルギーの人かな。ノイズで真面目に一番好きなやつ。全部自作楽器を使って演奏して、写真見るとクラフトワークみたいなんだけど、全然違う。音はハナタラシ※がもう少し整理整頓された感じの（笑）。このバンド他のは全然面白くなくて、これだけが好きなんですよね。レコードになってないんですよ。

やっぱりノイズって、レコードよりテープカルチャーのほうが凄い魅力がありますよね、実際ノイズってカセット流通が凄く多いし。考えてみれば、容れ物にこだわった変なテープっていうのもいっぱい売ってたよね。ソビエト・フランスの、陶器に

entre vifs『heavy duty』
『SINGLES THE GREAT NEW YORK SINGLES SCENE』
『VISUAL ARTISTS』

ZESTもMAXIもアール・ヴィヴァンも今はない。大小あれど、今はなき多くのレコード屋と、カセットの思い出が交差する。「今考えると数寄屋橋にあったハンターの100円コーナーとか良かったですね。あと原宿のラフォーレの中にDISK UNIONがあったじゃないですか。それから原宿スマッシュ。そこに変なもん、カセットも売ってましたよ」

入ってるテープとか（笑）。家のどっかにありますよ。テープをいちいちセメントで固めたやつとか（笑）。買っても聴いてないけど。ああいうのは買って満足して終わりだから。まだ渋谷系になる前のZESTにそういうのがもの凄い売ってた。

　カセットテープってダビングっていう行為が、なんかプラスティックの器に音を注入している感じが楽しくて。あと音像の不鮮明な感じが、ノイズには似合ってるっていうか。今パソコンで音楽作ってて、カセットテープをシミュレートするソフトとかありますもんね。確かにヒスノイズとか入ってるし、なんか空気が入ってる感じ、パックされてる感じが出る。パックされたっていうと〝真空〟ってイメージがあるけど、余計な空気が入ってるというか。ヒスノイズというかたちで。今それをあえてやるのは全然健全とは思わないけど（笑）。でもよくバロウズがやってたっていう、テープレコーダーを何にも繋がない状態にして録音すると、そっから誰かの喋ってる声が聞こえるっていう（笑）。アハハハハ！　それは凄い刺激的ですよね。なんかまだ、そういう心霊現象が起こり得るような可能性ってありますよね、テープって。実際ゴースト現象っていうのが起こるわけだし。録音されたものが戻って入ってる、ってやつ」

デジタルにはゴーストが出ない。それは確かなことだ。他に持参した『VISUAL ARTIST』は現代美術系の様々なジャンルの人が入ったコンピレーション『SINGLES』はニューヨークのカセット専門レーベルの老舗、ロアーのコンピレーション。

「こういうのもZESTとか銀座のMAXIとか、そういうところでノイズのテープと一緒に売られてましたよね。池袋のアール・ヴィヴァンとか。とにかくレコードになってないっていう、そういう基準で持ってきたんですよ。カセットコンピレーションっていうのもいいですよね、今みたいにトラックが打ってあれば曲が分かるけど、今流れてる曲がどれか分からない感じ」

かつてはこうした妙なカセットを美術書や写真集と並べて売っている店も珍しくなかった。それも確かだ。「よく分からない」、だから惹き付けられ音楽を聴き、買った。

「そうだったんですよ！　よく分からないから買ってたんですよ。昔はやっぱりね、本当に無駄な金使いましたよ。よく分からないものに」

（2014年）

※ミュージック・コンクレート
自然音や騒音など、楽音以外を電気的に加工・構成し、録音テープなどにまとめる音楽。現代音楽の形式のひとつ。

※ZTT
〈ラジオ・スターの悲劇（Video Killed The Radio Star）〉をヒットさせた元バグルスのトレヴァー・ホーンが1983年に設立したレコードレーベル。独創的なサンプリングサウンドで知られる。

※タコ・オッカーズ
オランダ人歌手。1983年タコ名義で『踊るリッツの夜』がヒット。いわゆる一発屋。

※ハナタラシ
後にBoredomsを結成する山塚アイが1982年、大阪でスタートさせたノイズユニット。

vol.
39

SHINGO★西成

SHINGO NISHINARI

生まれ育った町・西成にしっかり根を下ろしながら、唯一無二の音楽活動を続けるラッパー・SHINGO★西成。小学生の頃、手に入れたと言う持参したカセットは、地元のソウルフード「どて焼」のごとく、自然体が染み込んだ1本だった。

「俺、昭和47年生まれで、子供の頃はアイドル全盛なんですよ。幼稚園がピンク・レディー、その世代なんで。だから日本が景気良くなる、じゃないですけど、みんな頑張ってるみたいな、熱のある音楽がぎょうさんありましたね。

音楽、家になかったってことないですね。いつも流れてた。西成の町中に音楽があふれまくってます、今も昔も。音楽っていうか、音。それこそ青空カラオケ。俺にとって逆にないことが非日常で。しかも実家から、小学校行くまでの間、カラオケのスタンドがありましたね。かっこいい言い方したら、ガールズ・バーですけど（笑）。現代のガールズ・バーを13軒通らないと小学校に行けないんですよ。ちょうど通学の頃に夜勤明けのおっちゃんがカラオケしてる。でも普通のことですやん。夜勤明け、仕事明けで、疲れて、寝る前に1杯飲んで歌おう。自然なことですよ。それがあって、すげえポジティブな、酒のアテと会話ね。上手い下手とか別ですよ。リミックス、編曲に聴こえるぐらい（笑）。それを聴いて通学してた。そん時知ったのが〝熱唱〟する

〝昭和の香り〟色濃く残る大阪のイルなゲットー＝ドヤ街「西成」・釜ヶ崎は三角公園近くの長屋で生まれ育つ。2005年にデビューし、独自のHipHop、Reggaeスタイルで活躍。主催した〝米カンパライブ〟では、炊き出し用の米を約3t集めすべて寄付した。21年「昭和レコード」の看板を引き継ぎ、22年7枚目のアルバム『独立記念日』をリリース。

こと。人ってあんだけ熱唱できるもんかって。で、その間に朝から旦那と喧嘩して、悲鳴あげて泣いてるおばちゃんも、いて(笑)」

大阪、西成に腰を据えて活動する気骨あるラッパー・SHINGO★西成は立ちのぼる人々の発する音によって育てられた。歌が音楽が音が年中無休、四六時中生まれ行き交う町の中で、自分自身の意志を持って、やがて音楽を掴んでいく。

「選んで聴くようになったのは……アイドルですね。自らチョイスした時、逆に、誰が好きって聞かれて意識した時、それが小学校2年3年じゃないですか。それまでは、隣のヤンチャな兄ちゃんが(ピンク・レディーの)ミーちゃんが好きやから、必然的に〝シンゴはケイちゃんな!〟、って。なんでか分からないけど(笑)。それで必然的に髪の長い女の子が可愛い、ってなって。そういう自分のアイデンティティというか、価値観がちょっとできてくる時ですよね。それで小学2年か3年頃に、それこそたのきんトリオとか、松田聖子さんとか郷ひろみさんとか、柏原芳恵さんとか、俺等が選ぶまでもなくアイドルは〝おった〟みたいな」

テレビや日常の音の海の中から、アイドルを見つけていった。数多いたアイドルの中でも一番のお気に入りは誰だったのか。

「松田聖子さんですね。アイドル・オブ・アイドル。本人の言葉を借りると〝ビビッ〟ときたんですよ、ほんまに。西成っていうところで、ガラガラ声のカラオケ聴かされたり、言うたら演歌やったら八代亜紀さんとか、ばっかり聴いてたので。♪貧しさに負けた♪(〈昭和枯れすすき〉)とか、日本全国でも、ウチの町ぐらい流れてると思ってましたもん。子供が聴いても、今ちょっと騒いだらアカンねんな、って本能で分かる曲ですよね。そういうところで育ったので、やっぱりあの、キラキラした澄んだような、初めて三ツ矢サイダー飲んだような(笑)。なんやこれ、みたいな感覚ですよね。〈青い珊瑚礁〉ですね」

1981年 かっこつけないルーツ

生まれて初めて自分の声をテープに録って聴き直したのも小学2年。それ以降カセットテープは常にそばにあった。

「カセットはもうずっと使っています」

自分が録って聴いて、そんなカセット・ヘビー・ユーザーとも言えるSHINGO★西成の持参したカセット、それは意外にも歌謡曲のオムニバスだった。1本にはナビゲーターとして近田春夫[※]のナレーションが入っている。

「小学校3年生ぐらいの時、パチンコで勝った近所のおっちゃんに連れていってもらったんですよ。演歌ばっかり売ってる店に。〝シンゴ買うたる〟と。俺みたいな貧乏人が〝1本だけ買うたる〟って言われた時のね……選べないですよ! だから必死で、よりたくさんの情報が入ってそうな(笑)こういうコンピレーションのテープを選んだんです。その当時からずっと家にある。最初は聖子ちゃん(〈夏の扉〉)しか

『ヒット！ヒット！ヒット！TVテーマ・CM篇』

『ヒット！ヒット！ヒット！
TVテーマ・CM篇』には
松田聖子の〈風は秋色〉〈青い珊瑚礁〉
が収録されている。

DJ入り『近田春夫のザ☆ベストテン』（'81年）

1. オープニング・テーマ（Little Dream）
2. お嫁サンバ / 郷ひろみ
3. E気持 / 沖田浩之
4. 青い嫉妬 / 浜田朱里
5. ディープ・パープル / 五十嵐浩晃
6. ちょっと春風 / 沢田富美子
7. スローなブギにしてくれ（I want you） / 南佳孝

1. 夏の扉 / 松田聖子
2. オレンジ・エアメール・スペシャル / 久保田早紀
3. 潮風の香りの中で / B&B
4. 春雨 / 村下孝蔵
5. メモリーグラス / 堀江淳
6. 運命 / 五輪真弓

興味なかったんですけど、結局自然に、他のやつも全部歌えるようになりました。今でも自分のカラオケのレパートリーに入ってますからね。ライブでヒップホップ歌った後、アフターパーティーで♪水割りをくださ〜いっ♪って歌ってますから。恐ろしいですよ（笑）」

そのおっちゃんには、そのまた1年後にもう1本（『ヒット！ヒット！ヒット！TVテーマ・CM篇』）買ってもらうことになる。

「またおっちゃんのパチンコ次第で（笑）。またコンピを。いやほんまに、364日近所のおっちゃんに〝おっちゃん、おめでとう！〟とか挨拶してて、やっと1日、カセット1本（笑）。まあまあ効率悪いです。でも俺の好きな言葉は〝向こう三軒両隣〟なんですけど、この時代に、近所付き合い、近所のおっちゃんに挨拶するっていうことを自然体で学んだんですよ。

あえてこのテープを出したっていうのがミソですよ（笑）。俺が今、適当に喋ってるようで、ほんまに音楽が好きって分かってもらうテープですよ。ひとりっ子なんで、音楽が裏切らない友達でしたから。それに音楽が仲間と仲間、友達と友達の話題に、凄い重要な時期でしたし。今より、アイドルとか好きなタレントのことを想像して、勝手に妄想してる時代やったと思うんですよ。兄弟もいないし、情報で得られないですから。しかもこのテープのDJ・近田春夫さんって、ラップに絡んでるし。そのことは自分が活動を始めた後、20代後半に知ったんですよ。近田春夫さん、いとうせいこうさん、パッと聞いた時に〝あれ、なんか聞いたことあるぞ〟って。いつかお会いできたらと思ってる、そんなルーツともここで出逢ってた」

直接顔を突き合わせ、挨拶を交わす近所付き合い、親子関係の中から生まれた音楽をSHINGO★西成は噛みしめ、前進させ、広げていく。新作『おかげさまです。』のジャケット写真、今も家賃4100円の長屋で共に暮らすシンゴの母の、鼻血が止まらない時のポートレートは、その姿勢、哲学を見事に伝えている。

「凄い衝撃でしたもん。ある日、玄関開けたらあの顔でしたから（笑）、iPhoneで撮影して。オカンは何回も流産して42歳で俺を生んでくれてるんで、もう83歳なんですよ。みんなからしたらおばあちゃんですよ。小学校の頃なんか〝シンゴのオカン、おばあちゃんみたいやな〟って言われることが多くて恥ずかしかったですけど、今は誇りに思うんですよね。だから表に出す時は、綺麗にして撮るよりは、その感じで。そういうのが好きなんですよね。あの顔みたいな表情、作ろうと思ってもできないですよね？　音楽もそうやと思うんですよ」

西成、母、向こう三軒両隣のルーツが染み込んだ目の前の〝歌謡曲〟のカセットが、他の何よりも〝ヒップホップ〟として腑に落ちる。

「SHINGO★西成っていう名前で、クラブ以外にもこの町で歌い出して、越冬闘争でも児童施設でもラップしてますけど、この辺のおっちゃんにとってはヒップホップ＝お経。俺のこと、〝よう喋る兄ちゃん〟言われる（笑）。子供には〝ラップはいいから、〈だんご3兄弟〉歌え！〟とか（笑）。失敗の繰り返し。

言葉はナイフにも毛布にもなるから、言葉のチョイスには慎重になりますけど、逆に凄い日本語って楽しいな、って思いますね。カセットと同じ、人生、失敗しても巻き戻し再生です」

（2014年）

※近田春夫
1972年に近田春夫＆ハルヲフォンを結成するなど、70年代から活躍。85年、President BPM名義で日本におけるラップの先駆けといえる活動を行った。

vol.
40

保坂和志

Kazushi Hosaka

唯一無二の作風で新境地を拓き続ける作家・保坂和志。持参したのは、「凄い散らかってる」という自宅で、たまたま手に取れる場所にあった数本のカセットテープ。だが、「偶然そこにある」という資格を得るためにも、それだけの長い付き合いがある。

「僕はずーっと家にオープン・リールがあったから。ソニーの昔の……LLのがあったでしょ。カセットデッキを買う金がなかったんで、結局ずーっとそれで、大学1年の途中ぐらいまでオープン・リールだけだったなあ」

小説家・保坂和志はカセット生活に入る以前、6年以上のオープン・リール・テープ・レコーダー時代があった。

「初めてオープン・リールで録音したのって、小学校6年の時（68年）で。買ってもらって、テレビから、イヤホンをマイクにして録音したんだ。いしだあゆみの〈ブルー・ライト・ヨコハマ〉。ちゃんとそのマイクで、〝ブルー・ライト・ヨコハマ〟って録る前に自分で曲名を吹き込んでるんだよね（笑）。カセットは、当時一番早いやつで高1ぐらいだよね？　高2（73年）ぐらいから少しは広まったけど、俺の周りではそんなにカセット使ってなかったな。やっぱり一番聴く頻度が高かったのはレコードだったね。友達からレコードを借りても、オープンリールにダビングしてた。あのね、（大学）受験勉強中に、毎晩寝

1956年生まれ。4歳まで山梨、以後は鎌倉育ち。早稲田大学政経学部卒。西武のコミュニティ・カレッジで講座企画を担当中の90年『プレーンソング』でデビュー。95年『この人の閾（いき）』で芥川賞、2013年に『未明の闘争』で野間文芸賞、18年に「こことよそ」で川端康成文学賞を受賞。批評に『小説の自由』、湯浅学との共著に『音楽談義』など。

る前に山口百恵をかけてた覚えがあるな。オープンリールで。〈白い約束〉とかだったよ。あと♪街は恋するものたちの港〜♪（〈パールカラーにゆれて〉）とか。片面に2曲ずつ入ったEP盤を買ったんだよね。山口百恵と八代亜紀は好きだったねえ。あと藤圭子か」

生まれて初めて買った洋楽シングルはオリジナル・キャストの〈ミスター・マンデイ〉、邦楽シングルはカメカメ合唱団の〈この歌きくべし〉、LPがレッド・ツェッペリンの3作目という保坂だが、音楽情報は何から得ていたのだろう？

「ラジオだね、やっぱり。中2の秋になって、プロ野球が終わって、ラジオ関東の高山栄のなんとか……って番組あったでしょ。夜7時頃から始まって結構長い時間やってて。あれをずっと聴いてたよね。そこで〈移民の歌〉がかかった時に、ぶっ飛んだね。本当に〈ミスター・マンデイ〉以来の〈ミスター・マンデイ〉以上だった。

ラジオをよく聴くようになったのはその少し前、同じ年の夏休みの8月後半から。でも深夜放送は、聴こうとして起きてるつもりが、寝ちゃうんだよ！　12時までなかなか起きてられない。深夜放送はどれもほとんどが1時からで、文化放送だけが12時か12時半から。だから文化放送だけかろうじて聴けるかどうかなんだけど（笑）。オールナイトニッポンのテーマ、♪ジャジャジャ〜♪（〈ビター・スウィート・サンバ〉）っていうのが聴けたら〝わー起きてた！〟っていう。でもそこまででほとんど寝ちゃう（笑）。中学入ってすぐ友達でひとり深夜放送聴いてるやつがいて。全然勉強しないやつだったけど、朝〝あー眠い〟なんて言ってる。俺、とうとう朝まで聴けたことなかったよ。いや起きてるとさあ、親が夜中に便所に起きてきた時に〝まだ起きてんの？〟ってブツブツ言うからさあ、電気消して聴いてるじゃん。そうするとさ……（笑）」

カセットテープとの本格的な付き合いは大学生になってからだったが、それはオーディオを新調したいと思ったことにもよる。

「欲しかったのはやっぱり……いいステレオセットのほうだったね。家に一番古くにあったのはビクター。64年か65年のやつで、家具調の。なんかエコーが付いてたよ。他になんの機能もないのにエコー付き（笑）。その次が高校1年ぐらいで、サンヨーのオットー、それがまた旧式の家具調で。それで大学2年ぐらいの時に自分でアンプとプレーヤーとカセットデッキ買って。確かお金が足らなくて、チューナーはその古いほうのステレオの。スピーカーも前のを残して。プレーヤーだけ未だに残ってる。実家にあるよ」

そのカセットデッキで一番最初に録音したものは何だったのだろう。

「なんだろう？　覚えてるのは、76年の大学2年生の、ギル・エヴァンス※の東京公演を、2週間後くらいにFM東京で放送したのは録音した。今はCDで出てるけどね。それを偶然聴いたので、ギル・エヴァンス好きになったから。それまでギルはまったく知らなかった。偶然……ちょっとジャズを色々聴いてみようと思って聴いたのかなあ。そうそう、鎌倉ってさあ、電波が山で遮られるから、エアチェック用に屋根の上にアンテナ立てたんだよね。それですっごい違った！　まったく違う。あれは感動したな。熱入ってたんだよね。気合い入ってたんだよ。ＦＭ雑誌も毎週のように買ってたから」

一番長く、最後までそばにいたカセット

そんな保坂が取り出したカセット、それは皆、ギル・エヴァンスを収めたものだった。

「ウチにあった俺のステレオ史上で、カセットを聴ける最後のステレオが2000年代……ソニーのピクセルっていうミニ・コンポ。それを長いこと、90年頃から、2006年頃まで15年ぐらい使ってたんだけど。アンプとか、バラで修理に出しながら。そのカセットデッキで、最後の時期にかけてたのがこの辺だった。それだけが、散らかりきったウチで探して簡単に出てくるところにあった（笑）。ギルって凄

Gil Evans『Waltz,Up from the Skies,Parabola』

※アルバム『Parabola』を収録

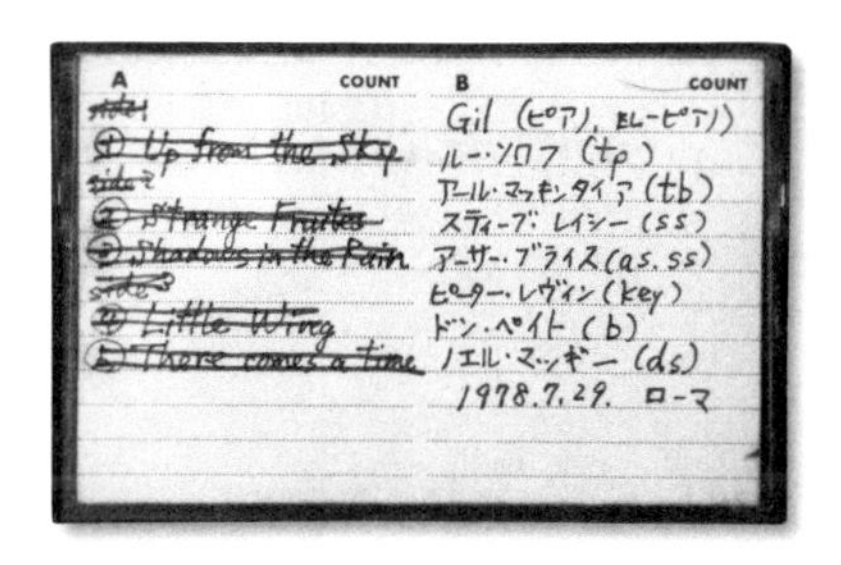

Gil Evans『LIVE UNDER THE SKY 1984.7.28』

持参したカセットの中には、丁寧にカセットレーベルが付けられた物もあった。「昔はこういうカセットレーベルいっぱい売ってたからさ。ギルとかよく聴くやつだけはそういう風にレーベル分けしよう！って……一瞬思ったの（笑）。全然徹底しないんだけどさ」

い長くて、ずーっとギルと何か、ギルと何か、っていう感じで聴いてきたから。70年代後半に好きになって、2000年代前半までずーっと好きだった。でね、このアルバム『Parabola』はCD化されてないんだよ。LPをダビングしたやつで、デュエットを除けば、ギルの中で一番小編成なの。音も割と静かなんで、執筆しながらよくかけてた」

CDがオーディオの中心になる以前は、LPをカセットにダビングし、カセットが聴取生活の基本になっていたという。CDの時代になっても、ギルのようにCD化されていないものは、昔ダビングしたカセットを、繰り返し、聴いていた。

「そう。俺ホントめんどくさがり屋だから、CDだって入れ替えるのめんどくさい。カセットも入れ替えるのがめんどくさくて、LPなんて一番めんどくさい。だから会社に勤めて1年目なんてずーっと、毎朝起きたら、ターンテーブルに載りっぱなしのストーンズの『スティル・ライフ』をかけて出かけてた」

執筆と音楽の関係はどうだろう？　小説に音楽は影響するのだろうか。

「今はかけられないんですよ。ちょうど40のね、厄年ぐらいの頃に集中力が落ちたことを発見して。それまでは本当に音楽かけっぱなしで。気分によって、ギル・エヴァンスの中で、この『Parabola』と、リー・コニッツとふたりでやってるのと、スティーブ・レイシーとふたりでやってるのとあるんだけど。そういうギルの静かな路線と、ノーノの『力と光の波のように』みたいにうるさいのをグワーッとかけたり。とにかく何かずーっとかけながら書いてたんだけど、今は全然ダメ。本当に〝集中力は体力だ〟って分かったね」

1956年生まれの保坂は、携帯カセット・プレーヤー全盛期に20代後半を過ごした、いわゆる〝ウォークマン世代〟にもひっかかるが。

「ウォークマンの類は1度も持ったことないの。車もないから、音楽を聴くのは、昔から一貫して家の中だけ。ヘッドホンが嫌いというのもあるね。耳塞がれるのは嫌だよね。両耳塞がれると後ろの気配が分からない、多分それが嫌。だけど競馬場でラジオの片耳イヤホンは聴いた。今もたまに近所歩く時、イヤホンでナイター聴いてますけど（笑）。結局……単に〝ウォークマン以前〟ってことだね（笑）」

オープンリール魂百まで、か？

（2014年）

※ギル・エヴァンス
ジャズピアニストで作・編曲家。ジャズのビッグバンドアレンジに革命をもたらした。中でもマイルス・デイヴィスとの共同作業は有名。

vol.
41

横山剣

Ken Yokoyama

東洋一のサウンド・マシーンことクレイジーケンバンドの横山剣。持参した数本のカセットテープには、現在のルーツとなった、そしてすでにきらびやかな魅力が見事なまでに詰まっていた。

「カセットを使い出したのは小学……71年だから5年生ですね。〈また逢う日まで〉とか、堺正章さんの♪さよならと書いた手紙〜♪（〈さらば恋人〉）、平山みきさんの〈真夏の出来事〉とか、いい曲が連発された年ですね。その前から、ちっちゃいオープン・リールは家にありました。あとは〝キョロちゃんレコーダー〟とか。金のエンゼルで当たるやつ。そう、僕当たったんですよ」

東洋一のサウンド・マシーン、クレイジーケンバンド（以下CKB）の首領、そして〝当たった男〟。横山剣とカセットテープの縁は深い。しかも物持ちがすこぶる良い。早熟のミュージック・マスターはカセットテープと共に育った。

1960年神奈川県横浜市生まれ。小学校低学年の頃、独学で作曲を始め、中学2年時のバンド活動開始以来、地元横浜を中心に数多くのバンドで活躍。81年、クールスRCのコンポーザー兼ボーカルとしてデビュー。97年にクレイジーケンバンドを発足。現在も本牧に住み地元に密着しながら、2005年には『タイガー&ドラゴン』をヒットさせるなど活躍。22年、デビュー25周年記念盤『樹影』をリリース。

「5年生の頃にはバンバン使ってました。その後に中古レコード屋の手伝いとかするようになってさらにエスカレートするんですけど。代々木のまつみ商会ってところで盗聴器を買ってきてですね。盗聴器っていうと名前は悪いけど、FM電波を飛ばせるんです。それを飛ばせば、隣近所何軒かぐらいは聴こえるんですよね。それで自分がカセットで編集したものを流して。〝何時から番組始まるから！〟って近所に予告して（笑）、電話して。自分のラジオ番組みたいなことにしてた。カセットもやるしレコードもやるし、あとは喋りも。〝〜（曲名）です〟って言って、ガチャ。たまに〝あ、ちょっと待って、もう1回かけるから！〟とか言って。アバウトでしたね。〝今日は古賀メロディーの日です。森進一の〈青い背広で〉をお聴きください〟みたいなのを結構流してましたね。ご近所のおじいちゃんおばあちゃんも聴いてるんで（笑）」

小学生にして横丁のDJとして番組を持っていた。同時に中古レコード屋の手伝いの中で様々な音楽と日々出合っていく。

「曲ももう、カセットとほぼ同時に作り始めていました」

そんな横山が持参したカセットは、中学3年の時参加していたバンド、ライナースの文化祭出演時の実況録音だった。

「曲はキャロルと、『太陽にほえろ！』のテーマなんかをやってましたね」

再生すると、〝HEY TAXI JUST WANT YOU RIGHT？〟という若い横山のかけ声とともに、演奏がスタートした。

「一応ボトルネック使ってる。ウッチャン（内海利勝）に合わせて。キャロルの日比谷の解散ライブのコピーですね。野球が好きなやつがメンバーにいて、それでライナース。僕は後から入ったメンバーなんで、初めは手伝い。楽器を磨いたり。その頃同時に〝毒ガス〟っていう名前の自転車暴走族をやっていて（笑）、隊長だったんですけど、バンドでは最末端で。毒ガスの活動には参加できないような割と真面目な音楽オタクみたいなやつが、バンドでは意見が強くてですね。本当はドラムなんですけどなかなか番が回ってこないんで、〝ボーカルなら空いてるよ〟ってことで、〝じゃあいいやボーカルで〟って（笑）。でもやっぱり恥ずかしくてどうしていいのか分からない。それでサングラスを……（横須賀市の）ドブ板（通り）に行って。ミワ商会っていうところがあるんですけど、そこで大きなキャッツアイを買ってですね。それでようやく人前で歌えるようになった。レパートリーはさっきのやつと、あと田中先輩っていう先輩が見にくると、仕方なく沢田研二の曲を。その先輩が井上堯之（たかゆき）バンドが好きだったみたいで。機材を貸してくれる関係でどうしてもやらなきゃいけない（笑）。

で、これは文化祭だけじゃもったいないな、って味をしめてですね。横浜ドリームランドのビアガーデンで、一応レギュラーバンドはいるんですけど、ちょっと間でやらしてもらって、それでお金をもらったりしてたんです。絶対言っちゃダメだったんですけど、学校でバレて大問題になってしまいましてですね。経営者の方も怒られて。向こうにしたら〝嫌々仕方なく出してやったのに、なんで怒られなきゃいけないんだ！〟って（笑）。まあ別件で、みんな盗んできたバイクに乗ったりもしてたんで……そういうのが全部バレちゃって。このバンドは卒業とともに解散したんですけど、これがなかったら、その後バンドをやることはなかったと思います」

LINURS ライナース LINURS(1975)

横浜市立大正中学校の文化祭でのライブ音源を収録

▷SIDE A　1974 富士300キロスピードレース!! テレビで聞けない生の音!!(1974)

▷SIDE B　1973 フジビクトリー200キロレース!! 中野雅晴が死んだ!!(1973)

ライナースの文化祭音源から再生されたキャロルのカバーには、取材陣一同、感動を隠せなかった。もう1本はやはり中学時代「車のレースが好きだった」横山が、富士スピードウェイで自ら録音した実況音。自らのナレーション入り。ラベルには〝テレビで聞けない生の音!!〟。「テレビに対抗してますね(笑)」

1974年の生の音!!

音楽家、バンドマン人生のスタート地点にカセットがあった。さらに横山剣の人生の模様のひとつとも言える車でもカセットは他に代えられぬ役割を果たしていた。

「中学の時、車のレースが好きだったんで富士スピードウェイにカセットを持ち込んで、録音したりしていました。これが、そうなんですけど」

と言って取り出したのが、『1974富士300キロスピードレース!!　テレビで聞けない生の音!!』と記されたカセットだった。

「中学校1年ぐらいですかね。レースをそのまんま録音しました。自分で解説入れたりして（笑）。今手元に（そのテープは）ないんですけど、F1が日本に来た時、76年ですね、その時はもう解説入りまくり！〝ただ今、星野君が3位に上がりました!!ジョディ・シェクターが……〟とか色々言ってるんですけど、当時、田中健二郎って元レーサーで、レースの解説者がいまして、強烈に個性的な喋り方をするんですよ。その人の真似をして、〝ほぉしの君はねぇ〟とか、田中節で解説入れてました（笑）」

『テレビで聞けない生の音!!』という記載に現場へ出向いた意気込みが感じられる。

「テレビに対抗してますね、中学生が（笑）。解説を入れ忘れたので、レース音を中断してまでタイトルを言ってるんですよ」

再生してみる。横山の声が割り込むように登場した。

〝富士300キロスピードレース!!　74年グランチャンピオンシリーズ第1戦！　5月5日、間もなくスタート1分前、スタート1分前〟

「現場の音録ってるのに、あとからこれ入れて台無しになっちゃったんですよね、ミキシングできないから」

〝ただ今より、ローリング開始、ローリング開始。フェアレディ240Zにより、ローリング、ローリング……ええっと、1周いたします。安友競技長のフラッグがグリーンに振られればスタートでございます！〟

若き横山のMCが響く。すると、しばらくしてテープは回っているのだが、音がほとんどしなくなった。

「あ、これ、もうローリングしてマシンが行っちゃったところです（笑）。特に富士は長いですからね。始まっちゃえば1分20秒ぐらいなんですけど、ローリングだからまだ時間がかかる」

〝北野元！　北野元！〟

突然ドライバー・北野元の名前を横山が連呼した。

「北野元が、この時調子が悪くてスタートが間に合わなかったんです。（再び走行音が聞こえてくる）これは今ヘアピンを通過した音ですね」

また沈黙が続き、しばらくして再び激しい走行音がした。が、あっという間にまた静寂が訪れた。するとふいに観客から拍手が聞こえてきた。

「これはですね、北野元がピットで一生懸命直してて、スタートには間に合わなかったんですけど、走り出して拍手が起きたんです」

横山の記憶の鮮明なことに驚く。その解説と共にテープを聴いていると、かつての富士スピードウェイの風景が眼前に甦ってくる思いがした。素晴らしい臨場感だ。

A面とB面の思い出

成長し、トレードマークとも言える車に乗るようになると、カセットはさらに〝活躍〟するようになる。

「ますますカセットですね。今度はデートとかで、スケベ心で選曲しますから。このシチュエーションで何分ぐらいしたらかかるから……って、アイズレー・ブラザーズとか。つまり〝悪用〟するためにスイートな音楽が良くなって、っていうのが10代後半ですね。アイズレーの『3＋3』とか、レイ・パーカーJr.とかは、アルバム丸ごとかけてました。無駄がなく使えるんで（笑）。効果は？ありました」

同じ頃、78年からクールス※のスタッフになり、81年には正式メンバーとなりプロデビューする。そこでもカセットが、重要な役割を担った。

「メンバーのジェームス藤木さんがソウルぐるいなんで。ジェームスさんが作ったミックステープがまた、不思議な音がするんですよね。FENみたいな音がするというか。マジックがかかってる。ジェームスさん家のオーディオが、マランツっていうやつなんですけど、それで作ってきたやつはもう凄く音圧が……沖縄とかで基地のラジオを聴いてるような。リミッターが効いてて凄いいい音なんですよ。全部いい曲に聴こえる。デルフォニックスとか、フォー・ミンツとかエスコーツ！そういうのがジェームスさん大好きで。僕も出会うまではオーティス・レディングとか、どちらかというと火を噴くようなソウルが好きだったんですけど、知り合ってからは、ファルセットとかコーラスとか、スイートな音楽に痺れてそっちばっかりになった。

その頃、ジェームスさん免許取り消しになっちゃって。3回ぐらいなってるんですけど（笑）。僕、家が横浜で、ジェームスさんは（東京都の）国立なんですよね。だから六本木とかで仕事終わって、飲んだ後、ジェームスさん足がないんで、僕は六本木から国立まで送ってから横浜に帰る……凄い遠いんですよ。その帰りの車中で、ジェームスさんが〝ちょっとこれかけろ！〟って。カセット持ってるんですよ。かけるとやっぱりいい曲ばっかりで。

　中央高速、ユーミンの歌に出てくる、あそこに来るとやっぱり頭の中ではユーミンの曲が鳴っちゃうんですよ。助手席はジェームスさんなんだけど（笑）。府中競馬場とビール工場。なんとなく多摩川沿いに走ってる感じは、内陸独自の、ソウルフルな感じありますよね。この先に福生もあるな、と思いながら、かかってるスイート・ソウルが凄く合うんですよね。特に国立あたりまで。それでジェームスさんが横で色々〝この曲は〜〟ってプロデューサーの名前とか解説を。ただアメ車って音がうるさくてですね、またボソボソ喋るもんだから、ほとんど何言ってるのか分からなかった（笑）。それから〝あいつがほら、クンジがよお〟とか言うんだけど、その人全然知らない（笑）。そういうことを話しながら、でもあの時間が、凄く嬉しい時間でした。

　帰りはひとりでそれを聴きながら、国立から横浜まで。何回かこう、カセットが自動的に裏表になる。でもそのアメ車が、8トラックを入れるところにアダプターみたいなのでカセットを載っけて、カシャンと入れるやつなんで、切り替わる時に〝プ――〟って変な音がして、怖いんですよね。たまにゾッとして（笑）」

CKBで活動を開始してからも、カセットテープによる『自宅録音シリーズ』を発表していた横山剣にとってカセットはなくてはならぬ物だった。

「やっぱり曖昧なニュアンスがちゃんと出せるんですよね、カセットって。そこがいいですね。デジタルだと、音はいいけど、どうしても額面通りになっちゃう。でも、レコードももちろんそうですけど、曲が始まる前にちょっと音が薄く聞こえることがありますよね、予告のように。ゴーストですね。地下鉄でいうと隣の駅がちょっと見えてるみたいな、日比谷駅から銀座駅が見えてる、ああいう深みというか（笑）あれ？　なんだろう？　みたいな感じ。そういうことはデジタルではないですよね。あってはいけないものなのかもしれないけど。版ズレの魅力と同じですね。今だったらデザインとしてわざと創り出す、っていう感じですけど、それが天然にある。音が重なっちゃったり。珍現象が普通に起こるんですよね」

重要な役割のカセットには、珍事あり。CKBの魅力、底力にカセットは確実に貢献している。

（2014年）

※クールス
1974年にバイクチームとして結成され、翌年にシングル〈紫のハイウェイ〉、アルバム『クールスの世界〜黒のロックン・ロール』でデビュー。現在に至るまで活動しているロックンロールバンド。初期には舘ひろしもメンバーの一員だった。

vol.
42

杉作J太郎

J-taro Sugisaku

漫画家、ライター、タレント、映画監督……と多彩な肩書きを持つ、男の墓場（現・狼の墓場）プロダクション代表・杉作J太郎。男の田舎で、引き出しにそのまま眠っていたのは、記憶にないにもかかわらず、圧倒的な原点とも言えるカセットだった。

「今回、田舎（松山）からカセットテープ持ってきたんですよ。中学2〜3年から高校時代に録った古いやつ、まだあったんですよ。引き出しごとそのまま持ってきたんですけど（笑）。一番古いやつで1975年でしたから、僕が中2の頃。ただ、今は家にラジカセがなくて聴けなかったんで、さっき買ってきました（笑）。本当は引き出しごともっと前に持ってきてたんですけど、忘れてて。取材、今日の夕方だ！　聴かなきゃと思って（笑）ラジカセ買ってきましてね。そしたらこれがね……性能がいいんですよ」

1961年愛媛県生まれ。駒澤大学在学中の82年に自販機本で漫画家デビュー、雑誌『ガロ』などで作品を発表後、漫画だけにとどまらず、タレント、ライターなど、幅広く活躍。2003年には私財をなげうって映画製作プロダクション「男の墓場プロダクション」（20年に狼の墓場プロダクションに改称）を設立。近著に『杉作J太郎詩集』。

映画監督で文筆家、時にラッパーでモデル、ルポライターで漫画家、タレント、男の墓場プロダクション代表、小説家でシナリオ・ライターで俳優でもある杉作J太郎は、この取材のために新たにラジカセを、それも中古ではなく新品を購入した。熱き思いを語る。

「僕、バカにしてたんですよ、ヨドバシカメラで2300円でしたから。最初3000円のを買いそうになったんですよ、急いでたからそれが一番安いと思っちゃって。〝それください〟って店員さんにも言っちゃって。でもよく見たら2300円ってのがあった（笑）。家に持って帰る間ね、ちっちゃい箱じゃないですか。AMとFMが付いてて、スピーカーも付いて、録音もできるっていう。2300円はきっとチンケだろうなと思って。スピーカーもおもちゃみたいな、金属音みたいなのがするぐらいの物だろうな、って。おまけにテープも僕が中2の頃のでしょ。音が聴こえるやらどうやら、と考えてました。でも入れてみたら、僕の記憶の中の当時のラジカセの音よりもね、いいんですよ。

あの頃、ラジカセが4万円ぐらいしたと思うんですよ。でもその記憶の中の物よりも音がいい。しかも磁気が！　磁気テープっていう物の科学的仕組みはわかってないんですけど（笑）、まったく磁力が落ちてない……磁力ってなんですか（笑）？ちょっと甘く見てましたね。だからデジタル化でね、ハードディスクだCD－Rだ〝これは永遠に不滅だ〟とかよく言いますけど、僕はよく考えたら、前のパソコンの時とか、前のワープロの時にデータ化した文章がもう今、開けないんですよ。方式が全然違うから。ちゃんと保存できてるかどうかもわからないんですよ。ところが何十年を経てですよ、このテープが、絶対ダメだと思ってたら、もうイースター島とかね、遺跡ぐらいに思ってたらまったく劣化してない。当時より音がいい。何を録っていたのか、当時の記憶はまったくないにもかかわらず」

引き出しごと東京に持ってこられたカセット群をとっかえひっかえ改めてざっと聴いた杉作は、中学生の自分の声と再会した。何事かを朗読しているカセットと対面することになったのだった。

「ぞっとしましたね。国語の勉強してました。なんべんも、覚えられないから、自分の声を録音したものを聴いて覚えようと思ってたんでしょうね。記憶にはないんですよ。さっきボンヤリ聴いてたら、誰の名前が出てましたかね。島崎藤村みたいな名前がね……ツチヤ…土屋文明？　とか釈迢空？　とか、そのあたりの名前が次々と出てくるんですよ。でね、〝なんだ、これ当時頭に入らなかったのか。バカだったんだな。今だったら1回で頭に入ったぜ〟と。でも今も全部忘れてました（笑）。何も頭に入ってないんですね。

その他に僕がひとりで歌ってるんですけど、その歌を僕は知らないんですよ。知らない歌を歌ってるから、今だと歌詞を検索できるじゃないですか。出てきた単語を拾い集めてさっき検索したらね、吉田真梨っていう人の〈もどり橋〉っていう歌だった。誰だろう？　と思って。好きだったんでしょうね、録音して歌ってるんですよ。僕の推理ではレコードが欲しかったけど、お金がなかったのかなあ。だから、なんらかのかたちで僕がこの歌を残しておかないといけない、って自分で歌ったんですよ（笑）。それからもう1曲、これも全然聴いたことない。いよいよ変なメロディーだから、なんべんも繰り返し聴いて〝もうこれは自分が作った曲だな〟と思って（笑）。試しに検索してみたら甲斐バンドの歌でしたね。〈そばかすの天使〉という曲でした。変な

急行十和田2号

「『十和田2号』は石原プロの『大都会』シリーズなんですけど、VHSでも出なかったのが、一昨年の暮れぐらいにDVDがついに出たんですよ。それまでは飲み屋で〝こんな面白いのがあったんだよ〟って喋ってたのが、もう現物が見れるから喋れなくなるんだ……と思って（笑）」

山城しんご八番勝負

メロディーのいい曲でしょ？　多分好きだったんでしょうね。まったく覚えてない。だから人間の記憶ってね……起きている時にはサルベージできない、という。夢には出てきてるかもしれない。デビッド・リンチの映画はそういう映画ですよね。起きてる間に、覚醒してる時に思い出せるものだけがホントですか、と」

覚醒前の原点

引き出しを開けると無意識の世界。そんな中から選び出されたのは、川谷拓三出演※のテレビドラマの録音だった。カセットのインデックスに杉作自筆のイラストが、心を込めて描いてある。

「1本だけ描いてたんですよ、テレビを録音したものに。昔はビデオがないから、まさか将来、自宅でですよ、映画やテレビがもう1回見れるとは思ってなかったんですよ。見れるんだったら、僕はこれ作ってないですよ。自分でパッケージまで作ってね。これ『大都会』っていう、石原プロモーションの。川谷拓三がね、いわゆるまあ、ピンで、トップクレジット。レギュラー陣を除くと第1号だったと思うんですよ。それはもう感激しましてね」

カセットを開けて中身を見ていたら、紙が出てきた。新聞の切り抜きだった。

「その回の新聞ですよ！　凄い。とにかく川谷拓三が好きだった。あとこれさっき聴いてたんですけど、感激しましてね（もう1本を我々の前に置く）。なんの番組かも分かんないんですけど、山城新伍なんですよ。カルーセル麻紀とかひし美ゆり子が山城新伍を血祭りにあげてるスタジオ番組なんですよ。中学1年か2年の頃なんですけど、これがすっごく面白くてね。結局、今回、川谷拓三と山城新伍。好きなものって変わってないですね。変わらないのか、最初に見たものを引きずるのか、それは分かりませんけど（笑）。鴨みたいに、思春期に、物心ついて最初の入り口で目にしたものが山城新伍と川谷拓三。東映ですよね」

テープを再生する。山城新伍の流麗な喋りがカルーセル麻紀によって遮られる。笑いと罵声が入り乱れる。とても明瞭な音がした。75年頃の、建国記念の日の録音、ということは判明した。

「ただ僕、これも録音してたことを一切記憶にないんですよ。何がそんなに好きだったんだろう、ってことですよね。恐ろしい話ですよ。その……エロい女たちに囲まれてるオッサンっていうのが、夢と希望だったんでしょうね。エロいことばっかり平気で話しながらね、結局今、それと似たような商売してますから（笑）。

今回テープが切れてたんでまだ聴けてないんですけど、引き出しを見てると当時の僕はラジオドラマも随分録ってた。それを知った時、〝あ、これなのかな〟と思いました。これから先、やる作業が。というのは最近僕、目が悪くなってきまして。映画観てても字幕見るのしんどいし、吹き替えは感じが出ないし。iPhoneとか小さい画面だと、それも目がしんどいし。ラジオドラマをね、墓場プロで。今まで映画映画言ってたけど、これからは墓場プロはラジオドラマもいいなと思ってね。目が悪い人も楽しめるし、配信するのも楽だし。それをアナログ盤に焼いて、ドラマを配るっていうのはどうっすかね（笑）」

無意識のカセットで、杉作の未来が開けた、かもしれない。

「それにしても不思議ですね、人間って。ちょっと怖いのは、起きてる間の出来事で、頭で考えたことで結論出してますけど、考えることとか思い出せることだけが自分じゃないってことですよね。自分の中にある歴史とか、自分というこの体の中に入ってるデータとか。頭で考えることの中だけで責任を負えるものではないのだから、やはり自殺であるとか、絶望しての気の早い行動とかは、絶対に戒めないといけませんね……話まったく逸れてるけど（笑）」

（2014年）

※川谷拓三
1941〜95年。大部屋俳優から上り詰め、名脇役として活躍した昭和の名優。

vol. 43

戌井昭人

Akito Inui

人間のおかしさと不思議さを描き続ける気鋭の劇作家・小説家である戌井昭人が、中学時代とある「間違い」から手にしてしまった1本のカセット。気がつけばそれは、30年後も作家の傍らにいて、もはや価値判断の基準になっていた!?

「キース・リチャーズのソロをラジオで聴いたんです。それで〝あ、凄いな〟って。まだロックに目覚めるちょっと前ぐらいだったんで、〝キース！キースなんだ！〟って凄い思って。家の前に三鷹楽器っていうレコード屋さんがあったんですけど、そこに飛び込んだらこれ（『ケルン・コンサート』）がフィーチャーされてて棚にワッと並んでたんですよ。だから、やっぱりちょうど出たばっかりだから並んでるんだろうと思って〝あ！キース、キースだ！〟って即買ったんです。〝しかし高えなあ〟って。これ4000円！当時で……」

1971年東京都調布市生まれ。祖父は文学座の代表を務めた戌井市郎。95年大学卒業後に文学座へ入るも翌年退所。97年パフォーマンス集団・鉄割アルバトロスケットを旗揚げ、自らも役者に。小説家としても『まずいスープ』など、5作が芥川賞候補となる。2014年『すっぽん心中』で川端康成文学賞、16年『のろい男 俳優・亀岡拓次』で第38回野間文芸新人賞受賞。

作家で劇団・鉄割アルバトロスケットの主宰者、戌井昭人は、中学2年の時にラジオでかかったローリング・ストーンズのキース・リチャーズのソロ曲に心打たれ、即座にレコード屋へ直行。そのレコード屋では、たまたま店員の趣味か、〝キース・ジャレット〟の『ケルン・コンサート』のカセットを面出しで売り出していたのであった。〝キース〟の文字に反射的に手が伸びてしまった戌井少年は、それをレジへ差し出したのであった。

「なんでこんなに高いのか、とは思いま

した。もう中学生にしては……レコードだったら頑張って月に1枚かふた月に1枚、〝どうしよう?〟って悩んで買ってた時代ですから。でもやっぱりロック聴いていくなら〝キース〟しかないな……と思って。で、買って家に帰って聴いてみたら、ギターの音どころかなんかピアノと唸り声が……どうしていいか俺分かんなくなって(大笑)。〝あ、キース間違えしたんだ〟と思ったけど、しかし4000円だったら中学生にとっては3か月分ぐらいのレコードですから。だからね、とにかく聴きまくりました、これは(大笑)。もったいないから、もとをとらなきゃと思って。寝る前に♪テンテンテテンテン テンテン～♪(そらで曲を覚えている)もとをとるぐらい聴きましたね、これは」

ちょっとした因果が報いて、キース・ジャレットのソロ・ピアノを聴き込むことになってしまった男子中学生。〝キース〟以前はどのようなカセット生活だったのか。

「中心はカセットですよ。家にパナソニックのラジカセはありましたね。オートリバースとかが、もう〝凄い!〟と思ってた世代じゃないですか(笑)? 寝てるのにずっとかかってる、みたいな。最初一番覚えてるのはポルシェの音のカセットとか? スーパーカーブームで。あとは〈およげ!たいやきくん〉とかですね。中学生になって『ベストヒットUSA』※が流行って、ワムとか、マドンナが出てきたり。同時期に『ゴーストバスターズ』とかカセットで買って聴いてたんですよ。だからここから〝ロックの始まり〟じゃないですけど、だんだん『ベストヒットUSA』からこうちょっと、もっとロックンロールを分かっていきたい! と思ってたんですけど。それが間違えてこっちに行っちゃった、っていう(笑)」

中学生の時は『ベストヒットUSA』のトップ10に入れば凄い曲なんだ、と思っていた。ロック開眼直前だった。そんな時に事件は起こってしまった。

「ジャレットって誰なんだよ! って。ピアノ弾きながら唸ってるし。詳しい情報も中学生が知るはずないじゃないですか。入ってたライナーも読んだけど、なんか〝凄い人なんだな〟っていうことだけは伝わってくるんだけど、やっぱりこの音楽を楽しむことは当時まだ……〝ゴーストバスターズ!〟だからできないんですよ(笑)。それで高校の時には聴かなくなったんだけど、大学生になった時、キース・ジャレットはジャレットで〝あ、なんかいいじゃん〟って思えるようになって。前とは違う意味で凄い聴くようになりました。雑多なジャンルの音楽を自分で判断して聴くようになって、〝俺、なんかいいもん買ってたんだな〟って思えるようになってましたね」

1984年 原点になった取り違え

その後も戌井の音楽生活の中心はカセットだった。20代の半ばぐらいまで、車の中で、旅先でカセットはなくてはならないものだった。

「あ、そうだ! 昔聴いてたカセットのほとんどが手元にないのは理由があって。俺、友達から1万円で買ったバンに乗ってたんですけど、カセットって車で聴くのがいいじゃないですか。それで自分で作ったカセットは車に全部入れてたんですね。その車はもともと友達の家がフィリピンパブをやっていて、そこの送迎車だったんですよ。キャラバンっていう車種。俺は5年ぐらい乗ってたんだけど、靴箱に詰めて置いてたカセットがどんどん増えて、カセットだらけみたいな車になっちゃってて。そしたらある日、じいちゃんが車ごと〝邪魔だ〟って捨てちゃったんですよ！　もうカセットごとどっかに持っていかしちゃったんでしょうね。〝おいなんでカセット！　捨てるなら言えよ！〟って。そんな中なんで『ケルン・コンサート』が残ってるかって言ったら、さすがにこの音楽は車では聴かない（笑）！　ベンツとかならいいかもしれないけど、フィリピンパブの送迎車だから。だから家にずっとあって生き残ってたんですよ。

　本当このカセットは生き残ってるな……っていう。結局その後CDも買って聴

キース・ジャレット『ケルン・コンサート』（1984）

※1975年に発売されたキース・ジャレットのライブアルバムのカセット版

CD、iPodと、メディアを変えながら常に聴き続けている。「家のステレオを変えたりスピーカーを変えたりしたんですけど、その時にどのぐらい音が良くなったかっていうのは、俺はこれを聴けば分かる！　唸りのところが〝あ、良く聴こえるようになったな〟とか。結局色んな基準になっちゃってる（笑）」

ゴーストバスターズ〈オリジナル・サウンドトラック〉

いてますね、これは。寝る時とかに。記憶があるのかな？〝4000円分もとをとらなきゃ〟って寝る時にずっと聴いてたから、聴くと眠くなる（笑）。♪テンテンテン～〝……ああ、もうちょっとでキースがウウッって唸るんだよな……〟～ウウッ！♪みたいな。B面もちょっと速いパートがあって、そこもいいんですよね。聴き込んでますよ。初めはわけが分からなかったけど、年を経て、これの聴き方を覚えていったっていうか、分かっていったっていうか。結局生涯で一番聴いたのがこのアルバムですね。

ヒッピーの知り合いのおじさんがいて、前に〝まあ年齢的に戌井君は知らないだろうけど、俺らが昔キマってた際、もうみんなで輪になって発売されたばかりのキース・ジャレットの『ケルン・コンサート』ってのの唸り声を聴いてたもんだよ〟って言われて。〝あ、俺それ知ってますよ〟って（笑）。〝俺はそういう状態ではないですけど、知ってます知ってます。ウウッ！ってやつですよね！〟みたいな（笑）。〝なんで君知ってんの!?〟って」

戌井の小説の多くに、人々の〝しくじり〟が描かれている。予期しない間違いや、ちぐはぐな思いと行動から生まれる様々な〝しくじり〟を戌井は愛と好奇心で見つめている。時にはしくじりが喜びにも思える。そんな創作の原点に、この〝中学生キース取り違え事件〟があるように思えてくる。『ケルン・コンサート』は今では、戌井のiPodに入っている。アーティスト順にすると、キース・〝リチャーズ〟と並んでいる。

「色んな旅行とかしてても、すんなりそこに行けないで、なんかちょっと間違えたいな、っていう期待はあるじゃないですか。道を間違えたりとか。間違った人に会ったりとか。その間違える喜びっていうのは、基礎ができてたってことですかね。中学の時、ジャレットさんによって（笑）。あそこで間違えずにキース・リチャーズを買ってたら、ちゃんと系統立てて聴く、ただのロック好きになってたのかもしれませんね。そう、だから凄い疲れて帰ってきてお風呂入って出た後とかこれ最高なんです（笑）。体が弛緩してる時とかに」

（2014年）

※ベストヒットUSA
1981年にテレビ朝日で始まった洋楽番組。パーソナリティーは小林克也。

vol.
44

タクシー・サウダージ

Taxi Saudade

タクシー運転手にしてボサノバ・ミュージシャンという異色の経歴を持つタクシー・サウダージ。放浪の果て、地元秩父に戻り、60歳にしてデビューを果たした異色の男のテープから聴こえてきたのは、まだ「青春の放浪」をしていた頃の、蒼い声だった。

「一番最初に感動して、音楽って素晴らしいなあと思ったのはムーディー・ブルース。あれの子供かなんかがジャケットのアルバム、『童夢』か。高校生の時だったけど、あれを聴いてなんだか涙が出てきてね。そこから、何か音楽の力っていうのはありましたね。その前からギターは弾いてたけど。それで調べてみると、ムーディー・ブルースはフランス人との付き合いがあってフランス音楽も結構聴いてる……と。それからムスタキですかねえ」

秩父に自作のボサノバを聴かせるタクシードライバーがいる。その名はタクシー・サウダージ。その音楽人生はいかなるものかと、秋の羊山公園に訪ねた。音楽にのめり込む、その水先案内人たる第1はシャンソン歌手・ジョルジュ・ムスタキであった。

1954年埼玉県秩父市生まれ。16歳から独学でギターを始め、長年に渡る放浪生活の後、40歳で地元の秩父へ戻り、タクシードライバーとして20年間勤務。60歳にして同じく秩父在住のギタリスト・笹久保伸に発見され、久保田麻琴の助力を得、2014年『JA-BOSSA』でデビュー。22年に6作目『BOSSA EM DOIS』を発表。

「私は中学ぐらいでグループサウンズが出てきた世代ですよ。タイガースとかね。高校になるとフォークも出てきたけど、日本のフォークには今ひとつ興味が湧かなくて、そのままムスタキに行った感じですね。そうやってフランスの音楽を聴いてるうちにそこからボサノバを知って。ムスタキ自体がアルゼンチンタンゴからアメリカ音楽から、色んなものを自分なりに消化して歌ってた人だから。彼はギリシャ人ですけど、ブラジルの方向に行きましたしね。そういった広がりで世界中の音楽を聴くようになりました。その中でもジョアン・ジルベルトに衝撃を受けて〝これはブラジルへ行くしかない〟と。その後インドの音楽も凄いハマって〝インド行くしかない〟と（笑）。このふたつは、やっぱりそこで暮らしてみないと分からない、というね」

音楽が引き金になった思いが率直に、現地へ行ってそこで暮らしてみよう、に結び付く。

「初めて行った外国がブラジルでした。30歳前ですよ確か。音楽の聖地と呼ばれていたサルバドールを目指して行ったんです。まだ怖いところでしたねえ。夜とか中高生ぐらいの子が棒っ切れ持って徘徊してるんですよ。日本人なんかいないしね。昼間は広場とかにいると……弓に弦を張ったビリンバウの音が結構聴こえてきましたねえ。ブラジルでは、打楽器ひとつ、マッチ箱でも楽器にしちゃって歌ってる、そんな楽しみ方に気がついたって感じでしたね。結局半年ほどいました。

　インドはねえ、サントゥールっていう楽器に惚れたんですよ。どっちかっていうと〝風の音楽〟的なものに昔から惹かれるんですよね。音に衝撃を受けて〝これは行って買ってくるしかないな〟って（笑）。でも向こうだと日本みたいに簡単に買えないですよね。必ず仲介者みたいなのがいて、そういうのがどれだけマージンを持っていくのかってことを考えてたり。結局それなりにいいのが買えて、戻ってきて1年ぐらいやったんだけど、〝とてもとても、この楽器ひとつで10年ぐらいやらないとものにならない〟と悟って止めました（笑）」

高校卒業以来、日本中でもあちこちで暮らした。京都、沖縄、東京には特に長く住み着いていた。

「沖縄は25〜26歳だったかなあ。なんだかまだ精神的におかしかったんでしょう（笑）。〝全てを捨てて生活してみたい〟みたいな。若いからできたんでしょうけど、わざわざ片道で金もあんまり持たずに行って。その日から完全な野宿生活ですよ、2年。行きあたりばったり、どこでも寝てましたね。でも慣れると不思議なもんで、帰ってきた時〝家の中はこんなに狭いものか〟と思って2か月ぐらい窮屈で仕方がなかったですね」

1983年歌えない頃の歌

自由に旅し、音楽を聴き、曲も作っていたが、若い心は自意識を肥大させることがある。若き日々には人前で歌うことができなかった。

「ようやく30過ぎたくらいで、少しずつ解放されていった感じでした。ギターはずっとやってたし曲もできてたわけですからね。〝なんとか人前でやれるようにやってみよう〟って。東京に来たての頃でしたね、そう思うようになったのは。その頃、アングラ劇団で【発見の会】っていうのがあって、そこで曲を頼まれたんですよね。そうする

私の唄 シャンソンからボサノバへ（1983頃）

『私の唄』とまったく同じ頃、今はなき銀座のシャンソン喫茶『銀巴里』でボーイをしていた。その時、思わず店で録音してもらったテープが『阿部レイ 銀巴里ライブ』「阿部レイさん。好きな歌手だった。バイト中に聴きながら、〝こんな風に歌ってみよう〟と考えていました」もう1本はムスタキのライブ。

阿部レイ 銀巴里ライブ

MOUSTAKI'LIVE 87

と自分でも歌わなきゃいけない場面が出てきたりして。そういうので少しずつ慣れていきましたね」

歌うことに対する逡巡の日々、自室で曲を作って録音していた頃の作品が収まったテープがひとつ、目の前に現れた。『私の唄 シャンソンからボサノバへ』と書かれている。歌が流れる。

〝笑いさざめく 若いひとたち 彼等のゆく道と 私の道は別で 私のゆく道の 突き当たりには 静か過ぎる……〟

（〈過ぎ去りし青春の日々〉高野圭吾訳より）

「声が今と全然違いますね。これがちょうどまだ人前で歌えなかった頃。30前後ですね。人前で歌える、ホントに少し前ぐらい。そんな年齢で老境の気持ちみたいな曲を歌ってるんですよ。なんなんだろうな、と思いますね。今回の依頼があって探したら偶然出てきたんです。ちょうどこのテープの中に1曲シャンソン風の後にボサノバ風が続けて入ってた。寂しくひとり四畳半の部屋で弾いてる中で、自分の中の音楽が変わっていってる」

それから人前で歌いながら、季節労働から飲食店まで様々な職業を経験した。いうなればフーテン生活。それが終わるのは40歳の時だった。故郷の秩父へと帰る。それは何故か。

「実は1度離婚してるんですよ若い時。20歳ぐらいで結婚したんですけどね。なんか3日で結婚生活というものにがっかりしちゃってね。3日目ですよ（笑）。若かったんですねえ。〃こんなもんか〃と思ってね。言っときますが、がっかりしたのはあくまで結婚生活であり結婚相手ではないんです。その時の息子がひとりいて、40歳になる頃に高校生になって〃もういいか〃みたいな。40になるし、子供も高校になるし、母親は故郷でひとりになったし。東京での最後の青春の放浪を終えて戻ってきたんです。高校生になれば、仕送りも金がかかるし勤めなきゃな、って。そんな心ができたっていうかね」

そうして、故郷でハンドルを握ることになったが、歌う心はそれまで以上に高まっていった。

「運転免許取ったのが35過ぎなんですよ。旅から旅の生活で、運転なんか必要なかったから。それで取ったら〃あ、楽しいな〃と思って。秩父に帰ってきてやってみたら意外と、朝事務所で挨拶だけしたら暇っていうか、ひとり社長みたいな部分もあるんですよね。それがうまくマッチしたというか。でもみんなあれですよ、〃今日の売り上げは〜〃っていう話ばかりしてるわけですよ。最初の2〜3年はそんな話も付き合えるんだけどうんざりしてきてね。そうするとこっち（ギターを弾く真似）いくわけですよ（笑）。歌いたくなりますよ。

タクシーはあらゆる人乗せるじゃないですか。病人から老人から若者、医者から社長から普段だったら会わないような人とも触れ合うわけですよ。それで20年色んな人と話して、世間が広がったっていうのもあるかもしれないね。私はある種世間知らずというところもあるから。逆に〃なんだ結局同じ人間か〃っていう部分もあるしね（笑）。」

そして定年を迎えた20年目の今年、偶然乗車した同郷のミュージシャンによって発見され、男はデビューする。

「だから必然だったんでしょう。ここまでの流れを見ると。自分の頭でどう考えようと、うまく流れでそうなってるんだなあというか、それぞれ運ばれるところに運ばれているというかね」

流れの果てに歌があった。「唯一飽きなかった」ものが歌だった。アウトローの人生の年輪から醸し出されるサウダージ。薄味ではない。

（2014年）

vol.
45

平山みき

Miki Hirayama

昭和歌謡～ポップス界の稀代のヒットメーカー・筒美京平の秘蔵っ子として登場した、歌手・平山みき。ハスキーボイスで活躍した歌姫のカセットには、彼女の瑞々しく変わらない、歌の楽しみが収められていた。

「小学校あがるぐらいの時はお小遣いもらうと、月に1枚ドーナツ盤で洋楽を買うのが楽しみで。ロックンロールの洋楽を。それも日本の弘田三枝子さんとかがカバーしたやつじゃなくて、洋楽そのものを聴いていたので、英語を耳で覚えたから、私発音はいいんですよ（笑）。字なんて分からないけど、そのまま覚えてるから、今でも忘れないんですよね」

変わらぬポップ光線を放ち続ける歌手・平山みきは歌を魅力的な音として楽しみ、胸躍らせる少女だった。

1970年〈ビューティフル・ヨコハマ〉でレコードデビュー。2作目の〈真夏の出来事〉が50万枚の大ヒットとなり一躍人気歌手となる。現在も歌声は変わらずライブなどに出演中。橋本淳と筒美京平の提供作品を集めたアルバム『トライアングル』（日本コロムビア）には筒美の未発表作品〈Jazz伯母さん〉を収録。毎年12月にチャリティーイベントも主宰している。

「今はもうそのドーナツ盤はないけど、コニー・フランシスとか凄い好きで。歌手になりたいと思ってたから歌って覚えてて。演歌というのじゃなかったですよね、中学の時、後半からビートルズが出てくる時代ですよ。その間、私はずっと〝歌手になりたい〟と思ってて、小学校の卒業の時友達に書いてもらう寄せ書きに〝歌手になったら教えてね〟っていうメッセージがあったんですよ。だから私、みんなに言ってたんだな、って（笑）。歌手になんかなれない、とみんな思うじゃない？　こんな町の……

蒲田の子だしね。蒲田から歌手なんか出るわけない、って。だから私も〝絶対に！〟っていうのではなかったんですよ（笑）、ただなりたいな、っていう夢で……結局レコードをかけながらおっきな声で歌ってるわけですよ、練習して。そうすると〝平山さん家の子は歌手になりたいんだって、フフフ〟みたいな。〝なれるわけないよね〟っていうのがあるわけじゃない？　それで実際私が歌手になっちゃったら、蒲田の子たち、っていうか周りの子たちで歌手になりたい子が増えたみたいです」

歌手デビューは1970年。作詞の橋本淳、作曲の筒美京平という黄金コンビによる〈ビューティフル・ヨコハマ〉がデビュー曲だった。しかし時はまだアイドル時代の一歩手前。〝アイドル歌手〟とは言われなかった。

「アイドルってなかったですよね。筒美京平さんが、昭和歌謡の今に続く感じを作ったじゃないですか？　その時に一番変わったのイントロなんですよ。洋楽のイントロを付けて、それに合った日本人がキュンとするメロディーを付ける、っていうことを筒美さんがやったんじゃないかなあ、って私は思うんですよね。その前の歌謡曲は、歌のメロディーがイントロで、そのまま歌に入っちゃうみたいな。演歌と同じような構成だっていうのがあったと思うんです。そこに洋楽が入ってきて、歌謡ポップスになったのが京平さんぐらいからで。〈ブルー・ライト・ヨコハマ〉とかね。もちろんその前にも洋楽は洋楽としてあった。それをカバーして歌う、っていうところから日本語の歌になってきて……だから私の最初の頃ってね、洋楽志向の人が私のことを〝いい〟と思ってくれても言えないんですよね。恥ずかしくて。〝日本の歌を好き〟って言うことが。だから隠れファン（笑）が多い、っていうことになるんですよ」

平山みきの代表曲〈真夏の出来事〉が発表された71年、歌謡界には男性、女性ともに若い人たちに向けた若い歌い手たちが、新しいタイプの歌謡曲を歌って続々登場。一気にアイドル時代に突入する、いわば平山はその先鞭をつけた人だった。

「71年だと小柳ルミ子さんと南沙織さんと、一応初期にはね、私も入ってたんです。3人娘ね（笑）。でも、そこでは私はちょっと違うんですよね、歌としては。ひとりだけ、大人の歌を歌っていたんですね。他にいなかったからヒットした人たちで3人娘っていうのを作ってたんだけど、そこへ天地真理さんが出てくるんですよ。それで私のところに彼女が入るんです。平山みきさんはね、結局〝大人〟の人だから（笑）。イメージが違うんだもん、だって。でも！……この3人より私のほうが純粋なんです（笑）」

どこか冷静なイメージの女性が主人公の作品を、平山はその後も歌い続けている。サウンドはロックだったりディスコだったりジャズだったりエスニックだったり、と変化してきたが、親しみ深くかつクール・ビューティーな姿勢は一貫している。音楽的キャパシティの広さもまた平山の魅力だ。

歌も姿勢も変わらずに

「私なんて〝何をやってもよかった人〟なのね。歌のイメージがお酒飲んでタバコ吸って夜遊びしてだから、OKなんですよ。みんなそんなイメージで見てるから。だから〝昨日六本木で見たよ〟とか言われて。いませんって（笑）。遊んでないんですよ、全然。ウチは警察官だし、厳しいし、真っすぐ帰ってたの。でも最近、私みたいに〝黄色い人〟※が当時六本木にいたっていうことが分かったの（笑）。今お洋服屋さんやってる人で、〝私昔からよく似てるって言われてて〟って。意識して似させてたんですって。だから六本木にいたのは彼女かもしれない。

私はそもそも何をしても止められないので、隠れてする必要もないじゃないですか？　でも別にタバコも吸いたくないしお酒も飲みたくないし、夜遊びもしたくないので普通にしてる。あと結局、あの時代に筒美さんと橋本さんが凄い守ってくれたんですね。だからいじめられたことがないんです、まったく。橋本先生に〝誰かにいじめられたら僕に言いなさい〟って言われた

大阪南ケントスライブ

大阪南ケントスライブ　’95.2.17
平山　みき

No. 0027　　NR ◉ ON　○ OFF

SIDE A	SIDE B
1. ビューティフルヨコハマ	1. ビューティフルヨコハマ
2. メドレー	2. 砂に消えた涙
1) カラーに口紅	3. ビーマイベイビー
2) ハートでキッス	4. ビコーズ
3) 大人になりたい	5. 冗談じゃない朝
3. フレンズ	6. メドレー
4. 冗談じゃない朝	1) 悲しき慕情
5. 太陽メドレー	2) 恋のバカンス
1) 涙の太陽	3) 悲しきハート
2) 真っ赤な太陽	7. コニーメドレー
3) サンライトツイスト	1) 想い出の冬休み
4) 涙の太陽	2) 夢のデイト
6. マンダリンパレス	3) ヴァケイション
7. 真夏の出来事	8. 真夏の出来事
	9. 太陽メドレー

平山三紀 パイオニアCMテープ

もう1本持参したのはかつてのCM用に録音した音源。カセットの思い出といえば、こんなことも。「たまたま私にはゲイのお客さんというかファンの方がたくさんいて、そういう方達が〝私に聴かせたい〟っていう曲をカセットに入れて持ってきてくださったんですよ。私の知らない、凄く感性の良い選曲で。高田恭子さんが歌ってた〈貴方の暗い情熱〉っていう曲とか、今私はそれを歌ってます」

んですよ。そういう感じで周りが知ってたから、変な目にもあってないし、楽な感じで昔から変わらずにやり続けてこれました」

平山がテープの山の中から選び出したカセットテープは、全国にあるライブ・バー=ケントスをツアーした時の実況録音が入ったものだった。幼い頃から親しんでいたロックンロールやアメリカン・ポップスを次々に歌っていく楽しいステージの模様が収められている。

「阪神淡路大震災の年ですね。ケントスの何十周年かっていうので回ってて、神戸に行く何日か前に震災になっちゃったんです。それで神戸がなくなっちゃったんですけど、その何か月後かに神戸のお店のためにギャラなしで、みんなで集まってライブしようっていうのをやりました。行った時も傾いてるビルはありましたね。（本体に貼ってあるシールの表記と）中身が違うね。録音は大阪かもしれないですね。震災後も大阪のミナミには行ったんですよ。ケントスに所属バンドがいっぱいいるわけですよ。そのバンドに直接歌手のバックをさせてあげたい、ということで先に曲を全部決めて練習させるので、テープも作って。それであらかじめ練習しておいてもらったところに行って、やるという。何十か所と、みんな凄い喜んでくれました」

家にはまだたくさんの録音物録画物が保存されているという。オープン・リール・テープや古いビデオテープもその中には含まれている。

「私ね、捨てられない人なのね、モノを。バンドと一緒に毎回やってたリハーサルだとか、京平先生のピアノが入ってるテープとかね、全部とってあるんですよ」

思いがけない、本人も忘れているお宝が平山家には埋まっている、かもしれない。それも「変わらず」やり続けてきたからだろう。どんな音楽も、平山自身の中で古びることはないのだと思う。

「今色々見ていて、私たちの時代が一番楽しかったなあ、って思ってます。色んな部分で、これからみんな上向きでね。色んなことをやっていこう、って思ってる時で。アメリカなんかに憧れていて、みたいな。そういう楽しさみたいなのがあの時代はあったかな、って思いますね」

とはいえ、平山みきの新曲は素敵なのである。２０１３年発表の〈ビヨンド〉。変わらぬ橋本―筒美コンビの、新しい傑作である。

（２０１４年）

※黄色い人
平山のラッキーカラーは「黄色」。近年はほぼ必ず黄色があしらわれた衣装で歌う。黄色の家電も集めていらっしゃるそうです！

vol.
46

鈴木常吉

Tsunekichi Suzuki

哀愁あふれる歌声と世界観で、ひとたび耳にすれば、二度と忘れられない歌手・鈴木常吉。ぶっきらぼうに差し出したカセットには、ぶっきらぼうに、その男の本質が詰まっていた。

「高校ぐらいだな。最初は親父がオープン・リール、っていっても小さいサイズのスピーカー付きのを買ってくれたんだよな。ウチにステレオなかったから、その時はラジオとテレビをバンバン録ってた。でも、後半になったらステレオ買ってもらったから、それステレオに繋げるんだよ。高校2年ぐらいでカセットデッキ買って。もう3年になってる頃には、かなり普及してたよね。その頃には安くなったんじゃないかな。あの頃、まだCDラジカセが出現してないから、ラジオとカセットだけでしょ。とにかく最初にすげえ安いデッキを買った。でもFM入らないと意味ないのに、ウチ電波が悪くてさ。途中で具合悪くなるとすげえ腹が立つ（笑）。中学生の頃は割と歌謡曲志向だからさ。録音1曲で済むじゃん。だけど高校になると、FMでアルバムを丸ごとかけてくれる番組があったけど、録音途中でボワ～ってなっちゃうんだよな（笑）」

89年、ボーカル／ギターで参加したセメントミキサーズでオーディション番組「イカ天」に出場し注目を集め、90年に『笑う身体』でメジャーデビュー。解散後、つれれこ社中を経て2006年、ソロ作『ぜいご』をリリース。TBS系深夜ドラマ『深夜食堂』の挿入歌となった収録曲〈思ひで〉が注目を集める。20年食道癌により死去。

類例のない見事な歌手、鈴木常吉は、一見ぞんざいだが、愛情を持ってテープ生活を振り返った。音楽に生きているが、そんなことを誇らしげに言ったりしない。恥ず

かしいことを聞くな、と言わんばかりのぶっきらぼうな物腰である。人生で初めて買ったレコードはなんだろう。

「小学校の頃だと思うよ。縁日の帰りに買う、っていうのを結構やってたんだよ。縁日では何も買わないで。〈帰って来たヨッパライ〉は絶対買ったよ。（ザ・）スパイダースの〈夕日が泣いている〉ってのも買った。あと、なんかさあ、テレビで〈ブラック・イズ・ブラック〉っていうのをジャニーズが歌ってたんだよ。いいなあ、と思って。あれ、グループサウンズみたいな感じじゃん？　ロックって感じじゃなかった。それでレコード買ったら、〈黒く塗れ〉って書いてあって、ストーンズでがっかりして。〝黒〟で買い間違え。でも何枚も持ってないから、それをずっと聴くハメに陥るんだよな（笑）、レコード高いし。友達にも好きって言い張るんだよ、〝ローリング・ストーンズ好きになったぜ！〟って（笑）。結局次にストーンズの4曲500円のEP買ったもん。〈ジャンピン・ジャック・フラッシュ〉とか〈19回目の神経衰弱〉とか入ってるやつ」

60年代末から70年代初頭にかけて、テレビも平然と冒険する時代だった。いわゆる歌番組とは別の、今で言うサブカルチャー系の番組があった。しかも放送は朝、だ。

「よく朝に出したよな、（ザ・）ダイナマイツとか。昼の番組に三上寛※さんとか紅蜥蜴※とか出てたもんなあ。紅蜥蜴って、あいつら町屋（東京都荒川区）に住んでるんだよな。当時噂立ってたもん、変なギター弾く奴がいるって（笑）。しかしあいつらテレビなんて1回しか出てないのに、強烈に覚えてるから凄いよね」

もう少し成長してからは、カセットの聴き方も広がっていく。家でラジオやレコードを録って聴くだけではなくなる。

「その後は、バカな友達が車を買い出すじゃん。そうすると、カーステレオ。あの頃は全部カセットだった。友達のカセットは全部、テンプテーションズとかソウルなんだよな。俺はその頃、そんなに黒人音楽に興味なかったんだよ。勉強できない頭の悪いやつが聴くもんだと思ってた（笑）。自分で作ったカセットも持ってって〝かけろ〟って結構トライしたんだよ。でも、ほんのちょっとかけて〝ダメだよ〟って。ニール・ヤングとかでトライするんだけどね、ほんのちょっとかけて、ダメだよって。連中シンガー・ソングライターって言葉も知らないから。ディスコでかかってる曲じゃないとダメなんだよ、それが基準らしいんだよね。女の子が喜ぶと思ってんの。でも俺たちナンパなんかできねえじゃん！　って（笑）。探してドライブしても、何も声かけないで戻ってきたんだから。モテやすい音楽だと思ったんだろうね、あいつらはね。車買えば女にモテるだろうって。何やっても無駄だって」

遅咲きの本質派

28歳の時、自分自身で演奏するようになる。遅咲きだ。出版社勤めをしていた頃だった。

「なんかさあ、今までのものを聴いても急につまんなくなった時代があったんだよ。

つれれこ社中

無題（A面／灰田勝彦 B面／巷談「正直車夫」）

つれれこ社中は歌と三味線、アコーディオン、マンドリンにラッパという特異（！）な編成。だが自分で録音した歌を繰り返し聴くタイプではない。「録ったりしたけど、聴かないよな。そうやってバッティングフォームを気にする人いるじゃん？　俺、気にしないもん（笑）。人が録ってくれた物をもらうだけで」

会社も暇でさ。あるタイトルが延々ずっと売れてる出版社だったから、何もしなくてもいいんだよ。働いてる人、誰もいないんだもん（笑）。そんな時にフリクション※を見ちゃったんだよ。学園祭でただのライブに行っただけなんだけど。お客さんに対して敵意むき出しなわけ。他は結構みんなサービスしてくれるのに。あまりにも今まで聴いていたのと違うからびっくりしちゃって。敵意むき出しだったら、やったほうが得だなあって。まあ俺は深く考えないから。

即行でバンド作ったよ。ギター買ったら、すぐ曲ができたなその時は。そりゃ作りやすいよね、コードちょっとしか知らないんだから。一緒にやった絵本作家の長谷川集平ってやつが人気あるやつだから、お客もいっぱいだった。でもそのバンドの時はレコードは出してないよ。なんの支えもなかったよな。どうしていいか分かんないでやってた」

その後バンド、セメントミキサーズ結成。89年にはテレビの『いかすバンド天国』で

勝ち抜き、メジャーデビューもした。その頃は会社を辞めて新所沢で貸本喫茶店のようなものを営んでいた。

「本がいっぱいあって喫茶店、っていう形態いっぱいあったじゃん。もの凄いいっぱい本があれば、それを貸本にすれば、両方で儲かると思ったんだよ。いつの間にか全部漫画になっちゃったけど（笑）。でもそんなに儲からないよな、その店では四六時中音楽がかかってた。ブルースが多かった。学生時代の宮藤官九郎が常連だったらしいんだよ。この前飲み屋で紹介されて喋ってたら〝何年もひとりでやってましたよね〟って。10年近くやってたよ。もう子供も3人いたし、店屋やればさ、儲かればさ、人使って遊んでられると思ったんだよな。そしたら全然使えないんだよな。自分でやるしかないんだよ（笑）。家族？　あんまり俺に関心ないんですよ。子供ももう30超えてるのに少しは関心持てよ（笑）。だいたいちっちゃい頃からさ、自分の親が何やってるか知らねえんだよな。家にいるから、真ん中の倅は友達に〝漫画家〟ってウソついてた」

そんな鈴木の持参したカセットは、その後やっていたバンド・つれれこ社中の正式録音、落語、シャンソンなど、そのキャリア同様多岐に渡った。これまた一見ぞんざいだが、今の鈴木に繋がる足跡だ。

「〝つれれこ〟の作品はテープ業者に出したんだぜ。録音技師に頼んでちゃんと録った。でもその時は〝CDで作る〟って、頭に全然なかったよ。なんでだろう（笑）？　後でCD出してるのに。フリクションで受けた初期衝動から、音楽性は変わってるけど俺はずっとパンク路線だよ。本質的に。理想にグングン近づいてる。同じことずっとやってるとさ、逆にパンクじゃなくなっちゃうじゃん」

鈴木のカセット群の中に灰田勝彦※の一本があった。

「それはね、まだ灰田勝彦の良さが分からない時にラジオを録ったやつだと思う。聴いたら、なるほどこりゃいいな、と。知らなかったから。懐メロはみんな一緒だと思ってたから。影響？　分かんないけど。作風が違うしなあ。あと、この人軽く歌うしなあ。でもこういうのがやりたいな、っていう気持ちはあるよ」

裏声で歌う鈴木常吉。ぜひ聴いてみたいものだ。それはきっと、泣けるハワイアンだろう。

（2015年）

※三上寛
フォークシンガー。本書225ページ参照。後に鈴木のアルバム『ぜいご』のライナーノートを執筆した。

※紅蜥蜴
後に「LIZARD」を名乗る80年代の東京を代表するパンクバンド。

※フリクション
ニューヨークで活動したレックとチコ・ヒゲが帰国後、ラピスを加え1978年に結成。東京ロッカーズと呼ばれるパンクムーブメントを担い、現在はレックと中村達也の2名で活動中。

※灰田勝彦
日本にハワイアンを伝えたパイオニア的存在。

vol.
47

なぎら健壱

Kenichi Nagira

「1回も聴いたことがない」というなぎら健壱が持参したテープから聴こえてきたのは、このユニークなシンガーのルーツであるフォーク、のルーツと呼べるかもしれない音楽との再会だった。

「まあもうだって、便利ですからねえ。普通に使ってましたねえ。でも今家に残っているカセットも聴いてみると非常に面白いんでしょうけど、全然聴かないですよ(笑)」

40年を越すキャリアを持つシンガー・ソングライターで、随筆家としても多くの著作を持つなぎら健壱は、その著作『日本フォーク私的大全』でも明らかなように、60年代末からの日本のフォーク・シーンを深く体験してきた重要な存在である。

歌の現場にいた。だからといって目の前の歌をカセットでちょいちょいっと録音してはいなかった。

1952年東京都銀座(旧・木挽町)生まれ。高校時代、高石ともや等に影響を受け、フォークソングに傾倒。70年、岐阜の中津川で行われた全日本フォークジャンボリーに飛び入り出演したことをきっかけにデビュー。72年ファーストアルバム『万年床』をリリース。カメラ、自転車、飲酒まで多彩な趣味と独特のキャラクターでテレビ、映画や雑誌の執筆でも活躍。著作多数。

「それはやらなかったですね。記憶の中に残した、っていうことのほうが多くて。その時間、録ってる作業に自分をもっていかれちゃうよりも、心に留めておきたい、っていうほうが大きかったんじゃないかなあ。録るってえと安心感が出ちゃって、生半可で聴いちゃってるんですよ。後で聴きゃいいんだから、ってことでね。人間そういうふうにできてるのか、ない時のほうが一生懸命記憶に留めておこうと思うから、ズッシリ覚えてるなあ」

それ故に記憶の鮮度が落ちないのではな

いか。なぎらの述懐はフォークの、歌の人間の生み出す空気のあたたかさと厳しさ、時には殺気さえも生々しく伝える。

「やっぱりあたしはファンだったんですよ。プロになっても人のレコードを買い続けたんですよ。フォークソングそのものが好きだったから。研究とかそういう大仰なことじゃなくて、好きだったから。他の人はプロになっちゃうとレコード会社からもらえる盤とかしか聴かなくなっちゃってて。見てると〝貧しいなあ〟っていうか（笑）、周りの歌い手が〝いいんだ、自分が歌ってるだけで〟っていうふうになった時に、あたしはやっぱりずっとファンでいよう、と思ったんですね。それはあたしは歳が一番若かった、っていうのもあるんですよ。デビューが早かったから周りみーんな先輩だった。だから〝見よう！〟と思っていた。だから、脳裏に叩き込もうと思ったわけでもなく、非常に記憶が残ったんですよね」

なぎら家にポータブル電蓄がやってきたのは1964年、12歳。その時家族用にと買ったジョニー・ソマーズの『恋のレッスン』、フランキー・レインの『ローハイド』、日本語版『ララミー牧場』、克美しげる『エイトマン』などのシングルレコードを「他に聴くものがないし、買う金もないから」繰り返し聴いた。電蓄の付録にフィルムレコードが付いてきた。そこには俗曲の〈ラッパ節〉も入っていた。

「それもひたすら聴きましたよ。♪いま鳴るラッパは8時半～あれに遅れりゃ♪ってやつです。未だに覚えてますよ。あとやっぱり何かの付録だったんでしょう。東京オリンピックの開会式の音源もありました。〝ただいま、日本国の選手団の入場です〟なんてナレーションが入ってるやつ。それもずーーっと聴いてました、小学生が（笑）。面白かろうがそうじゃなかろうが、それは自分の範疇じゃない。〝聴く！〟という作業に飢えてたわけだから（笑）」

やがて高校時代、なぎらは「面白い」音楽と出合う。

「エレキが高価で買えないもんだから、代用としてアコギを弾いてたんだけど、ちょうどアメリカで火がついたフォークが日本にも入ってきた時代だったんで、それに傾倒してた。でもそこから自分が本当にのめり込むっていうか、自分を変えた、っていうと高石ともや※さんじゃないかなあ？69年の3月ですね。目黒の杉野講堂。初めてコンサートを見に行った時に、対バンが岡林信康、五つの赤い風船、高田渡だったんですよ。高石ともやしか知らないから、初めは〝誰これ？〟って。そしたらまあ……綺麗に言やあカルチャーショックなんでしょうけど、とにかく多感な時期の少年が完全にやられちゃったわけですよ。日本語でこれだけ斬りつけてきて〝すっごいな〟と、うん。で、いけない世界に自分も入っちゃった。危険ドラッグと一緒ですよ（笑）」

1982年 フォークのまたその奥

日本のフォークとの出合いが、今日に至るなぎら健壱の存在の幹となった。

「あたしは時代的にはちょっと違う部分も

あるんだけど、学生運動には参加しなかったし、デモにも参加できなかったし。でも、なんかその世間の風潮に流されちゃったのかもしれないけども、自分達で何かやりたい、っていう気持ちはあったんですよね。でも、できやしない。でも、っていう時に、フォークソングが手っ取り早くそこにあったんじゃないかな。高石ともやさんとかアングラの人たちのプロテストソングあたりに自分が向けられたというのは、それを歌うと、自分でもなんか〝やってるんだ〟、若者なりに世間に対してプロテストを持ってるんだ、っていう大いなる錯覚をしたんだと思うんですよね。それがまた多感な時期だったから、自分の中で増幅されて、大げさに言えば使命みたいなものを感じて。自分も何かデモやってる連中と同じだな、っていうようなね。じゃなきゃそんなにのめり込まなかったんじゃないかなあ。だから、我々の次の世代でフォークを聴き始めた連中は、我々みたいな思想も何もいらないんですよね。だから！　流行り歌にしちゃったから……ブームは去りますよ」

桜井 ／ 柳楽早多美（1982.5.26）

当世銀座節、ハイカラ節、月は無情、涙の渡鳥他、収録

柳楽早多美はなぎら健壱の父の名前。当時約30歳のなぎらは、歌を聞きながらその歌について桜井に解説を求める。「（自分の発言を聴きながら）あ、あたし間違ったこと言ってる。あの頃はこんなことも知らなかったのか～」桜井の形見のバイオリンはなぎらに譲られたという。

そんななぎらの持参したカセットテープは、壮士節の〝生録〟だった。

「これね、録ってから聴いた記憶がないんですよ。明治大正の演歌っていうのは……今の演歌とは違いますよ。〝演説〟の歌ですからね……えーっ、プロテストしてたわけですね。いわゆる壮士節ですね。高田渡さんもそうだし、私もずっと興味持ってたんですよ。というのも小学生の頃すでに♪いま鳴るラッパは♪ 聴いてますからね（笑）。それで渡さんの歌を聴いた時もそうだったし、その前に高石さんの〈のんき節〉を聴いた時もだけども、〝あれ!? アメリカ的な社会攻撃してる歌が、プロテストしてるフォークが日本にもあったんだ〟と思ったんですよ。ただそういう演歌の詞は残ってるけど、曲が分からない。神田の中古レコード屋で探しても、そんな物ないんですよ。それでずーっと時が経って82年頃かなあ、もう現存する演歌師はいらっしゃらないと思ってたら、いたんですよ、3人。その中のひとりが桜井敏雄※さんという方なんですけど、あたしはそこにずっと曲を習いに行ったんです。習うというよりも演奏を見て覚えたり詞を録ったりして。

それでね、ウチの親父が木挽町（現在の歌舞伎座周辺）なんですけど、桜井先生が〝流し〟をして稼いでいた時代に木挽町で流してた店と親父が行ってた店が偶然同じだったんですよ！〝え!? じゃああん時にいた演歌のお兄さんはもしかしたら先生かもしれないね〟ってことでウチの親父も一緒に飲みながら、歌って盛り上がってる、というテープ（笑）」

テープ再生。桜井の歌とバイオリンが流れる。合わせてなぎらも歌う。

「いいでしょ？ お！〈当世銀座節〉だ。これ詞は西条八十ですよ。銀座族をこうやって馬鹿にした曲を作ったもんだから、西条は生涯銀座を歩けなかった。〝殺される〟って。（次の歌になる）お、これは〈金色夜叉〉か？ いや、知らない歌だ……知らない！ この歌」

どこか嬉しそうに頭を抱えるなぎら。〈千葉心中〉〈明石心中〉と次々に聴く。いい歌である。

「これは、ちょっとCD‐Rに焼かないとダメだね。もったいないわ。〈千葉心中〉が残ってたのは嬉しいなあ。ダメだと思ってたんですよ。桜井さんが96年に亡くなってこの方、この歌はもう分からないもんだと思ってた。でも今日分かった。良かった！」

思いがけない発見に喜びもひとしおであった。そこにいた一同、思わずずーっと聴き入った桜井の演歌。その歌の記憶は今、なぎらの中にある。

（２０１５年）

※高石ともや
１９４１年生まれ。日本のフォークの基盤を作ったフォークシンガー。代表曲に〈受験生ブルース〉。

※桜井敏雄
「バイオリン演歌」のスタイルで活躍し、「最後の演歌師」と称された歌手。

vol.
48

Tomoo Gokita

五木田智央

海外のアートシーンでも注目を集める画家・五木田智央が、アメリカで行われるという個展のために描いた絵が並べられたアトリエで語ったのは、変わることのないカセット魂だった。

「カセットはもう、僕の中でも、生まれてからずっと傍らにあったものですよね。レコードよりもよく家で聴いてたし。5歳上の兄貴がいるんですけど、もともとバンドもやってて。サジタリアンっていうプログ[※]レバンドみたいな感じなんですけど、ちょっとイタリアでウケたりして、CD化されたりね。面白い兄貴で、昔はLDカラオケの映像を撮ってたり、レコーディング・スタジオで働いてたことがあって、色々映像だったり音源だったり、誰も持ってないようなものを聴かせてくれたりしたんですよ。〝こんなのあるんだ!?〟みたいなのを持ってきてくれた。

兄貴はミュージシャンを目指してたんで、カセットMTRが常に家にあったんですよ。僕はその姿をいつも見てたから〝兄ちゃん、いつもヘッドホンして何やってるの?〟って。そうしたら〝音を重ねてるんだよ〟って、教えてもらって。それとローランドのでっかいリズ[※]ムボックスを持ってたから、僕もそういうのを使って多重録音をするようになったのが中学生の頃ですよ。面白くなっちゃってね! 音楽的な知識なんて何

1969年東京都生まれ。90年代後半より主に商業デザインの分野で活動後、作品集『ランジェリーレスリング』の刊行を期に、2000年代中頃から海外にも活動の幅を広げる。14年にDIC川村記念美術館、18年には東京オペラシティアートギャラリーで個展を開催するなど、国内外を問わず、現代美術界で広く注目を集めている。

もなくて、ただ単にそういうものだ、ってやってただけなんですけど……そのテープもありますよ！」

画家・五木田智央はミュージシャンである。その創作の原点はカセットテープであった。闇雲に音を作っていく。採取し、重ね合わせていった。その行為は絵画の筆さばきに通じている。

「だから音楽に関しては兄貴の影響です。YMOから始まって、だんだんプログレに行ったりフュージョンに行ったり。僕はその兄が買ってきたレコードを〝これはかっこいいな〟って選別して聴く、みたいな。めぐまれてましたね、正直。お袋はジャズ……千歳烏山（東京都世田谷区）のラグタイムっていうジャズ喫茶で働いてたりしたジャズ好きで。あんまりこういうこと言うと〝なんだよ〜昔から家でジャズ〜？〟みたいなこと言われて照れくさいんだけど、しょうがないんですよ（笑）。

だから僕も若い時は一時期〝ジャズなんて大っ嫌い〟って言ってたんですけど、小さい時から家の中で流れてたから、もう実は染み込んでいて。どうしようもない。結局ジャズだけを聴いてる連中が嫌いだっただけで、ジャズが嫌いだったんじゃないんですよ。いるんですよ、僕の周りにもジャズしか聴かない連中って。そういうやつがウンコみたいなやつらばっかりで。まっとうなことを言ったりするんだけど、〝もっと面白い音楽もあるよ〟みたいな。難しいんですけど、いわゆる〝ジャズ〟っていうのは、とりあえず終わった型の世界じゃないですか。坂本龍一さんも言ってましたけど、伝統芸能に近いものっていうか。まあロックも……」

音楽はいつも身近に色々あった。おのずと聴くものの間口は日々広がっていった。〝音を作る〟ことは本能的に前進していった。レコードやラジオを録音してそれを再生して楽しむのではなく、カセットはキャンバスのような物として育った。

「普段から……自分で作ったカセット聴いてましたね（笑）。今回、一番最初に作ったやつを探したんですけど、見つからなくて。中学1年ぐらいですけど、友達の家で、マイクとこんな小さいおもちゃみたいなキーボードで作った。ただ曲調も、録音して初めて再生して〝何か違うなあ〟って思った感覚まで、未だに全部覚えてるんですよ。なんでレコードみたいな音にならないんだろう？　とかね。原点ですね。（曲は）ひどいですよ（笑）！　でも、多重録音は超面白かった！　その頃は僕、将来の夢とかよく分からなくて。8ミリフィルム、シングル8で映画も撮ってたんですよ。映画もやりたいし、一番得意なのはやっぱり絵だったんですけど、比重としてはミュージシャンになりたかったのかもしれないですね」

永遠のリアルタイムとしてのカセット

それからずっとカセットMTRで音を作り出す日々ではあったが、ひと頃バンドの一員として活動していたこともあった。担当はトランペットだった。

「ちょっとだけですよ、マンラーズってい

『OL』カセット群

2015年現在も、その作品はカセットテープで生産されている。（流れている曲を解説する）「これは缶とか瓶とかを本当は凄い速く叩いてるんですけど、それを遅く再生してるんです。そしたら民族音楽みたいに聴こえるっていう。そこに近所の多摩川の水の音を重ねた（笑）」

う。90年代半ばぐらい。なんかあったじゃないですか、アシッドジャズのブームみたいなの。その流れみたいな感じだったんですよ。ダッサい……僕は当時全然違うのを聴いてて。バンドとの感覚のズレをなんとか修正しようとして、※レジデンツとか聴かせるわけですよ。〝こういう感じのを……〟って。下手なんだからジャズは無理だよ、って。結局みんな気が弱くて（笑）、誰も仕切れないうちにだんだん僕が離れてきて。ミュージシャンシップみたいなのがなくなってきて、絵のほうがいいや、って。趣味で録音してるのは相変わらず好きだったんですけど。そうやってるうちにシオ（塩田正幸）と会って。OLを組んで。そこからもう20年近いですよ」

写真家の塩田正幸とのデュオ＝OLは、ふたりの多重録音ユニットというべきもの。カセットMTRでこれまでに無数の、本人たちももはや数える気にもならないほど大量の作品を作り出している。時に商業的な誘いもあった。しかしOLとしてまとまった音盤作品は世に出していない。

「中学生の時、兄貴が使ってるツマミがいっぱいある機械、これ何？　から始まって、それからずっと時が経ってシオとバンドするようになっても結局カセットだもんね（笑）。というかカセットしかやってないです。シオがまた誕生日にでっかいMTRをくれて。またカセット？　みたいな。もう時代が全然違うじゃんって（笑）。みんながMDとか、もうハードディスクになったりした時代にカセット？　みたいな。でも俺もそれで、〝よしカセットで行こう！〟みたいな。」

OLの〝作品〟の山の中から聴いてみる。タブラのような響き、テクノのようなビート、ロックンロールやメロウなダンスナンバーかと思えなくもない佇まいも見せるが、そのどれでもない音と音がこれまでに聴いたことのない和合を描く。どのような、と何かに当てはめることのできない音楽が次々に飛び出す。

「その辺のペットボトルとかビールの缶とか瓶を叩いてるんですけどね（笑）。中学当時に作ったテープも聴いたことあるんだけど、やってること今とあんま変わらない（笑）。音質こそ違うけど、変わらないんですよ。周りはみんな色んな機材を持ってるんですけど、僕は未だにｉＰｈｏｎｅとかも持ってないし、最新機器とか興味ないんですよね。面倒くさいというか」

絵を見た上の世代の人間から、〝昔こういう絵描いていたやついっぱいいたよお〟と言われることがあるという。しかしそれは見る側の勝手なデジャヴでしかない。現実には五木田智央の絵のような作品は、かつてなかった。誰かに似ているのではないか、とつい見る者を刺激する。見る者の多くが捨て去ってしまった胸騒ぎを思い起こさせるエネルギーが充満している。それを無邪気さのようなものに感じる者もいるだろう。

「よく言われました。〝精神年齢がどっかで止まっちゃったんだ〟って。悪い意味じゃないよ、ってみんなやたらフォローするんだけど、悪い意味でもいいよ、別に（笑）。だけど、何か同世代の人より歳とってるみたいなんですよね」

今でもカセットが主力アイテムだからだろうか。何百年も前から生き続けている魂がふと新しい体を持ってこの世に出てきた。だから歳をとっているのに若い、のかもしれない。

（２０１５年）

※プログレ
プログレッシブロックの略称。１９６０年代後半にイギリスに現れたロックのジャンル。

※リズムボックス
リズムマシン。ボタンごとにドラムやスネアの音が入っており、シミュレーションして自動でリズムを刻むことができる。

※レジデンツ
米西海岸の実験音楽、ビジュアルアーツグループ。素性を明かさず、目玉のかぶり物で有名。２０１７年、32年ぶりの来日を果たした。

vol.
49

曽我部恵一

Keiichi Sokabe

シンガー・ソングライター、曽我部恵一が持参したのは、遠くスコットランドで手に入れたという1本のカセット。カセットと共に音楽人生を歩み始めた男は、時代が変わる中でいく度もこのメディアと出合い直している。

「物心ついた時からもちろん家にカセットはありましたよ。最初に新沼謙治の曲をテープに録音したっていう記憶があるんですよね。別に新沼謙治が好きだったわけじゃなくて、とりあえず誰でも良かったんだと思う（笑）。それを録音した時に母親に声をかけられて、母親の声が入っちゃった、っていう記憶と一緒に覚えてます」

シンガー・ソングライター、バンドマン、レーベルオーナーである曽我部恵一は音楽に生きている。日常が音楽なのかもしれない。ある夜、自室でひとりでマイク1本に向かって弾き語ったという最新ソロ・アルバム『マイ・フレンド・ケイイチ』を聴いてそのように思った。

1971年生まれ、香川県出身。大学在学中の92年にサニーデイ・サービスを結成。95年に『若者たち』でアルバムデビュー。2001年からソロ活動に移り、04年にはレーベル「ROSE RECORDS」を設立し、プロデュースや映画音楽でも活躍。下北沢のカフェ兼レコード店「CITY COUNTRY CITY」のオーナーでもある。

「自分の演奏の録音というと、やっぱり中2の時に組んだバンドの録音ですね。地方のFM局みたいなところが主催したイベントに出て、そのギャランティーの代わりに録音したカセットをくれた、みたいな感じでした。そのテープはまだ当時のメンバーが持ってますよ。バンドは、パンクバンドですね。the ASS Holes っていう（笑）。同級生と組んだバンドなんですけど、僕はギター&ボーカルで。ドラムだけ1学年下の後輩」

中学生でパンクに目覚めた、というのは80年代中頃にはちょっと珍しいことだったのではなかろうか。

「どうしてパンクバンドを始めたかというと、中高一貫の学校なんで、音楽に詳しい歳上の先輩がいっぱいいるんですよ。そんな先輩からたくさんカセットテープをもらってて。ちょうどその頃従兄弟の家に泊まりに行く機会があって、僕は当時お気に入りだったカルチャー・クラブのカセットと、そのもらったカセットを持っていったんです。それで従兄弟が風呂に入る時に〝カセットでも聴いてていいよ〟って言われて。じゃあ、ってカルチャー・クラブのカセットをセットしたつもりが、突然セックス・ピストルズが流れたんですよね。先輩のカセットがそれだったんですよ。イントロの不適な笑い声あるじゃないですか？そこから〝なんだこれ！こんな音楽あるのか！〟ってショックを受けちゃって。従兄弟が風呂に入っている間に生まれたカルチャーショック（笑）。それでパンクバンドの結成ですね。

当時、80年代ってピストルズとかクラッシュみたいなロンドンパンクって、もうリアルタイムじゃないじゃないですか？ちょっと古いというか。先輩たちはその頃のパンク、ハードコアバンドをやってる人たちがいっぱいいました。それで地元・香川の公民館みたいなところでライブをやるっていうんで、パー券みたいなの買わされて、よく見に行かされてましたよ。でも地方だし、結局僕の目から見たそういう先輩の音楽は、ヤンキーだったんですよね。だからちょっと違うな、っていう気持ちもあって、僕はロンドンパンクを聴いてたんです。あと当時、それも公民館かなんかで（ザ・）ブルー・ハーツのライブに行って、僕らが後ろで暴れてたら、ヒロトに〝踊るんだったら自分のダンスをやれ〟って言われたんですよ。パンクってそういうことかもしれない、って」

大学進学で東京にやってきた。高校時代、一度はバンド活動から離れるが、そこで地元の友人たちと再度バンドを結成する。最早パンクバンドではなかったが、サウンドには当初からこだわりを持っていた曽我部は、カセットテープを録音源作りにもずっと使い続けている。

「カセットはずっと使ってました。MTRもふたつ持ってましたし、使い倒してましたね。それこそあえてカセットで録音をして、後でギターの音だけマスター音源でその録音を活かすとか。サニーデイ・サービスのどのアルバムにも必ずカセットでの録音が入ってます。やっぱりカセットの音っていいですよね。機材として優れていると思います」

旅の果てでまたカセットに出合う

そんな〝カセット人〟曽我部が差し出したのは、トラッシュキャン・シナトラズのセカンド・アルバムのカセットだった。

「このバンドのファンで、来日した時に頼んで前座をやらせてもらったんですよ。彼らはスコットランドで、古い家を改造してスタジオにしてて。そこはシャビー・ロードっていう……アビー・ロードに引っかけてシャビー・ロードスタジオ、っていうところなんですけど（笑）。そこで録音をしてて、仲良くなったんで遊びに行ったりさせてもらったんです。それはもう本当に田舎で、なんにもないんですよ。牛とか羊がいるだけ、パブがちょっとあって……。お年寄りが多くてみたいな。

　そんな場所で旅の最後の日に散歩してたら、古道具屋さんみたいなところにそのバンドのカセットが売ってて。それでもうお土産はこれしかないな！　って買って。思い出ですね。それをずーっとそのまま持ってる。レコードももちろん買って持ってるんですけど。同じ90年代にロンドンへ行った時も、HMVとか行ったら、テープとCDとアナログが並んでて、〝こんなに多様なメディアが売ってるんだ〟と思ってびっくりしたんですよね。当時もう東京はCDだけだったんで。それが嬉しくて」

旅の果てに曽我部は独立し、レーベル・

THE TRASH CAN SINATRAS『I've seen everything』(1993)

自らのデビュー時も、デモテープをレコード会社へ送った。「考えられる全てのレコード会社に送りつけましたよ。17本くらい？　でもそのうち15本くらい受け取り拒否で戻ってきちゃって。切手代が足りませんって（笑）。〝これを聴けばメジャーも引く手数多だろう〟っていう自信があったんで、まず自分たちは日本の郵便の価格すら分かってないっていうことと、〝そうか、そのぐらいの不足分もあっちで出して受け取ってくれない音源か〟って……ショックでしたね！　二重の意味で（笑）」

オーナーになった。日常はやはり音楽だが、時代とともに形態は変わりつつある。

「今はみんなPro Toolsを使うのが当たり前になってるじゃないですか？　僕らは色々限界あるメディアで録音するために、どの音を選ぶ決断をするか、っていう姿勢で曲を作ってたと思うんですよ。でもPro Toolsでの作曲が当たり前の世代にとっては、初めから音は無限に足すことができるもの、っていう認識ですよね。例えばいいコーラスが録れたら〝あとはこれをループで〟みたいな。あとから直すことが前提になっちゃってるとヤバいんじゃないかと思う時があります。僕らはまだ昔の曲作りの感覚が分かるけど、逆に若い人たちの曲作りを見てると、〝本当にその音（決断）で大丈夫なのかな〟って心配になる。

　でも一方で、最近の若いミュージシャンで、カセットでリリースする子たちが増えましたよね。〝新作出したんで！〟ってもらう音源がカセットだったり。僕らと違って、彼らにとっては生まれた時にはほぼ存在してないメディアだから、逆にツールとして新しいと思うのかな。たまに逆に心配になるぐらい音質の悪い音源をカセットで発表してる若いミュージシャンもいるし（笑）。あと当時カセットで流通してた名作っていうか、ダニエル・ジョンストン※とかが、最近カセットで再発されたり。カセットやっぱりいいなあ、と思って」

カセットのお陰で音楽ができている、という実感が湧くのかもしれない。

「そうっすね。ガキの頃洋楽聴こうと思ってまずラジカセを買ってもらったんですからね（笑）。そう、実は何年か前に、the Ass Holesのドラムの後輩からメールが来たんですよ。〝実はまだバンドをやってて今度対バンしてくれませんか〟っていう凄く熱い長文メールが。中高一貫だったから5年間は同じ学校だったけど、その時以来の連絡ですよ！　彼はパンクのまま、今はハードコアバンドをやってて、日本全国をツアーで回ったりしてる、と。結局、柏の小さいライブハウスで対バンしたんです。2マン。僕らしか知らない縁はあるけど、音楽性はまったく違うし、当日のお客さんはなんて思ってただろう（笑）？　不思議な感じですね」

それぞれのパンクとダンスは、時も場所も越え続いている。

（2015年）

※ダニエル・ジョンストン
アメリカのシンガー・ソングライター。80年代から自宅録音のカセットテープによる作品発表を続けていた。ニルヴァーナのカート・コベインもファンを公言した。

vol.
50

大貫敏之

Toshi Onuki

表立って名前が出ることは少なくとも、世界で活躍する日本人は、数多く存在する。カリフォルニア在住の映像ディレクター・大貫敏之もそのひとり。海を渡った男の人生の旅程を、カセットテープは記憶している。

ニール・ヤングの自伝『Waging Heavy Peace』（白夜書房刊）**邦訳本のⅠのほう**（**元本は1巻本だが日本では上下巻のかたちで刊行**）**の324ページを見てほしい。そこにはこう記されている。**

「ラリー（・ジョンソン）は『ヒューマン・ハイウェイ』の改訂作業をトシ・オーヌキと手がけていた。クリエイティブなトシはシェイキー・ピクチャーズ・チームの重要なメンバーで、長年、ラリーとアーカイブづくりを進めていた」（訳・奥田祐士）

そのトシ・オーヌキが大貫敏之その人である。大貫は今、アメリカでニール・ヤングの映像作品のデザインや編集を一手に手がけている。大作『アーカイヴス Vol.1』※にも尽力した。ニール・ヤングの映像部門のチーフだったラリー・ジョンソンは惜しくも2010年に亡くなったが、前述の『ヒューマン・ハイウェイ』はラリーとトシの念入りなリサーチと編集作業によって、監督・主演であるニール・ヤングの意に即した改訂ディレクターズ・カット版（もともとは1982年の作品）がデジタル・リマスタリングされて完成。今年の秋

1964年東京都生まれ。高校卒業後渡米し、サンフランシスコ・アート・インスティテュートでパフォーマンスアートを学ぶ。東映で5年間働いた後、再渡米。2012年に独立し、ニール・ヤングとのプロジェクト他、アートディレクター、クリエイティブ・コンサルティングなど多岐に渡って活躍。

には日本でも劇場公開されたのちＤＶＤとしての発売も決定している。この日本人は、どのようにして今の場所へたどり着いたのか。

「高校の頃から都立の芸術高校に行ってたんですよ。当時は油絵専攻だったけど、すでに絵画にあまり興味が持てなかった。大学時代に専攻してたのはパフォーマンスアートと、ビデオアートで。当時、日本でもこの分野を学べるところはあったけど、みんな絵画科の専攻の下だったんです。そういうところでやるよりは、コンセプチュアルアートが生まれたアメリカの東海岸とか西海岸に直接行きたい、と思って。サンフランシスコに来たのは、当時僕の知ってる人たちはみんなニューヨークに行ってたから。みんなと同じところに行っても面白くない。それでこっちのアートスクールに。卒業した後も、僕の先生のスタジオの屋根の修理を半年ぐらいやってて。サンフランシスコからだいたい車で1時間ぐらい離れたところなんですけど、そこにグレイハウンド（長距離バス）で毎日通って。その先生がケチな人で毎日片道しか払ってくれないんですよ！　どういう理屈なのかは分からないけど（笑）。最低賃金で奴隷のように駆り出されてたけど、とても尊敬する先生だったので、寡黙な彼と屋根の上で1日中単純作業やって、たまに話したりして。とても有意義で思い出に残る時間でした」

その後ビザの関係もあって帰国。東映でビデオ編集の仕事に5年ほど携わった後、改めてアメリカに拠点を移す。

「僕にとって日本での毎日は徹夜続きでの過酷な修行時代でした。仕事の内容もマンネリ化してきたのでアメリカに戻ろうと思ったんです。もちろんターゲットにしてたのはポストプロダクションっていうビデオ編集の仕事です。リール・ディレクトリーっていう業界リストみたいな電話帳を一番上からかたっぱしから電話してたら、3番目のトータル・ビデオ・カンパニーっていうところが、僕を雇ってもいいって言ってくれて。朝4時からのシフトでお昼まで。ダビングをしたり、っていうアシスタント以下の仕事です。本当の底辺。そこでお客さんとのやりとりとか、英語力を少しずつ高めていって、編集の仕事も手がけ始めた。

その会社で働いて10年目ぐらいにニール・ヤングのプロデューサー、ラリー・ジョンソンが僕のクライアントになったんですよ。彼がニールと本格的に仕事をする上で、サンフランシスコにも自分のベースを持ちたいということで、営業の人が僕をあててくれたんですけど、気に入ってくれてそれ以来ずっと使ってくれるようになって。最初はひと月に1回ぐらい来る感じだったのが、2週間に1回、1週間に2回、いつの間にかいつもこっちにいるようになった（笑）」

そこからニールとトシの関係は始まった。ニール・ヤングの映像作品は、レーベル側から指示されることは一切なく、ニール側が制作したものをレーベルに買ってもらう、という体制だという。ワーナー・グループ所属アーティストでそれが成立しているのは、ニール・ヤングだけだという。

「僕とラリーがやった最初の作業はという

KPFA
MIDNIGHT DREAD（1986）

「この前、フランスのニース郊外を旅行した時に、すごい片田舎でリントン・クウェシ・ジョンソンがコンサートしてたんですよ。それで行ったらやっぱりこのテープの頃と同じ曲全てやってた。それで〝この曲はこういう曲で〜〟っていう前説が異常に長い（笑）。でも凄く良かったです」

と、ニールがレコーディングでスタジオ入りしたら、その様子を全て映像で記録する、ということだった。だから彼がアルバムを作るとなると2〜3か月単位でブッキングされてベタ付きでやることになる。『アーカイヴス』に至っては4年間単位だし（笑）」

記憶装置としてのカセット

そんな大貫が取り出したカセットテープは、レゲエだった。

「東京にいた時からレゲエが凄く好きで。当時、この内容を録音したのが85か86年の夏ぐらい。KPFAっていうローカルのラジオ局がサンフランシスコにあるんですよ。主にブラックな音楽で、その中でも『ミッドナイト・ドレッド』っていう番組があって。凄くマイナーな、クラブに行った感じの音楽がずっと流れてるんです。それを録りっぱなしにして、アートスクールで絵を描きながらずーっと聴いてた。その中でもリントン・クウェシ・ジョンソン※は特に気に入って聴いてて。レゲエの曲の中でも彼はどの誰とも全然違う存在だな、と思って。凄く政治的な内容ですよね。レゲエではみんな貧困とか暴力とか、よく歌うけど、だいたい右から左というか。ファッションじゃないんだけど、みんながやってるからやる、という軽さがある。でも彼はそれを現実的に訴えてる。ミュージシャンだけでなくアクティビストとしても活動してるところが、凄くユニークだと思った。

　彼が87年にサンフランシスコに来た時、期待してクラブへ聴きに行ったら、会場に全部テーブルが敷き詰められてるんですよ！　ダンス的に立って聴くみたいなところが全然なくて。そこへ彼がカセットデッキを1個持って出てきて、カセットデッキでカラオケで歌うのかと思ったら、それも押さないで、アカペラで歌い続けた。バンドも何もない、ただひとりでの詩の朗読だったんですよ。彼の歌い方って凄くミュージカルじゃないですか？　詩の朗読の歌い方そのものが、彼の音楽のメロディーみたいになってて。僕にとっては究極のコンサートだったなあ、って」

**　記憶は鮮明だ。カセットテープは一本一本がひとつの記憶装置のようなところがあると、大貫は言う。**

「昔の音楽とか聴いたりする時、カセットは特に昔の思い出が入り込むじゃないですか？　だからこの頃僕の聴いてた音楽を今聴いたりすると、その時の気候とか、聴いてた場所の記憶も甦ってくる。友人はスティーリー・ダンを聴くと〝プールの匂いを思い出す〟っていうんですよ。僕にとっては例えばクイーンとか聴くと〝冷房がガンガンに効いた部屋〟を思い出す。それでこのカセットは、僕が当時住んでた狭い部屋の絨毯の匂いを思い出すんです（笑）。まだ何者でもない、暑い夏の感じ」

**　狭い部屋は偉大なるロック・ミュージシャンとの深い絆に繋がっていた。ニールとの仕事は、休止はあっても、この先まだまだ続くのだろう。『アーカイヴス』シリーズも、Vol．1がある以上、終わりまで付き合うしかないようだ。**

「来週、再来週ぐらいからニールとミーティング再開です。どうやって進めるのか。どのぐらいお金がかかるのか。またニールとの日々が……（笑）」

（2015年）

※アーカイヴス Vol．1
1963年から72年にかけて録音されたニール・ヤングの膨大な貴重音源を集めたボックス・セット。2020年にVol．2がリリースされた。

※リントン・クウェシ・ジョンソン
1952年生まれ。レゲエのリズムに乗せて詩を朗詠する「ダブ・ポエット」としてロンドンを拠点に活動するジャマイカ人。アルバムに『Bass Culture』（1980年）など。

vol. 51

東陽片岡

Kataoka Toyo

漫画家にして、週3日四谷三丁目のスナックにて勤務（取材時）する男・東陽片岡。取り出したカセットテープは、27歳の時に訪れた〝人生の十字路（クロスロード）〟以降、実に30年の付き合いとなる1本だった。

「ウチの親父は地方新聞の編集をやってましてね。東京都北区の『北区新聞』。今もある。終戦直後にできたらしくて、新聞のロゴは未だに当時のまま使ってるみたいですね。結局自分がお絵描きをおっぱじめたもとは、親父の仕事柄ペラ原稿用紙が家にいっぱいあるから、適当に落描きしてた、っていうね。お絵描きですよね。『少年サンデー』から『少年マガジン』、毎週読んでましたね。良かったですよね、美濃部都政のしっちゃかめっちゃかな感じ、ね。『少年マガジン』の表紙を横尾忠則がやるとかね。赤塚不二夫が1ページ1コマ漫画描いたりね（笑）。でもちょうど70年頃、『もーれつア太郎』が終わったあたりで購読はやめたんですよ。そっからおフォークソングをラジオで聴き始めたですね」

1958年東京都板橋区生まれ。多摩美術大学美術学部デザイン科卒業後、雑誌デザイナーに。94年に青林堂にて漫画家デビュー。脱力系の貧乏ネタや風俗ルポなど、特殊な作風によって注目される。現在は漫画家業の傍ら、荒木町のスナック「秋田ぶるうす」でマスターを務める。近著に『ワシらにも愛をくだせえ〜っ!!』。

うらぶれた、あっけらかんとした世界を描き込みの多い画で描き、風俗業界にも体験的に通じていて、ムード歌謡がたいへん上手く、スナックのカウンターの中にも立つ漫画家・東陽片岡の始まりは、当然のように漫画であった。

「音楽は全然好きじゃなかったんですが、

中1からフォークソングを聴き始めたんですよ。それと適当にテレビの歌謡番組を見ながらね。渚ゆう子※とか黛ジュンとか。ああいう人たちは凄い好きでしたね。昔から10くらい歳上好きでね（笑）。特に渚ゆう子は。歌がいいですよね。〈京都の恋〉とかね、ベンチャーズ的な。あとはミニスカートはいてたしね（笑）。いやらしい足してね。凸凹してるの、かつドッシリした感じでね。顔ももったりしてて、骨太な感じで黒目がちで。黒目がちはいやらしいって言いますからね（笑）。渚ゆう子がミニをはいて階段に座ってるコマーシャル写真があったんですよ。下からのアングルで撮ってるんで股間が真っ暗で見えないんだけど、〝あ、ここにはパンツがあるんだなあ〟って想像しながら……凄まじい回数オナニーしましたね」

フォークを聴くようになって、ラジオを聴くようになった。時々ラジオ番組をカセットテープに録音し始めた。

「フォークシンガーがね、深夜放送に出始めたのが70年代前半で。泉谷しげるとか吉田拓郎とか。高校入ってからは、火曜の深夜に谷村新司の『セイ！ヤング』。なんで聴いてたかっていうと、当時御茶ノ水美術学院っていう予備校に行ってたんですよ。毎週課題が出てデザインを仕上げなきゃいけないんだけど、その締め切りがね、水曜日だったの（笑）。だから火曜夜は毎週徹夜。ローテーションがあって、FM東京で『富士フイルム ミュージック・スコープ』聴いて、それから小室等の『音楽夜話』を15分ぐらい。それから『あいつ』っていう日下武史の朗読ドラマ！ あれは必ず聴いてましたね。それが終わると『ジェットストリーム』、〝飛行機に乗ってる気分で〟城達也。それで深夜1時になると『セイ！ヤング』が始まるんで文化放送に切り換えて、谷村。それと『走れ！ 歌謡曲』の美川玲子、玲子ママを聴きながらね、時にゲラゲラ笑いながら。そうするとこう、課題を描くカラス口なんかが震えてくる（笑）」

フォークを聴いていたのはしかしそんなに長くはない。71〜72年頃をピークとして、73年頃には聴かなくなってしまう。

「73年になるとほら、もう浸透してきちゃって、かぐや姫とかになっちゃったからね。〈神田川〉とかが流行っちゃって。そうなるとね、私はしょぼくれた四畳半感が好きだったから。歌の中に女の子とか出てくるしね、あれは良くない。だから行き場をなくして73年頃にいきなりおピンク・フロイドにいったんですよ（笑）。なんでかっていうとね、富士見中学ってとこなんですけど、音楽の教師がね、授業中いきなり『原子心母』（5枚目のアルバム）を丸々かけて。それがインパクト大きくてね。そこからいきなりプログレですよ。昔はねえ、そういう変な教師がいてね。それからはもう、おピンク・フロイド一直線みたいな。あと洋楽だけ。ラジオで『サウンド・オブ・ポップス』を聴いてると、色んなライブなんかがかかったりする。このカセットはBTO【バックマン・ターナー・オーヴァードライブ】ですけどね。レコードを買うほどじゃなかったですけど……レコードを買うのはおピンク・フロイドだけ！」

1985年のクロスロード

と言って1本目のカセットテープを差し出す。3浪して多摩美術大学に入る頃にはパンク／ニューウェーヴの時代。おピンク・フロイドを聴く人間は周りにはいない。洋楽も、そんなに無理をして聴かなくなっていった。「ツーリングとオナニーばっかりしてましたね」。人生の転機はその後やってくる。

「85年ですかね。27歳の時。包茎手術をしました。真性包茎だったんですよ。今年、脱包茎30周年。そうなんですよ。それが今聴いてるおムード歌謡とシンクロしてるんです。包茎手術をしたら体質が変わっちゃったのかもしれないけど、いきなりね、おムード歌謡が自分にバーッときちゃって。

それで最初、宮史郎と、クール・ファイブ、鶴岡雅義と東京ロマンチカを買って。ロマンチカはね、〈小樽のひとよ〉、これが67年。もう小学生低学年の頃に年中テレビでかかってて〝いいな〟って思ってたんですよ。それでこのカセットを買って。〈明

鶴岡雅義と東京ロマンチカ 全曲集

「このジャンルの人は、基本これから増えることはないからね。現役の人もいるけどポツリポツリと死んじゃったり。人が亡くなると店でも追悼の歌を歌うお客さんが多いんですよ。でも去年、安西マリアが亡くなった時は誰も歌う人がいなくてね。寂しいから私が歌っちゃった」

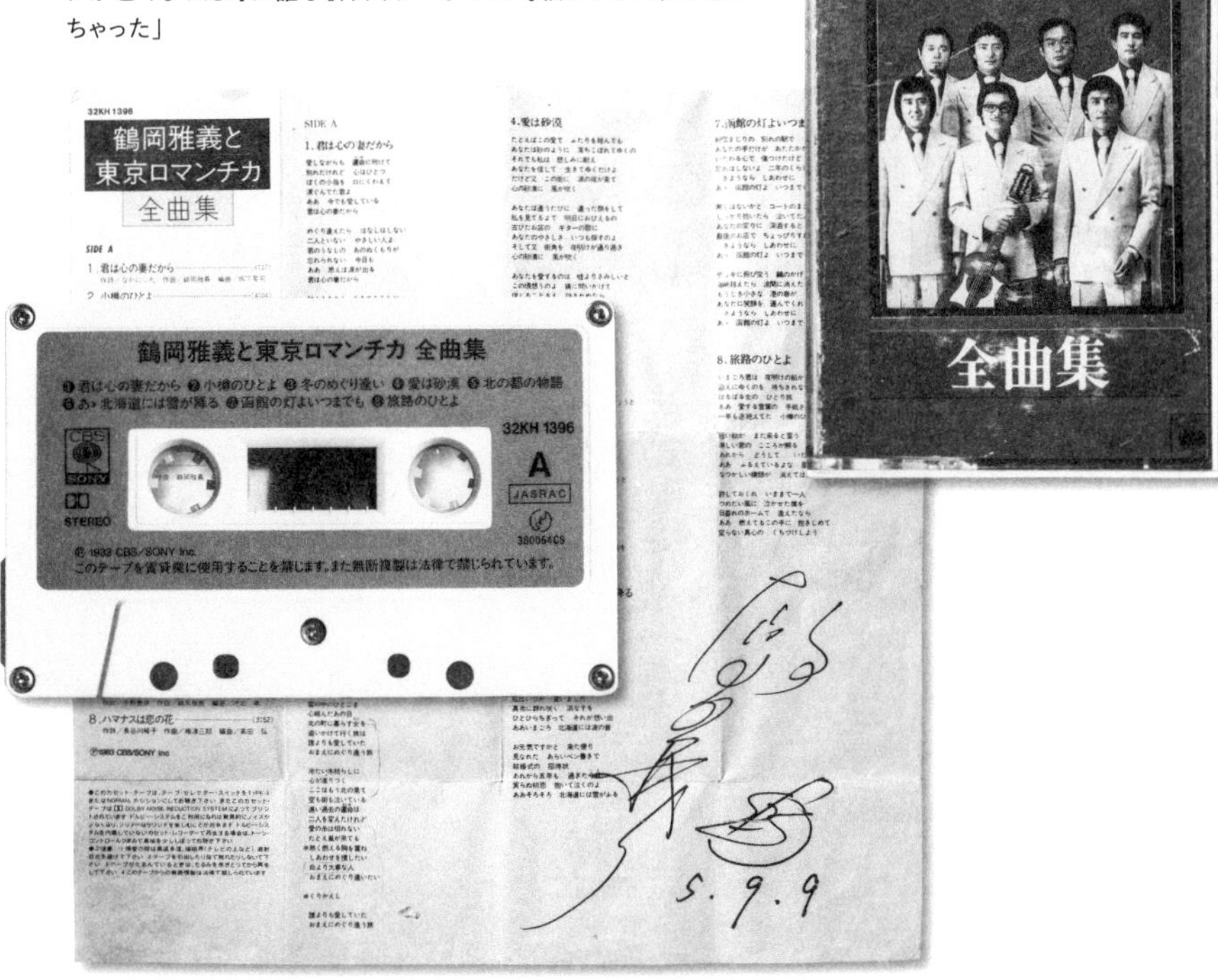

日からあなたは〉っていう曲があるんですけど、CDの全曲集には入ってない。入ってないのにカラオケに入ってるんですよ。この歌が本当に好きでね。あと〈冬のめぐり逢い〉っていう曲がね、これはカラオケにもまったくないし、このカセットにしか入ってない。カラオケなんかね、昔は歌うやつの気が知れなかったんですよ。〝アホじゃないか、あんなもの歌って〟と。でもカセットで覚えちゃってね、歌ったら気持ち良くてね（笑）。スナック通いも始まりまして。それも包茎手術の頃ですよね。あれがクロスロードですよね、やっぱり」

東陽片岡がクロスロードを越えて差し出したカセットの中には、文化放送の午前3時から5時までの人気番組『走れ！歌謡曲』のエアチェック・テープがあった。78年に初代パーソナリティーが交代する、その最後の放送だった。

「結局今現在、おムード歌謡一直線になっちゃいましたけど、その下地はその『走れ！　歌謡曲』。もう宮史郎なんてのは、そこでの刷り込みですよね、完璧に。流行ってる当時は気持ち悪かったですけど（笑）、それがある日、突然良くなってくる。昨日、ちょっと聴いたんですよ、カセットを。パーソナリティーの兼田みえ子さん、ミコタンとかね、当時30代後半なんですよ。もう話し方が全部色っぽいのよ。〝そうよね〟とか〝ですって〟とか、そういう喋り方、今の30代じゃあり得ない。それ聴くと、未だにこの当時の状態で歳上に聴こえてムラムラきますよね。聴くたびにね、自分が歳下に戻る、なんかおスナックの匂いがあるんですよ。今思うと、手術をしなくて、未だに真性包茎だったら、未だにおピンク・フロイド聴いてたかもしれない（笑）。鬱屈した状態で、引きこもって、漫画も描いてなかったかもしれない」

今後、かつての〝手術〟のような十字路に立つことはあるのだろうか？

「このまま死ぬまでおムード歌謡だと思いますよ。今もこうしてスナックに立ち続けてますしね。でも、プログレッシブロックみたいな重厚なおムード歌謡やったらいいんじゃないかとは思うんですよね。『原子心母』もテンポがゆったりしてるでしょ？　ああいう感じで。エコーをバンバンにかけて（笑）」

今なお時々ともるプログレの炎が東陽片岡の心の奥に残る。

（2015年）

※渚ゆう子
1945年生まれ。歌手。ベンチャーズが作曲した〈京都の恋〉〈京都慕情〉を日本語詞で歌って人気歌手となった。

vol.
52

磯﨑憲一郎

Kenichiro Isozaki

40歳を過ぎて小説家デビューするまで、作家の人生の多くは音楽で埋まっていた。残されたカセットたちは、その痕跡であり、同時に、間違いなく磯﨑憲一郎その人の一部だった。

「自分で〝この曲はなんの曲かな？〟って意識して聴くようになったのは、僕が小学6年か中学1年の頃、毎晩9時40分から放送されるNHKの銀河テレビ小説で、『早春の光』っていうのがあったんですよ。盲目の少女と大学生が結婚して……みたいなそのドラマの中でビートルズの曲が使われてた。〈Let It Be〉とか〈Yesterday〉とか、そういう曲だったと思うんですけど。〝この曲は何？〟って母親に聞いたら〝これがビートルズだ〟ってことで。それが1977年です」

1965年千葉県生まれ。2007年『肝心の子供』で文藝賞を受賞し、小説家としてデビュー。09年『終の住処』で芥川賞、11年『赤の他人の瓜二つ』で東急Bunkamuraドゥマゴ文学賞、13年『往古来今』で泉鏡花文学賞、20年『日本蒙昧前史』で谷崎潤一郎賞を受賞。

新刊『電車道』でさらに未踏の領域を切りひらいた感のある作家・磯﨑憲一郎は音楽人間である。その歩みの始まりは銀河テレビ小説だったとは、これもひとつの奇縁であろうか。中学の入学祝いにモノラルのラジカセを買ってもらってAMのエアチェックを始めたところから、カセット人生は始まり、録音は密になっていった。

「高校になったら、どの番組でどの曲を流すのか、もう毎号『週刊FM』でチェックしてました。NHKは夜7時15分から『サウンド・オブ・ポップス』やってましたよね、あの番組は45分で新譜のアルバム全部かけたりしてたから、それを丸々録ってたんですよ。ビートルズがソロになってからの新譜とか。あと夕方4時から6時までやってた……名前は忘れちゃったけど、フルに音楽をかけてくれる番組ありましたよね。あれでビートルズ特集の時に、全アルバム全曲をまったくカットなしでかける、っていうのがあって。それがちょうど夏休みだったから、そこで僕は214曲揃えたわけですよ（笑）。きっちりと、全アルバム。そのカセットも実家にあるはずなんですけどね」

中学ではギター部、高校では軽音楽部に入部。ギターを弾き、バンド活動にも取り組んだ。ウォークマンも登場し、カセット人生に拍車がかかった。

「高校2年の頃からNHK‐FMの『サウンドストリート』を聴くようになったんですよね。渋谷陽一さんと坂本龍一さんの曜日は毎週聴いてました。渋谷さんの時はRCサクセションがゲストで来たり、坂本さんの時ははっぴいえんど特集があったりして、それではっぴいえんども聴くようになった。高校2年っていうと1982年、NHKテレビの朝7時のニュースのオープニング曲がYMOだったぐらいだから時代は完全にテクノなんですよ。そういう時に僕ははっぴいえんど、っていう（笑）。同時に貸しレコード屋でもレコードを借りてカセットに落としたりしてましたね。熱心でした。僕は小説家になりたいなんて10代、20代には1度も考えたこともなかった。ミュージシャンになりたかったんですよ。

浪人して早稲田大学に入った後も当然音楽サークルに入るわけです。モダン・ミュージック・トゥループっていう、スカパラのギターだった寺師徹さんなんかが先輩でいるところで、それなりに友達もできて、バンドもできて」

だがその後、サークルをやめる決定的な出来事があった。

「ひとつには僕は84年に大学に入るんで、だんだん時代がバブルに近づいていって、なんか違うなという違和感があった。音楽もMTVとか、何かチャラくなっていく……違うだろ！　ボブ・ディランだろ！　もともと僕はそういう人間でしたから（笑）。それである時に、先輩の寺師さんが参加しているショコラータというバンドが、渋谷パルコのイベントスペースでパフォーマンスをやる、ということがあって、サークルのみんなで行ったんですよ。もう当時の最先端っぽい人がうようよいるんですよね。小綺麗な、真っ黒い服を着た人たちが。〝なんだこいつら〟と思ってたら、そこに坂本龍一さんが現れたんです。そしたらモーゼの十戒のようにバアーッと人が左右にはけて（笑）、その真ん中を坂本さんが歩いていく……もちろん坂本さんには何の恨みもないんだけど、〝なんかこの業界は間違ってる！〟って、そこでブチッと切れちゃって。出家するような気持ちでいきなり体育会のボート部に入っちゃったんですね。

運動経験なんてまったくないんですよ！　それがいきなり埼玉県戸田市のボートコース沿いの合宿所に寝泊まりして、年間300日以上練習する生活になっちゃった。本気の体育会ですから、親も泣いて止めてました（笑）。でもやってみたら、楽し

アメリカで購入したカセット群

「デトロイトの冬がですね、10月から4月ぐらいまで、雪が降らなきゃ曇りなんですよ。日光はまったく射さない。気温はマイナス20度。見渡す限り雪で真っ白で、道も凍っていて運転も怖いんですけど、そういう時、〝ああ、ここの人達はこの景色を見ながら、毎日音楽を聴いてるんだなあ〟って感動しましたね」

くて。パルコのモーゼの世界とは全然違う。みんなむさ苦しく雑魚寝、朝5時起床、夜10時消灯ですから、音楽は捨てたと思ってた。眠れない夜にこっそりウォークマンを聴くぐらいだったんですけど、ある晩珍しくラジオでNHK・FMを聴いたら『サウンドストリート』の渋谷陽一さんの、最終回だったんです。レッド・ツェッペリン特集、ラストは〈アキレス最後の戦い〉〝あ、やっぱり俺はこういうのを聴く運命にあるんだ〟とは、思いましたね」

アメリカで出合った時代遅れのカセット

大学を出て、社会人になり、音楽とは〝極普通〟の軽い付き合いになっていった。それどころではない忙しさであったことだろう。

「結婚して、20代も終わって、子供もでき、32歳の時に海外駐在に行けって言われるんですよね。〝アメリカのデトロイトだ〟って。デトロイトって自動車工場に囲まれた廃墟みたいなイメージを持っていたんですけど実際行ってみたら、森と湖に囲まれた凄く暮らしやすいところで。ただアメリカって車社会だから、僕も妻も車が1台ずつ必要で、僕専用に1台、フォルクスワーゲンを買ったんですよ。そしたら98年に買った新車なのにカーステレオはカセットしか聴けなかった！　今時CDじゃなくて。カセットか!?　と思って（笑）、カセット買わないとしょうがない」

といって目の前にごそっと取り出されたのが、アメリカ製の市販カセットテープの一群だった。かつて漬かっていたカセット生活へ、まさかアメリカで戻るとは。しかし、車社会であればこそ、結果的に音楽を聴く時間が以前より増えることにもなった。

「アメリカの田舎の中西部だったんで、ちょっと営業でお客さんのところに行く場合も片道4時間とか平気で運転するわけですよ。4時間かけて行って1時間話して、また4時間かけて帰ってくる日がよくあって。そういう道中で聴くボブ・ディランは、〝やっぱりこういうところで聴くもんなんだな〟って思いましたね。ミシガン州からイリノイ州あたりだと、4時間運転しても景色がほとんど変わらないんですよ。そんな中で聴いてるとディランが、音楽がじわじわ染みてくる」

スーパーで買った時代遅れなカセットが、磯崎にまた新しく音楽を染み込ませる。デジタルの時代ではあるが、カセットやレコードの感覚が今も体に確かなものとして残っている。

「テープを録音する時の身振りというか、機械を通して音楽を触っている感じっていうのはデジタルにはないですからね」

音楽と共に生きてきた磯崎だが、今は作家である。

「小説を書き始めたのは40間近、保坂和志さんに勧められてです。もともと文学青年じゃないし、むしろミュージシャンか音楽評論家になりたかったぐらいなんですけど、中学時代に北杜夫さんにだけは、『船乗りクプクプの冒険』を読んでからハマって、そこから北さんの作品は全部読んだんですよ。普通はそこから遠藤周作に、とかトーマス・マンからドイツ文学に……ってたどるはずなんですけど、そこでピタッと終わっちゃう。なんでかな？　と思うと、やっぱり音楽と出合ったからだと思うんですよ。エアチェックを始めたからだと思います（笑）」

カセットテープなかりせば、もっと早く作家・磯崎憲一郎は世に現れていたかもしれない。だが。

「つい先日新宿で飲んだ後、保坂さんと一緒に帰るタクシーの中で話したんです。その時保坂さん、可愛がっていた猫がどこかへ行ったきり戻ってこなくなっちゃって落ち込んでたんですけど、〝でも音楽が気持ちを支えてくれる。こういう時に音楽の力を思い知らされるよな〟って。だから僕は〝そうですよね！　落ち込んだ時は小説なんかなんの力にもなりゃあしない！〟って（大笑）。小説家ふたりで〝当たり前じゃないか、やっぱり音楽でしょ！〟って。でも、それは本当にそう思いますね」

（2015年）

vol.
53

三上寛

Kan Mikami

フォークシンガー・三上寛の手元に「偶然残っていた」というカセットから広がるエピソードはしかし、確かに、この異能の歌手の音楽と響き合うものだった。

「カセットテープ……まあ歴史は長いっていうかね、昔は〝カレッジS〟っていうのがあったんだよね。英語の勉強用で、リールが回るやつでね。それはカセットとは言わないか。いわゆる（オープン・リールの）テープレコーダーですね。私は買えなかったんだけど、兄貴が持っていたもんだから、兄貴に電話して1曲かけてもらったことがある。まあテープの歴史でいうと、そこからですね。

まあ誰でも経験あると思うんだけど、初めて自分の声を録音で聴いたら、〝これ俺じゃない〟って、ほとんどみんなそう言うね。今の録音技術から言えば原始時代の話だよな」

1950年青森県北津軽郡生まれ。67年同郷の詩人・寺山修司などの影響を受けて詩を書き始め、69年から音楽活動を開始。71年レコードデビュー。「怨歌」を謳い、センセーショナルなフォークシンガーとして旺盛な活動を続けている。俳優としても映画、ドラマへの出演歴多数。

世の中を震撼させる歌手として登場した三上寛は、45年を経た今もひたすら歌を作り歌い続けている。人前で歌い始めたのはいつのことだろう。

「69年ですね。68年に東京に出てきて、翌年から。今で言う路上ですか？　あの当時は演劇もやっていたから、いわゆるハプニングと称して（笑）。パフォーマンスではないのよ、ハプニング。あんまりお巡りさんは厳しくないし、驚くだけで取り調べはされないから、あっちこっち出没してやってましたよ。こっちもヤバくなったらパッと逃げるというかね。でもその頃に録音とかはまずしてないですね。歌うばっかり。

ただねえ、高校の時にフォークグループを作ったんですよ。4人組の。ブラザーズ・フォアに憧れてね。その時に自分のオリジナル曲を誰かが録音して、それを校内放送で流したのは覚えてますね。私、青森の五所川原高校で生徒会長してたもんだから、権限で流してね（笑）。今の安倍首相みたいに、勝手に。曲のタイトルも覚えてますよ。〈片足の子犬〉。ワッハッハッ！　私が初めて作った曲だよね。そのテープがまだあったら聴いてみたいよね」

まさしく〝幻の〟処女作〈片足の子犬〉。どのような曲だったのだろう。

「もちろん始まりはAマイナーですよ。今でも歌えるなあ。♪片足の子犬♪（口ずさむ）俺たちが講堂かどっかで練習していたら音楽の教師が来て〝いい曲だなあ〟って言ったんですよ。川村先生という方でしたけど、♪もう戻らない子犬　一緒に遊んだ思い出も♪のこの音が上がる部分（遊んだ、の部分）、ここがいい、っていうわけだな（笑）！　学園祭でも演奏しましたね。それから私がデビューした後、また集まって市民会館を借りてさ、そこでもやりました。メンバーと今でも？　付き合いありますよ。みんないい歳になったんで仕事とか忙しくて、なかなか昔のように、ってわけにはいかないけど」

歌うばっかりで、自分の歌も他人の歌もカセットに録ってどこかで改めて聴くということはほとんどなかった、という三上だが、アルバム制作上デモテープを録って他のスタッフに聴かせる必要が生じて、カセットを使うようになった。しかしそれは仕事上のことだった。そんな三上に80年代に入って転機が訪れる。

「私が初めて海外で仕事をしたのが、『戦場のメリークリスマス』（83年）への出演だったんです。それが初めてパスポートを持って海外に行った体験だった。その時に私、音楽が聴きたくて、ホテルに付いてるラジオを聴いたんですよ。そうすると英語圏で聴こえてきたビートルズが、私の感覚では凄くアングラに聴こえた。逆にローリング・ストーンズが凄くポップに聴こえた。どうしてビートルズだけ英語圏で聴いたら？　もしかしたら相当ヤバい歌詞なんじゃないか？　って。英語分からないんだけども（笑）。あくまで感覚、ですよ。そこから派生して色々なことを考えてたら、いきなり私の好きな日本の〝演歌〟ってものが分からなくなって。だから次に海外に行く時は、演歌を徹底的に聴きながら旅行してみよう、って思ったんです。

それから半年後ぐらいに、ベルリンに行ったんですよ。根津甚八さんのアルバムの仕事で。その時に山本譲二とか欧陽菲菲とか、当時のニュー演歌みたいなものから三橋美智也まで、20曲ぐらいCDから全部カセットにダビングして、持って行ったんだ。ロンドンのヒースロー空港からベルリンに乗り継ぎで5時間ぐらいあったんですけど、その間にそのカセットを繰り返し繰り返し、徹底的に聴いてた。そしたらね、いきなり怖くなっちゃって。それも不思議で、〝なんだろうこの感覚？〟って思った時に……結局英語圏っていうのはキリスト教文化じゃないですか？　神っていうのがいるわけですよね。ところがその時聴いていた島倉千代子は、自分が神になっていく歌い方なんですよ。シャーマンですから。だから、今俺はまったく違う神の中にいる、っていうことでね、凄く恐ろしくなった。演歌の歌い方っていうのは自分がどう盛り上がるか、ってことですからね。特に鳥羽一郎なんてのはさ、楽曲的には〝ここ転調してるな〟って思うところは転調してないんですよ。〝気持ち〟を変えちゃってるんだよね。キーは変わってないのに、歌い方変えて世界をガラッと変える。あんなの、できる人ちょっといないな。そういう日本の音楽の怖さ。〝やっぱり日本の音楽ってヤバいな〟って発見したのが、ロンドンの待ち時間（笑）っていう経験でしたね」

ELIJAH WALD
STREET CORNER
COWBOY
寺山修司 声のメモワール
──演劇はスキャンダル──
新潮
カセット
（講演）
A
SHINCHOSHA CO. 71 YARAI-CHO SHINJUKU-KU TOKYO 162

ELIJAH WALD
『STREET CORNER COWBOY』

「イライジャ・ワルドは20年ぐらい前にグラミー賞とってるんですよ。ライナーノーツ部門で。グラミーって200ぐらい部門あるんだってね！　ほとんど名誉だけで、パー券も買わなきゃだし、タキシードも持ち出しだし、って泣いてましたけど（笑）」

寺山修司　声のメモワール

親密なるカセット

英語圏で英語の歌を聴いたことが、演歌に対する謎を生み出した。それからカセットは以前より親密な物になった。何度か引っ越しをしても何故か、今でも近くにあるカセット。それを三上は持参してくれた。

「この寺山さんのはずっと愛聴してますね。同じ青森の先輩だし、表現力というかね、大事なものですよ。モノマネの参考にもしてる（笑）。それからこれ」

と言って、１本の外国人シンガーのカセットを手に取った。

「イライジャ・ワルドっていう音楽評論も書く歌手でね。この人、お父さんが有名なノーベル賞の学者なのね。ユダヤ人なんだけどね。ある時、彼のお父さんの弟子に日本人がいて、その人が製薬会社で大成功したお金を基金に京都で賞を立ち上げたんですよ。そして、その第１回目が彼の父であるジョージ・ワルドに捧げられた。ところがジョージはもう亡くなっていて、同じく学者のお母さんだけが取りに来たんですね。それに倅のイライジャが付き添いでやってきた。

その時にせっかく来たのにお守りだけじゃ面白くない、っていうんで、歌えるところがあれば……と思ったみたい。だから京都に着いてパソコンで〝今日歌ってるフォークシンガー〟とか調べたら……三上寛が出てきた（笑）。俺その時、『拾得』というライブハウスで歌ってたのよ。そしてこいつがいきなりギターを裸で持ってドアから入ってきて（笑）。聞いたら〝イライジャ・ワルドだ〟って。知らないよ！　〝あ、そう、じゃあやろうか〟って前座をやってもらって。結局それ以来の付き合いになっちゃった。親がなんで賞もらったか聞いたら、イカに透明な骨があるでしょ？　あれ海の中で変化するらしいんだよな。それで液晶のなんかを発見したらしくて。だから研究用に使うから夕食が毎日イカだった、って。で、〝それは俺もそうだったよ！〟って。ウチはほら、青森のイカ漁師だからさ（笑）。〝じゃあウチの村まで今度一緒にイカ食いに行こう！〟って」

イカと歌が紡いだ友情だった。縁とは奇妙なもの。青森の漁師とノーベル賞、ヒースロー空港と演歌、カセットがその仲介に時々なるものだ。

「イライジャが不思議なやつでね。ＣＤは何枚か出しているんだけど、カセットはこのもらったやつだけなのよ。ＣＤは普通に売ってたけど、カセットはこう、手書きじゃないけど、特別に手紙を渡すみたいな感覚でくれましたね。そういうのって面白いよね。カセットって親密な感覚があるというかね」

（２０１５年）

vol.
54

柴田聡子

Satoko Shibata

取材の時点でまだ20代。シンガー・ソングライター柴田聡子はカセット世代では決してないものの「駄菓子を並べるように」愛聴する最新カセット作品を並べてくれた。

「私86年生まれなんですけど、小学校時代はカセットで聴く、っていうのをやってて親しみはあったんです。ラジオを録音したりして、結構ヘビーに使ってたんで。思ってみれば、音楽は小学校の頃から聴いてたと思うんですけど、中身がホントサザンとかユーミンだったんで、そんなにコアなものは……。でもそうですね、何回も聴くっていう習慣はありました。ずーっと広瀬香美を聴き続ける！　みたいな。90分テープにシングルCDの同じ曲をずっと入れ続けて、聴き続ける（笑）。そういうタイプでした。アルバムを買うお金もないから、TSUTAYAでシングル盤を借りてきて。中学からのMD時代も、ただそれがMDになったたっていうだけで、同じことをやってました」

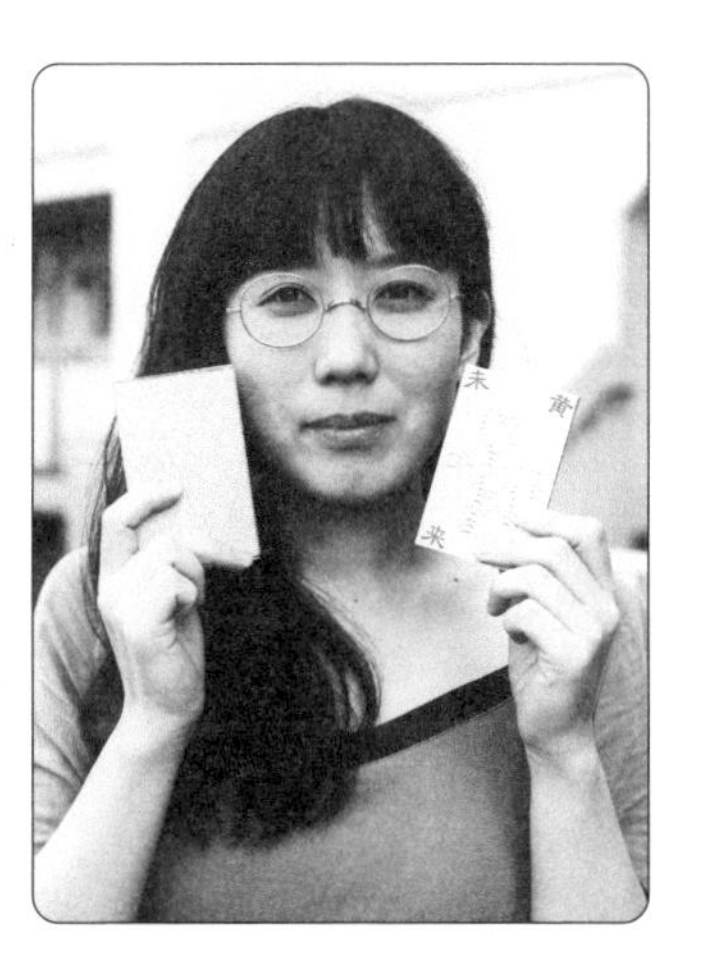

1986年北海道札幌市生まれ。武蔵野美術大学卒業後、2010年頃から都内を中心に活動を始め、11年、2枚のデモCDを発表。12年にファーストアルバム『しばたさとこ島』を発表。アルバムデビュー10周年にあたる22年に6作目『ぽちぽち銀河』をリリースした。

少ない曲を聴き込んでいくタイプだったという柴田聡子はシンガー・ソングライターだ。アコースティック・ギターの弾き語りでのライブ活動が中心だ。2015年9月に3作目のアルバム『柴田聡子』が発売された。山本精一がプロデュースと伴奏も手がけたそのアルバムはそれまで柴田を

聴いたことがなかった人々、YouTubeなどでチラ見チラ聴きしたことはあったが……という人々の多くを目覚めさせた。柴田は先人の歌っていない詩情や叙事に踏み込んでいく。あえてそうしているのか、そうなってしまう体質なのか、いずれにしてもありふれた歌を合唱することが称揚される今の世にあってかくも貴重な歌い手作り手がいたか、としばしときめく。とはいえ柴田は素朴に語る。

「歌い始めは5年くらい前なんですけど、大学の授業で。なんかプレゼンみたいなのをしなきゃいけない瞬間があって。その頃はまだ全然歌ってなくてバンドみたいなのをやってたんです。ギターと歌しかないデュオで。プレゼンの時にどうしようかな？　って悩んでたら恩師に〝お前は歌うか踊るかするんだろ〟って言われて、〝えー！〟みたいな。何故そう言われたか分からないんですけど、歌ってみたら意外と楽しかった、っていう。そこから不思議な人生の始まりで。大学は武蔵美の映像学科だったんですけど、卒業制作は結局歌ってた……みたいな（笑）。

ギターは高校卒業したぐらいからやってはいたんですけど、本当にスピッツとかゆずとかの歌本を買うぐらいで、ジャカジャカジャカと日々過ごしてました。私ホント恥ずかしながら、ここ最近になるまで自我が芽生えてなくて（笑）。あのー、なんて言うんでしょう。自分がどうしたい、とか、どうしてこうなった、みたいのが分かんないところがあって。自分が何を思って映像学科に行ったかっていうと、ＭＴＶを見て、とかそういう薄っぺらい理由だし、凄い馬鹿みたいなボンヤリした気持ちで生きてきて、ボンヤリした気持ちで札幌から東京出てきて。大学は普通に行ってたし、真面目なほうだったんでちゃんと授業も出て。家は大学の近くの東大和市っていうところで、学校と家をただ往復する生活でした」

繊細な歌へのまなざしの裏には何かがあるだろう、と多くの妄想に柴田は晒されているのではとの危惧はある。しかし歌い手としての地金は硬い。好奇心は柔らかい。

「卒業した後、高知の四万十川のほとりにあるデザイン事務所で働いてたことがあって。友達から〝ちょっと映像部門の人が足りないから働かないか〟って言われて、暇だったから〝行く行く〟って半年ぐらい。それが唯一ちゃんと働いた記憶っていうか。その前にアルバム作ろうと誘われてふわっと歌を録音してて、〝行ってきまーす〟って高知へ行った後に、知り合いがそれをプロデュースして肉付けしてくれて、ファーストアルバムが出たんです。私は自我がなかったんですけど、そのアルバムが出た瞬間にファ――――ッと、芽生えた。第二次性徴期というか、いきなり25歳くらいで思春期がきて、表現欲が出てきて。でもライブとかに呼ばれ始めると四万十川は遠すぎて（笑）、それでこっちに戻ってきました」

遅い第二次性徴を迎えた柴田に両親はいかに響いているのだろうか。

「いやあ、私の音楽はなんか理解し難い、みたいな。一応送ってるんですけど、両親は両親なりにまだ娘を諦めきれないらしくて。多分わけの分かんないことをやってるから〝いつ帰ってくるの？〟〝結婚しない

「メディアはカセットだけど、それを広めたい、っていう意識はあるんですよね。タナカさんとか、勝手にやってる感じが凄く素敵なんですよ。お金？　音楽でお金は……私の中ではスターとして確立されてるんですけどね」

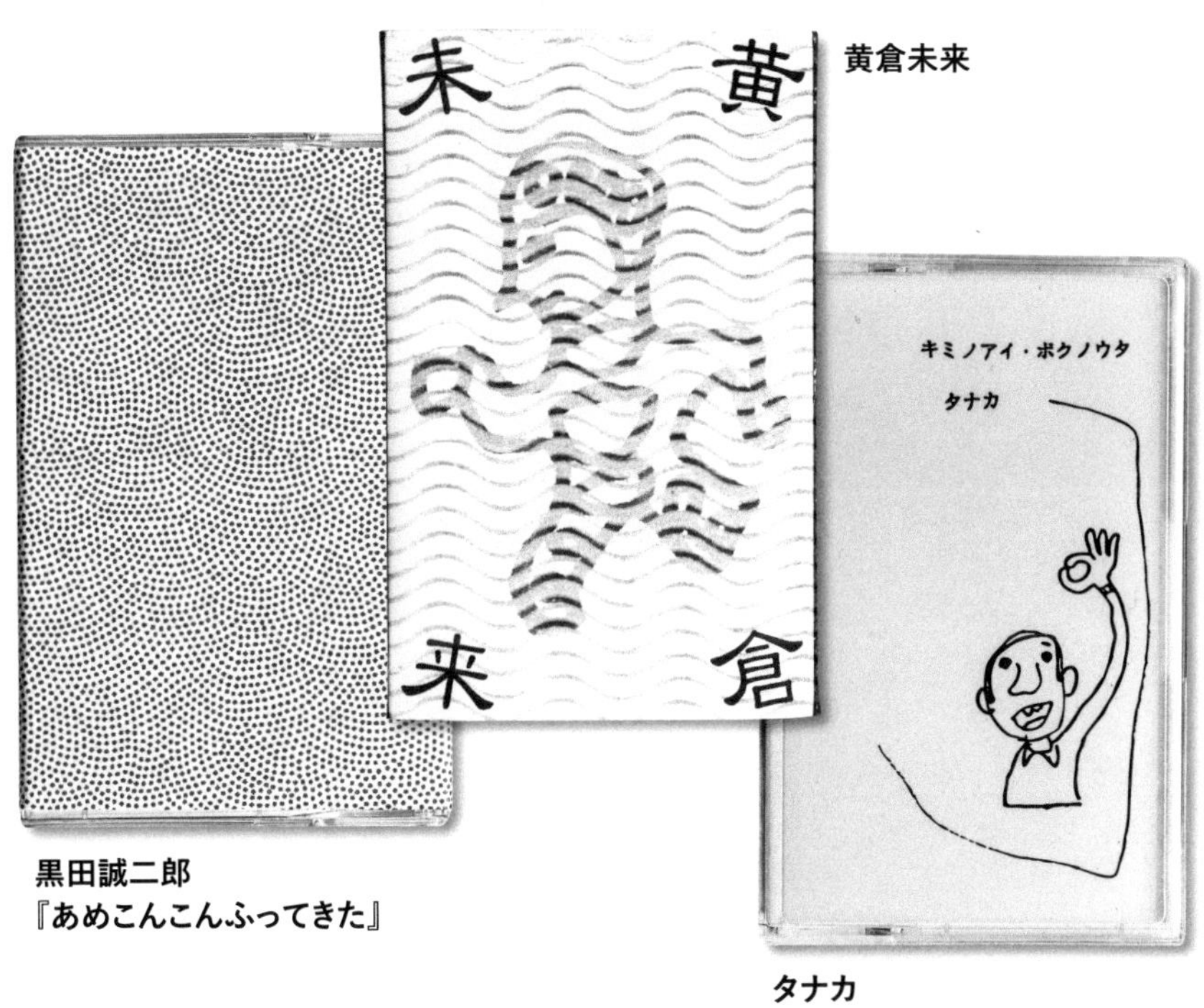

黄倉未来

黒田誠二郎
『あめこんこんふってきた』

タナカ
『キミノアイ・ボクノウタ』

の？〟とか。かたーい家なんで、多分、紅白に出るぐらいになってようやく、普通の結婚というハードルを越えていける（笑）」

2015年 日常としてのカセット

そんな柴田は最近カセットを曲作りにも活用している、という。

「私、テニスコーツ※のさやさんの家にしばらく居候してたんですけど、その時にテニスコーツのおふたりのカセット熱が再燃していて。植野（隆司）さんは『カセット100』（自作100曲入りのカセット6巻組作品）を作っていて、それを近くで見てて、とにかく音が良くてびっくりして。それがきっかけで、いいな！　って。それまではパソコンでデモを作ったりしてたんですけど、だんだん気持ちが暗くなってくるというか、鬱みたいになってきて。でもカセットで録り始めるとちょっと楽しい感じが出てきた。しかもその楽しさをちゃんと自分が受け取るようになってきて。楽しくていいんだ、みたいな（笑）。そこからデモ作りを結構楽しくやってます。単純に凄いハイファイでかっこいいですよね。ガツンとくるというか。音めちゃくちゃいいです」

　彼女にとってカセットはまさに素朴な日常だ。この日もたくさんの愛聴カセットを持参してくれた。皆ローカルだが、今、現役で作られている。

「これは黄倉未来さんっていう方なんですけど、この方は結構カセットで音源を出していて。これはライブレコーディングみたいな内容なんですけど、この作りの簡素さ（笑）。ホント目の覚める、最高の音源です。あとこれは黒田誠二郎さんっていう、京都で喫茶・ゆすらごっていうお店をやってる人で。凄くカセットのしつらえが可愛いのと、アコースティックギターの弾き語りなんですけど、内容も凄く良くて、それこそテープが切れるんじゃないかっていうぐらい愛聴してます。

　あとこれはタナカさんっていう、鳥取のトリレーベルというレーベルのカセットなんですけど〈キミノアイ・ボクノウタ〉っていう感動的な曲が入ってて。タナカさんは会うたびに嬉しくなる存在、ホント七福神みたいな人なんですよ」

　最近、カセットで作品を発表する人が世界的に増えている。それは確かなことだ。柴田も近々カセットで新作を出す。カセットが〝新しい物〟と受け止められている側面もあるのだろうか。

「ただ単純に、みんなこの音にピンときてるらしいんですよ。懐かしい、とかそういうのじゃなくて、カセット、っていう音がいいって。私も結構そうなのと、再生とかが気持ちいい。読み込みの時間がないのがいいんですよ。ダイレクトプレイ！　みたいな。あと人間の感覚に近いものがあるというか、肌触りというか。アナログの物みんなに言えるかもしれないけど、肌が合う、という感じがするんですよね。

　私も今度スペインのレーベルからカセットを出すんです。そこも限定100個ぐらいしか作らないんですけど、CDは出さなくて。〝ジン（少部数の同人誌）と一緒に出しましょう〟って言われて、それにカセットが付くみたいな。ジンには私のノートの一片とかが入ってるんですけど、それをスペイン語に独自に翻訳して載っけてくれるみたいです。しかもそれが、予約の時点で完売するみたいです。そのスペインのリリースはこの小型のカセットテレコ一発で録りました。でももうこれ売ってないんですよねー、これが一番好きだったんですけど」

　パソコンでは逆に聴けない新しい歌い手のまなざしとときめきを、カセットが、運んでくる。

（2015年）

※テニスコーツ
ボーカリストのさやとギター&サックスの植野隆司によるユニット。1999年にデビュー。

vol.
55

笹久保伸

Shin Sasakubo

秩父在住のギタリスト・笹久保伸が持参したのは、自分が生まれた年に遠く南米で作られたカセットテープ。その偶然の1本が、異才の現在に繋がっている。

「これは1983年に録音された、ペルーのアンデスギターのカセットテープなんですよ。これが凄い良くて。3歳ぐらいに初めて聴いてから、ずっと家で聴いていたのを覚えてますね」

ギタリスト、音楽家、映像作家、アーティスト、規格外の創作活動家、秩父在住の笹久保伸は1本のカセットテープを置いた。ペルーのギタリスト、ラウル・ガルシア・サラテの独奏集だった。笹久保が生まれた年に録音されたものだ。1983年、

「つまり0歳の頃からこのカセットは家にあったわけです。父は医療関係で、ジャイカでペルーに派遣されて1年間、病院のリハビリ科で働いていたんです。日本政府が建てた野口英世国立精神衛生研究所っていうんですけど。父が現地で聴いて好きになって買ってきたのが、このテープですね。ペルーでは凄く有名で、人間国宝みたいな人です。僕はこれを聴きながら育ったので〝これがギターなんだ〟と思って育ったんです。他のものを知らずに育ったというか。小学生の頃、ロックとかジャズとかクラシックっていうものが存在するっていうことは知らなくて。家にもそういう音楽はなかった。だから自分も、ギターを弾くよう

1983年生まれ。幼少よりギターを始め、2004年から08年、単身で渡ったペルーにてアンデス音楽の研究。南米音楽と現代音楽を演奏するギタリストとして南米各地とヨーロッパで演奏する。帰国後は「秩父前衛派」名義で現代アート作家として活動。23年現在までに36枚のアルバムをLP、CD、カセットでリリースしている。

になったら、〝これ〟を弾くんだろうなって勝手に思ってました。それしか知らないから（笑）。小学4年生からギターを始めて、結局、高校ぐらいから東京でクラシックギターを習うようになって、コンクールに出たりとかしてたんですけど、よくよく考えると、違う、何やってんだろうと思って。クラシックじゃなかったはずだと。僕が弾きたかったのは」

楽譜が読めるようになり、技術的にも色々弾けるようにはなったがもともとギターに対して抱いていた自分の希望とはかなり違うものを弾いていたことに気づいた。笹久保は決断を下し、単身ペルーへギター留学に行く。

「高校卒業してから2年間、演奏とかのバイトをして、20歳の時に行ったんですよ。全然お金はなかったんですけど、向こうでは家賃含めて月3万で生活できたんです。20歳、バス酔いする虚弱な少年だった。だからペルーで生活して結構、精神的にも強くなりましたね。当初はすぐ帰りたかったんですよ。親元を離れたことなかったですし、3か月で覚えてさっさと帰ろうと思ってたんです。でも3か月経っても言葉も、音楽も、何もできなくて」

そこで笹久保は2度目の決断をする。ギターが弾けるようになるまでみっちり滞在することを。ペルー中のアンデスギターの巨匠に教えを請い、ギター道を歩んだ。技を身につけるうちに、タフな生活、人々との交流の中で会話力も上がっていった。ペルーの土を踏んでから1年余、現地でのレコーディングが実現する。

「一番最初は自分で録ったんですよね、2005年に。自分で録ったというか、日系人の知り合いが増えたので、日系人のお医者さんとかが〝ペルーに留学して1年の記録として1枚アルバムでも録ったら？〟って言って、スタジオ代を出してくれたんです。で、覚えた曲を2時間くらいで13～14曲録って。その中のひとりが、知り合いのレコード会社に気軽に持って行ったら、〝おっ日本人か、売れそうだな！〟って（笑）。日本人がペルーでアンデス音楽やるっていうのはいなかったですからね。今もいないですけど（笑）。じゃあCDでも1枚出してみようって言って。そしたら新聞に載ったりとかして結構売れて。珍しいからですよ、上手いとかじゃなくて（笑）。そのまま滞在中に13枚、どんどん出たんですよね。途中から僕ももうアンデス音楽じゃないものも弾き始めて（笑）。自分の曲とか。それは全然売れてないらしいんですけど。アンデス音楽のほうが売れる。1枚目の頃の録音はまだあんまり上手くなくて、13枚目に近づくほうがやっぱり技術が上達してるわけじゃないですか？　だから自分的には、新しい作品を聴いてほしいんですけど、向こうのレコード会社に言わせると、1枚目が一番いいって言うんですよ。〝最近のは上手くなった〟って。〝1から10まで、ちゃんと分かりやすくきっちりできすぎてるように聴こえる。人々は芸術作品として聴くわけじゃないから。大衆音楽として聴くわけだから〟って言われましたね。調弦がちょっとずれてるぐらいのほうがいい、って言うんですよ。ペルー人は。結構本気で。綺麗なのはなんかちょっと違和感があるって。だから音楽家的な立場と、民族音楽的な立場っていうのは違って、難しいですよね」

ペルーから秩父へ

4年間ペルーで活動した。演奏の傍ら笹久保はさらにアンデス各地の伝承曲の研究に励み、各地の山間部へ分け入って曲の調査採取録音を続けた。

「音楽を弾く上での調査なので、学術的なものじゃないんですけどね。採取した曲はもう超膨大にありますよ。奏者個人単位になっちゃいますし、各地で出会った音楽家はみんな即興の達人だったから、毎年毎年曲が更新されていくんです。一応「ペルーのギター音楽」っていう楽譜集も出版されていますが、それはある先生が持っている100パターンの演奏の中で、1回弾いたパターンっていうのを楽譜に書くわけですよ。それをみんなが弾くことになっちゃうわけですよね。そうすると、その音楽のホントに豊かな部分っていうところが見えて

SERIE ESPECIAL GRANDES EXITOS VOL.3『RAUL GARCIA ZARATE』

ガルシア・サラテのカセットと、ペルー各地で笹久保が買い集めた大量の民族音楽のカセット。「基本、ペルー中を巡りながら売っているカセットを見ると買ってきました。治安ですか？　超悪いですよ。僕もヘッドロックで首締められて、物盗られたりとか、いっぱいあります」

こない。100分の1のパターンでしかない演奏ですから。もしかしたら、ベートーベンやバッハだって同じかもしれないですよね。一回性の演奏が、形式になっちゃうっていうか、後付けでね」

2007年に秩父に戻った。民族音楽にとどまらず、現代音楽やプログレッシブロック好きも括目するような作品を続々発表。2010年には青木大輔や清水悠らと「秩父前衛派」を名乗る運動体を作り出し、文芸作品、映像作品、図形楽譜など闊達な活動を展開している。秩父地方に伝わる民謡の調査研究採集も行っている。

「繫がっているんですよ。っていうのは、ペルーでインディヘナの人たちと活動したりしている中で、〝自分はなんなんだ〟っていう原点に帰ったんですよ。秩父出身だけど、自分の国の音楽もできないし、日本人って何かも分からない。で、帰ってきた時に、秩父ってちょっと変わっているところだから、歌とかあるのかな？　と思って、アンデスでやったフィールドワークを秩父でも。そしたら機織歌とか仕事歌とか、秩父のアイデンティティを持ってる人たちもいるってことに気づいて。秩父前衛派のアート運動っていうのは、〝秩父でアバンギャルドをやる〟って意味じゃなくて、その地域が持ってるアバンギャルド性を使ってアートにロジックしていくっていう活動です。

アンデスに行ってなかったら逆に秩父のことを絶対やってないと思う。お祭りとかも関わりたくないって思ってたし。太鼓とか、郷土芸能とかかっこ悪いなとか、小学生の頃って思うじゃないですか。田舎だし。でも逆にそれがペルーを見たことによって、あっ同じことなんだなって。意識的には海外のものがかっこいいっていうふうになっていたけど、同じなんだ、っていうのが見えてきたのが、帰国して5～6年です。

音楽だけで生活していくのはたいへんですけどね。サラテとペルーで会った時に〝手にちゃんと職を持って音楽やったほうがいいんだ〟っ言ってましたね。彼は弁護士なんですけど、そのお陰でボヘミアンな生活にならずに済んだ、っていう。僕も生まれて初めて聴いた音楽がまったく別のカセットテープだったら、まったく違う人生だったでしょうね」

1本のカセットテープが開いた道が、どこまでも続いている、ようだ。

（2015年）

vol.
56

下薗大輔

Daisuke Shimozono

市井にありながら驚くべき規模の音響機器を収集した人物は、どのようなカセットを持っているのか？　そんな興味から、我々は町田（東京都、取材時）に住む下薗大輔を訪ねた。

「私が小学校低学年の時に、親父が神田の本屋さんに連れてってくれ、〝好きな本買えや〟って。その時3冊買ったんですね。ひとつがエジソンの伝記。あとの2冊は工学博士の八木さんっていう、八木アンテナを開発した人の本と、理科の〝なぜ、なぜ〟っていう、子供のなぜ？　っていうのを絵と文章で簡単に説明している本でした」

エジソンの円筒式蓄音機をはじめ、100年を越す音楽再生装置、録音装置の歴史を物語る数多くの機器を収集、メンテナンスし、地域の子供たち、お年寄りに聴かせる活動を続けている市井の人・下薗大輔の、〝この道〟の原点は発明王トーマス・エジソンの伝記本であった。

「俺も電気に進みたいと。もう、そこで夢を持ったわけですよね。それで電子工学校を卒業して、外資系の研究所に勤めて」

電気の道と、もうひとつ。国際線で仕事をしていた父親のお土産で膨らんだ、海外で仕事をしたいという夢があった。アシスタント付きの研究生活を続けていくうちに、それをかなえる転機がやってくる。

1945年疎開地の富山県生まれ。エジソンの円筒式蓄音機を始め、様々な音響装置や録音装置を収集。「現代の子供にも夢を与えたい」という思いから【少年少女発明クラブ】等の指導員として、実際に機器に触れることで、科学などへの興味を喚起する活動を行っている。現在、その膨大なコレクションは美術館に移管済み。

「海外で事務所、会社を興すんで手伝ってくれと。独学だけど英語が分かって技術も持ってて、ということでその時から海外に飛び出して、ずーっと海外の生活をやってきました。ほとんど単身ですよ。妻が日本で私の親父とお袋をずっと面倒見てくれてね。それこそ〝なんのために結婚したの〟って（笑）」

アラブ首長国連邦を皮切りに数か国数都市を渡り働き続け、アメリカで現地法人会社設立に携わる。もう50歳を過ぎていた。そこで、幼い頃に読んだ伝記の人物、〝この道〟との接点が発火する。

「行った場所がニュージャージーなんです。ニュージャージーっていうのはエジソンの研究所があったんですね。たまたま原点であるエジソンの近くだったわけですから、現地にあるエジソン博物館に入り浸って、館長と仲良くなって、色々お話を聞いたり資料をコピーさせてもらったり。最初はやっぱり館長も、国の財産ですから〝ダメ〟って言って貸してくれないわけですよね、当然。でもしつこく通ってるうちに、この場所でならいいよ、って。まずその人の前で見始めて。それから〝これだけちょっと貸してくれる？〟って言って、〝明日返すから。ねっ、1枚コピーさせてほしいんだ〟と。頼み込んで借りて、借りたらその日のうちに返しちゃうんです。明日っていうのは、セーフティのために言っただけで、当日中に返す。10分強ぐらいのところに会社がありましたんで、コピーを取って、すぐ返した。それを繰り返したんですね。そうすると〝あいつは必ず返す。時間前に必ず返す〟ということでだんだんと貸してくれる資料が多くなって。〝あぁ、まぁ1週間くらいはいいよ〟と。もちろんそれも2日か3日かで返しに行くわけです」

エジソンの地に至って熱は高まり、資料を読むうちに興味は〝現物〟へと向いていった。

「結局アメリカへ行って、エジソンは蓄音機ですよね。人間はいつか皆さんお迎えが来ていなくなるわけです。そうすると息子は親父が集めていた蓄音機や古い再生装置のコレクションをガレージセールという名のもとに、庭に広げて売り始めるわけですよ。5ドルとか2ドルとかで。僕は現物を博物館でたっぷり見てるから目が肥えてた。彼らの財布に入ってるのは20ドル札がマックス。現金を持ち歩かない、みんなカードか小切手なんですよね。だから2ドルっていう現金は彼らに魅力なんですよ。で、車で走ってるとガレージセールって書いてあったら、停めて。お茶飲みながら話をして。〝もう今日はおしまいだ〟っていうタイミングで〝じゃあ、あれ2ドルでどう？〟って言って、オッケー！　っていう交渉術で集まっちゃったんですよね」

その収集量はたいへんなものだ。同様な機材が複数あるのは当たり前。自宅に置き切れなくなったジュークボックスは近所の喫茶店に「置かせてもらって」いる。自分の手で修理するので改良／改造された物も多数ある。ラジオの中にデジタルの再生機が組み入れられていたり、オート・チェンジャー付きレコードプレーヤーにスピーカーが内蔵されていたりして驚く。オー

海外での仕事を見据えて、高校時代から独学で英語を学んでいた。「アメリカ人の友達を作るのが一番早い、と思って、横浜の外人墓地の隣にあるアメリカンスクールに行って校長に〝友達が欲しい！〟って、ずうずうしく（笑）。でもそれで世の中を渡っていけた」

1974.12.23
アブダビ沖のムバラス島にて
クリスマス・パーティー

1994.7.14
OLDIES HIT
米国オールディーズ専門FM局よりエアチェック

ディオの歴史が実物で密にたどれる収集コレクションである。

道の果ての終活

そんな下薗はカセットテープというメディアをどう感じていたか。手に入れて使い始めたのは発売されて間もなくの頃、66年頃だった。その後何台も使ってきた。海外赴任時代は行く先々でカセットを買って楽しんだ。

「やっぱり便利だなぁと思いましたよ。ちっちゃくて最大2時間ももつわけですよ。値段的にもそんなに高いわけじゃないし。録音できて消去できて。持ち運びも便利で、表にちゃんとタイトルも書けて。コピーも録れて。エアチェックもしてたし。ポケット型のカセットプレーヤーが出て、それこそみんな持ち歩いてね。電池も一緒に買って持っていく。みんなヘッドホンして。ソニーの井深さんがウォークマンを開発したときは、おっ、やってくれたなと思いましてね」

そう言いながら下薗が探し出してきた1本はアラビア人の音楽の実況録音だった。

「ちゃんと日付が入ってるの。1974年12月23日、仕事で行ったアブダビの沖合、ヘリコプターで30分ぐらいだったかな。そこでアラビア人と日本人がクリスマス・パーティーをやった時の模様を録音してたんです。砂の上にござをひいて、立てひざして座りながら飲みながら。飲むって言ってもお茶なんです。お酒タブーですから。そこで踊りたい人は頭をこう振り回しながら。あと杖を持ってますから、腰には刀ね。杖を振り回しながら輪に。女性は誰もいないんですよ。女性は表に出てこれないですから。男ばっかりの集まりです。アラビア語の響きって凄く好きなんです。だからアラビア語のディスコだとか、そういうのも向こうにいる時にカセット買いました。分かんないんだけども、なんとなく発音がね。あとリズムが違いますね」

アブダビ沖の島のパーティーの音は、素晴らしくクリアで奥行きのある見事なものだった。音楽に対する愛情が感じられる。

「僕自身としては音楽は非常に好きなんですよね。色んなとこの国に行っても、好きな曲があるんですよ。一番好きなのはオールディーズとドゥーワップね。オールディーズはほとんどドーナツ盤でレコード持ってるんで、今はジュークボックスに入れて聴いたり」

突き進んだ道は自然と世界へと通じ、憧れた海外で様々な音楽、そして再び〝この道〟と合流した。手元には今も、原点になった父親に買ってもらった本が美しい状態で保存されている。

現在70歳。依頼があれば、集めた蓄音機のレコード・コンサートや展示説明会などもやっている。自宅のいたる所に機材がある。その数は200や300ではない。大小様々な部品、SP、LP、シングル盤もある。カセットだけではなくオープン・リールのデッキももちろん現役だし、テープも1000本以上保存されている。世紀をふたつまたぐコレクションだ。

「僕の終活は今のところ、このコレクションのお嫁入り先を探すこと。自分の人生あと10年だ、と。10年の間にこれを全部移管できて。一番いいのは5年で移管が完了して、そこからメンテナンスの指導に入って、私は三途の川を渡れればいいかな。三途の川を渡るために他の人と違うことをしなくちゃっていうので、将来の子供たちの指導と私を育ててくれた高齢者に、蓄音機やレコードを持って昔の音楽をかけてあげるという活動をしてるんですよね」

息子は冗談で言う。「〝せめて売ってお金にすればいいのに〟って（笑）」。その嫁（コレクション）を引き受ける婿には相当な度量が必要だろう。

（2016年）

※コレクションはその後、茨城県にある「ザ・ヒロサワ・シティ　芸術の森分館」に無事譲渡され、展示されている。

vol.
57

根本敬

Takashi Nemoto

特殊漫画家にして画家、幻の名盤解放同盟書記長でもある根本敬の自宅には大量のカセットテープが散乱する。それはある時代、カセットテープでしか拾えなかった、誰も知らない声の集まりだった。

「カセットは中学入学と同時に気がつけばあった。中学入学は71年か。何しろ父親の弟が電気屋だったから」

特殊漫画家、画家、歌わない歌と歌手を探索するフィールドワーカー「幻の名盤解放同盟」書記長の根本敬とカセットテープは、密接でざっくばらんな関係にある。

「本格的に使い出したのはやっぱり中学生ぐらいじゃないかなあ。洋楽とかに目覚めるあたりと、カセットテープの時代っていうのが同時に進行してる世代だと思うんだよ。でも高校2年生ぐらいにステレオを買うまでは、シングル盤はかけられるけど、LPをかけられるレコードプレーヤーが家になくて。だからレコードを買って友達の家でカセットに録音してもらうか、あるいはこういう物を買っていたんだよ（笑）」

1958年東京都生まれ。東洋大学文学部中退。81年、大学在学中に『ガロ』にて「青春むせび泣き」で漫画家デビュー。〝特殊漫画家〟を自称する作風で『平凡パンチ』から『月刊現代』まで、様々な媒体で活躍。また、湯浅学、船橋英雄と共に「幻の名盤解放同盟」として埋もれた歌謡の発掘活動も行う。著書多数。

と言って根本はリック・ウェイクマン『アーサー王と円卓の騎士たち』のカセットを我々の前に置いた。いわゆるオフィシャルのカセットテープ。それをLPと同じ値段、1本2300円で買って聴くのが中心だった。こうしてシングル盤への親しみとカセットの愛用度が青春とともに深化していったと考えられる。

「漫画家デビューが81年。23歳ぐらいじゃない？　大学は行ってはなかったけど、籍はまだあったね。1年の時に取った単位のままずっと（笑）。学費は途中から自分で払ってたよ。20代の頃が俺、一番金あったらさあ。週刊誌の『平凡パンチ』で連載してた、っていうのが大きいね。こっちは意識したことなかったんだけど、世の中がバブルという時代にどんどん突き進んでる時だったんだよね。こういう作風だからさ、その末端のほうで、恩恵を受けていないようで……実は受けてたんだよ」

漫画家デビューから約1年後、根本は大学時代からの友人で特殊カメラマンの船橋英雄、筆者（湯浅学）と3人で「幻の名盤解放同盟」を結成する。世の中に打ち捨てられたようになっている、自主制作や売れ損なった歌謡曲を〝知らない〟ことを基準にほぼ無作為に買い集め聴きまくり解析し報告することを主な活動とする小団体である。〝あらゆる音盤に貴賤はない〟というのが主張だ。根本はそこに多くの金をつぎ込んでゆく。

ある日出合った大韓民国のロックアルバムがきっかけとなって、大韓ロックと人々を探る長い往来もやがて始まった。そこでカセットは重要な役割を担った。

「当時は今みたいに韓国の情報ないから。だいたい行く場所を決めるのは俺の係でさ。領事館とか観光協会に行って地図をもらって、そこに書かれた字面で〝ここに行ってみよう〟って行くわけ。例えばヨンガンっていうところは、霊魂の〝霊〟に〝光〟で霊光。しかもそこには原発があるらしい……とかさ（笑）。それで行った先の地方の電気屋なんかで手当たり次第に売ってるカセットを買う。ポンチャック※なんかそれこそ棚ごと。何が売ってるかとかそんな見当まったくなしに行ってから。巡り合わせだから。

そうやって行った一番極端な場所が、鬱病の〝鬱〟にお墓の〝陵〟に〝島〟で鬱陵島＝ウルルンドね。夜とかも何も行くところがないし、民宿って言っても普通の人の家の子供部屋に泊まらされるわけ。暇でしょうがないから引き出し開けてテストの答案見たり（笑）。日本人が来るのが珍しいからって近所のババアが集まってきてさ。朝起きると俺たちの部屋を近所のババアが取り囲んでるんだよ。〝日本人だ〟って言って。その時の録音テープがこれだよ、『ウルルンド』」

あらゆる音源を平等に

『哥麿会柏原工業団地〜第5回渡韓　新下関〜フェリーターミナルのタクシーの中そしてウルルンド』というテープが目の前に現れた。録音は86年。「哥麿会柏原工業団地」と記されているのはアートトラックの集会のことで、その生録音だ。その頃、何かがあってもなくとも、カセットテープで常にその場を録音していた。その集会から鬱陵島のババアの会話が、ひとつの流れとして1本のテープに収められている。

「どこかに知らない音楽は、歌、人、空気はないかって探してたからさ。80年代の終わり頃っていわゆるワールドミュージックのブームもあったけど、ワールドミュージックとか言われながらも、そっから漏れ

根本家に散乱する大量のカセットテープ群。採点表の入ったカラオケ練習テープ、韓国の野球場での録音や編集テープなど。「あの頃はよくカセットで編集してたよ。これなんかラベルがまだ手書きじゃない？　どんどんエスカレートして韓国でタイプライター買ってきて、ハングルでラベルも打ってたんだよ（笑）」

哥麿会柏原工業団地〜第5回渡韓 新下関〜
フェリーターミナルのタクシーの中 そしてウルルンド（1986）他

るものがあるからね。必ず漏れるものがあるから」

もともと、あらゆる音源は平等だと考え、それを実生活にそのまま反映させていたのだから、様々な音源がカセットテープに収められた。ワールドミュージックから漏れたのは「ディープ・コリア」だけではない。つまりその対象は、無限にあった。

「一時期、自動車電話の盗聴も流行ったんだよな。よくトラック運転手なんかが使ってる車の無線、あれを盗聴するトランシーバーみたいなレシーバーができてね。これはそのカセット。『89年9月29日 盗聴日記3』。しかもラベルで内容が他人に読めないように、あえてハングルで〝盗聴〟って書いてる（笑）。仕事の話？ そんなの誰もしてない。内容は男女間の痴話話とかエロ話とかさ」

『盗聴日記3』には、図らずもドラマが残った。

「あ、ここ聴いて！ 携帯なんかなかった時代でしょ？ だから不倫中の男が車の中から車載電話で女の家にかけちゃったりしちゃうわけさ。そうするとまず女のお母さんが出ちゃって、〝あんた、どう思ってんの？〟って聞かれる、っていう（笑）」

【母親らしき声】

……こっちでジュンコと遊びたいだけだったら、ジュンコが一時は悲しむかもしれないけど、やめてほしいわ付き合うの。じゃなきゃジュンコがチャンスなくなるもん、ねえ、ちょっと考えてほしいわ。

【男】

分かりました（母親が電話を替わる）

【ジュンコ】

もしもし（中略）……お母さんが何か言ったでしょ？（長い沈黙）

【男】

もうそういうことはしないで別れてくれって言われた。（長い沈黙）またゆっくり今度話しをしよう。

【ジュンコ】

うん、気をつけてね。

「この沈黙がさ、ザーッていう音はするんだけど、無音なんだよね。ノイズの中の無音！

あとこれ。こういうスナックのデュエット大会の（カセット）とかさ。古道具屋に行くとカラオケ教室の生徒たちが自分たちの練習用に録音したやつとかさ、そういう人たちのもかたっぱしから買ってたね」

どこの誰の物か分からないが、誰かがかつて録音したりされたりしたカセット、誰かが誰かのために作ったカセット、ふらっと入ったリサイクルショップに箱ごと置かれた無数のかつてどこかで再生されたカセットが、ふと見るとどれもこれも〝連れて帰って欲しい〟と言っている。そういう場にしばしば根本敬は遭遇する。この世の（場合によってはあの世のでも）あらゆるカセットの安住の地を根本は図らずも開墾してきたからである。

（2016年）

※**ポンチャック**
2拍子を基調とする大韓民国を代表する大衆音楽で、「ポンチャック・ディスコ」とも呼ばれる。

vol.
58

J・A・シーザー

Julious Arnest Seazer

今も捨てられないカセットテープとその音楽人生を語るインタビュー、大詰めに登場するのはカセットテープを「友」と語る孤高の音楽家、J・A・シーザー。その活動と生活のそばには、今も多くの友がいる。

演劇実験室◎万有引力の主宰者である音楽家、演出家J・A・シーザーは、今も膨大なカセットテープを保有する。故・寺山修司の片腕として劇団・天井桟敷の座付音楽家だった時代から半世紀近くを創作に生きてきた。

「最初、僕が録音を始めたのは、まだ音楽を本格的にやる前でしたね。作った曲をなんとか残そうとする。当時はまだオープン・リールだったんだよね。一番小さいリールの。それを2台使って、片方から録音したドラムを流しながらベースを弾いてもう片方に録音する。その片方に録音されたドラム、ベースを流しながらギターを入れてゆく。そういう古式マルチ録音をやってたんだ。昔で言うところのピンポン録音ってやつですかね。カセットが出てきたのはその後になりますからね。出た頃はそんなに安価な物じゃなかった」

1948年生まれ。69年に寺山修司の劇団・天井桟敷に入団。寺山の死後、83年に演劇実験室◎万有引力を結成。天井桟敷の代表作『奴婢訓』をイギリスで公演するなど、世界中で高く評価される。音楽家としてもテレビアニメ番組『少女革命ウテナ』の音楽を担当するなど、幅広く活躍。

音楽活動が始まるのは、天井桟敷に入ってからだった。

「それまではもちろん、聴いてるほうが多かった。ビートルズなんかだと、町のレコード店で流れたり、テレビで聴いたりできてたから買わなかった。買って自分の部屋で聴こうとするほどまではいってなかったです。むしろあんまり売れてないやつとか、本もそうなんですけど、売れない人気のない小説とか、そういうのを買うのが好きだったな。今もだけど。〝そこにいいものがあるんじゃないかな〟って探しちゃう。みんながいいと思うものを、〝いい〟とは思いたくなかった。できれば自分に合った、ダサくてもいいものを見つける。音楽もそうやって聴いてました。

一番最初に買ったレコード？　それは、こまどり姉妹。ＬＰですよ。いきなりＬＰから入ったんですよ。その次が畠山みどり、〈恋は神代の昔から〉か。ずっと手元にありますよ。大好きな曲でカセットにコピーして今でも聴いてる。レコードプレーヤーがなくなろうとし始めた頃、いつでもどこでも素早く聴けるっていう意味では便利な彼ら（＝カセット）がいたので、曲は全部コピーしちゃったんです」

カセットテープというメディアを〝彼ら〟と呼び親しむシーザー。そうやって自らが愛聴してきた音楽を詰め込んだ、コンピレーション・カセットをシリーズで作ってきた。

「『我が友よ永遠に』っていう編集カセットが20本ぐらい、もっとあったかな。その中にはビートルズも、ちあきなおみも入ってる。バラバラなんですよ。カスケーズの〈悲しき雨音〉とか、アイアン・バタフライ※、アーサー・ブラウンとか。アーサー・ブラウンって炎が燃えさかるかぶり物した奇抜なパフォーマンスしてるのに、学校の先生だったんだってね（笑）。音楽にまつわるそういうエピソードが好きでね。

芝居の合間に編集して作ってたんです。聴きたい時に聴けるように、同じ人の曲がずっとかかっててもつまらないから、ロックあり演歌ありの。基本的には家で楽しむようにですけど、トイレで聴くやつとか、寝床で聴くやつとか、各部屋や状況で内容も変わったほうがいいじゃないですか。だから家の各所に3〜4台置いてあるんだよ。例えばトイレに入ると、ずっとカセット入れっぱなしのトイレ用プレーヤーのスウィッチを押して、終わるとそこで止めて出てくる。別に便通を良くしようとしたわけじゃないんだけど（笑）、自分が何かをやっている時にそばにいてくれるといい、やっぱり友達みたいなものなんですよね、カセットは。音楽って本当はそういう役割なんですよ。流行でバッと聴くことよりもね。風呂場だけは湿気があったから置かなかったけど（笑）」

その音楽との接し方は座付音楽家としてのしぶとい矜持も感じる。実はＪ・Ａ・シーザーはソロ歌手としても、73年にレコードデビューしている。同じ頃に同レーベルからデビューした、にしきのあきら、後に井上陽水と名乗ることになるアンドレ・カンドレらがいた。

「銀座のクラブ、確か『たんぽぽ』って店だったと思うが、そこで、僕とアンドレ・カンドレとで入れ替わりで弾き語りをやってたことがあるんですよ。彼が弾くのはビートルズのナンバー。それをあの高い声で歌うんで、お客さんは熱心に聴き入ってた。僕のはチャップリンの映画なんかに付

『アジアンクラック』持ち出し(禁)

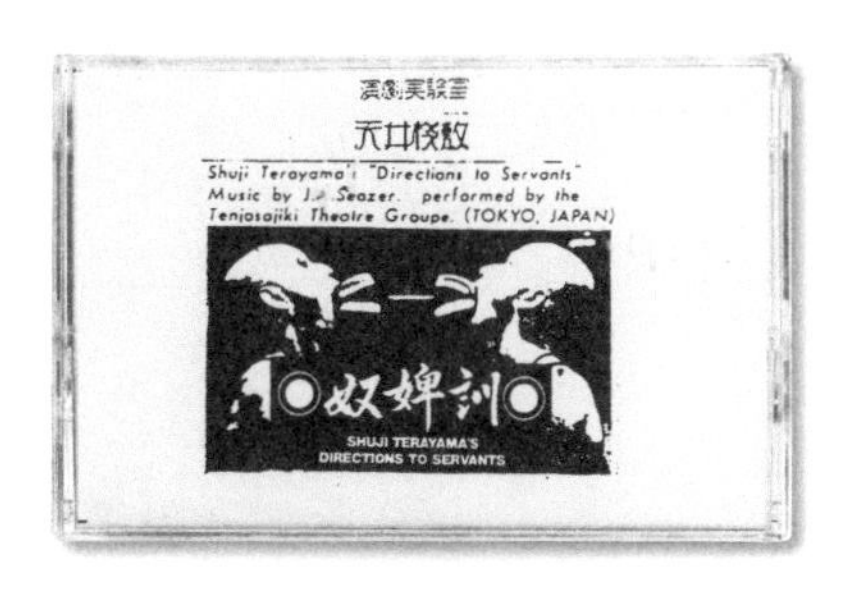

保持するカセットは多すぎて自宅に置ききれなくなり、今では色々な人の家にいっていると言う。

けた劇伴の曲ばっかりだったんで、ちょっと酒が進まなくなる（笑）。ある日、星勝※が来て、僕が歌ってる時にふたりで話し始めるんですよ。すぐその後ですね、星勝のアレンジで『断絶』が発売されたのは」

今も「彼等」と共に

天井桟敷の時代は主にオープン・リールのテープが使われていた。寺山修司が監督した映画の音源マスターも、オープン・リールで保存されている。万有引力を設立して以降はマスター・テープもカセットで保存されるようになった。ひとつの作品で6本ほどが使われるマスター・テープ。公演のたびにその数は増えていく。どのくらい、とはっきり言えないほどたくさんのカセットテープがシーザーの家にはある。その中から何作かを、カセット作品として公演先で少数販売もしている。

「『奴婢訓』のイタリアだったかな？　海外公演の際、公演後に音響係が毎日、マスター・テープからコピーして作りました。

1本作るのに1時間ぐらいかかるでしょ？　等速で再生するわけだから。だから1日に10個できるかどうかなんです（笑）。売るためというより、〝音楽を外へ出す〟という意味でやりました」

その後もCDではなくカセットでいくつもの作品が作られている。

「一時期はカセットから遠ざかっていたんだけど、最近またちっちゃいプレーヤーを買ってきて。とにかく音楽を思いついたらそれで録音するようにしてるんですよ。そうやって録音されたデッサン曲だけでも100本近くあるんだけど（笑）」

過去の音源のみならず、現在進行形の物まであるとすると、カセットはシーザーの周辺でこれからも増殖していくのではないか？

「やっぱり愛着というか……一緒に生きてきてくれた……片腕ですよね、自分の音楽の。どういうかたちで世話になったかを逆によく思い出せないくらいに、ほとんど一緒にいたんで。

　でもMD、DAT、CDなんかが出始めた時は可哀想でしたよね。〝もう私の時代は終わりました〟って、時代への身の引き方が手に取るように見えた人（カセット）たちだよね。だけど僕は割と高い場所に保存するんですよ。なるべく上のほうに。いつでもパッと見えるところに置いてある。例えばフィルムカメラのフィルムと彼等は同域の物だと思ってる。デジタル写真よりも、フィルムのほうが深い強みがある。仕上がりにもかなり差があると言われますからね。なにげに録っておいて、なにげに置いてある。もう飽きてしまった女房みたいなもんだと思ったら違ったね。いつも初恋の娘のままでいるんだなと思う。今回、改めて感じたな」

（2016年）

※アーサー・ブラウン
イギリスのロックミュージシャン。そのシアトリカルなステージは時にアートロックと呼ばれる。1968年に〈ファイア〉がヒット。

※星勝（ほしかつ）
1966年、モップスを結成しGSブームの中心となる。その後、作編曲家に。井上陽水とのコンビはつとに有名。

追悼

大瀧詠一

Eiichi Ohtaki

連載開始から2年目の2013年の暮れ、〝最終回は是非この方に〟と思い描いてきたミュージシャン・大瀧詠一氏が死去した。最終回となる本稿では、若い頃、大瀧氏のスタジオで〝丁稚修行〟をしていたという本稿の執筆者・湯浅学による〝俺と大瀧詠一とカセットテープ〟をテーマに、特別編をお届けする。

真夜中の少し濡った空気の中でAMラジオ・チューナーのスウィッチを入れる。それに繋いだソニーのカセット・デンスケTC2850SDの録音レバーを押す。ラジオ関東日曜日27時、月曜日から見ると午前3時だった。「ハーイ、エヴリバディ。ディス・イズ・イーチ・オータキズ・ゴー！　ゴー！　ナイアガラ。フロム・45ストゥディオ・イン・フッサ」。本当にあの、はっぴいえんど（元）の大瀧詠一の声がラジオから流れ出てきた。やっているという話は事実だったのだ。ただそれだけのことだというのに、こっそり感動した。こっそりではない。無上の喜びの一歩手前ぐらいの歓喜だった。これが毎週聴けるのかと思うと感懐は一入（ひとしお）だった。はっぴいえんどがなくなってから3年が経っていた。大瀧詠一の声は、歌はもちろんだが、喋り声も歌のように感じられた。歌うように喋るのではなく、スピーカーから出てくるのにふさわしい他の人に代えがたい色がごく自然にあるのだ。

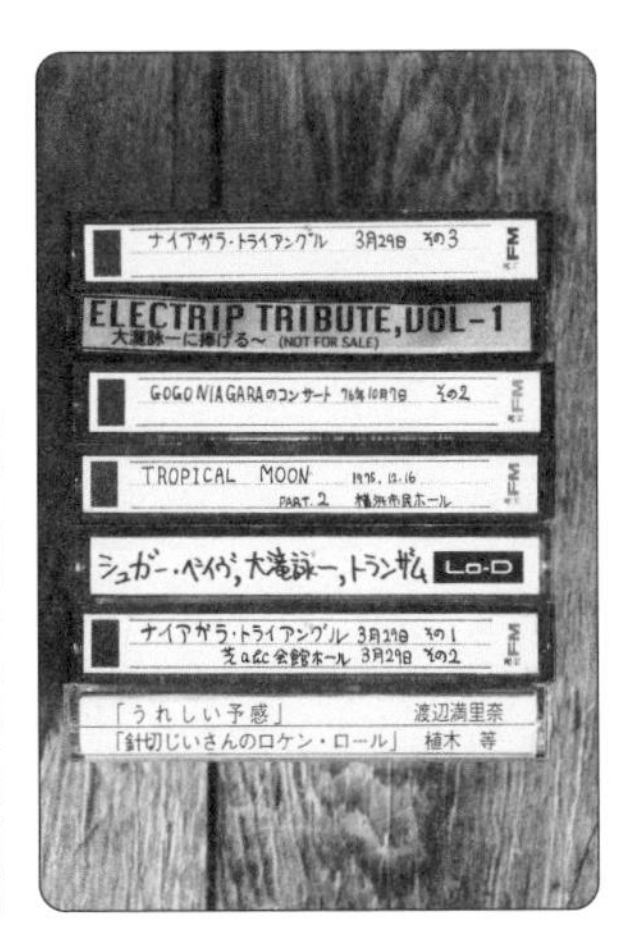

1948年岩手県生まれ。69年、細野晴臣、松本隆、鈴木茂とはっぴいえんどを結成。72年の解散までに残した作品は、その後の日本の音楽史に絶大な影響を与える。74年にナイアガラ・レーベルを設立し、自身の作品以外にもCMソングやプロデュース業で活躍。81年には『A LONG VACATION』が大ヒット。2013年12月30日に永眠。享年65歳。

毎週毎週夜中に起きては録音し、録音したテープを何回も聴いた。ずっと起きていたこともあったが、その頃のAMの深夜放送で録音したくなるほど面白いものは他になかったので、午前3時になるまでヘッドホンでレコードを聴いていることが多かった。大瀧詠一の番組『ゴー!ゴー!ナイアガラ』は毎回特集が組まれていて、そのアーティスト、コンポーザー、ジャンルなどを集中的に聴くことができた。50〜60年代の米英ポップス、日本の歌謡曲、和製ポップスと、幅広く特集された。ありがたいものだった。ありがたいと思う中味が貴重だった。

キャロル・キングやニール・セダカをコンポーザーとして特集する番組など、1975年の日本で他にはなかった。恐らく世界中探してもなかったと思う。しかも似た曲どうし、影響を受けた/与えた曲のポイント部分だけをテープ編集で分かりやすく繋いで聴かせてくれたりもした。まるで放送大学、NHK第2放送、のようではないとはいえないが、もっと手作りのポップさにあふれていた。これは教養番組でありながらあくまでも軽いスタンスの娯楽番組だった。ひと番組ひと番組がひとつの作品、大瀧詠一のアルバムと同じようなものなのだと聴き始めてすぐに思った。だから聴き流すつもりなどさらさらなく、即座に録音したのだ。ミュージシャンでありDJであり雑学家という人は他にもいなくはない。実際当時も(今はもっと多いが)、ラジオ番組でパーソナリティーを務めていたミュージシャンは山のようにいる。しかしその中で音楽専門番組をやっていた人はほとんど、いや、大瀧詠一以外いなかったのだ。その人たちの番組は、そのミュージシャンのキャラクターを活用したバラエティ番組だった。決して音楽を研究するものではなかった。音楽とお喋りの配分は、正反対だった。『ゴー!ゴー!ナイアガラ』の主役は音楽だった。

大瀧は番組を聞き逃したファンのことまで配慮していた。当時東京赤坂にあった自身の事務所に過去放送済みの番組の録音テープ群と2台のカセットデッキを設置、そこへ空テープ持参でくれば好きなようにコピーして良い、ということにしてくれていたのであった。

76年になり通っていた予備校で出会った男に『ゴー!ゴー!ナイアガラ』のリスナーで番組あてにおたよりを何度も出しているやつがいた。その頃は俺も毎月自分の作ったミニコミを番組へ送っていた。ふたりともリスナーネームを持ち、大瀧に番組内で読まれたことのある者どうしだった。そいつがある日ナイアガラ事務所へテープをダビングしに行こうと誘ってくれた。ひと番組1時間だから、120分テープを裏表コピーすると2時間かかる。その友人はその間事務所の人と世間話をたくみに交わしていた。大瀧本人はレコーディングや当のラジオ番組の制作(選曲、録音、編集、もちろんお喋り、すべてひとりでやっていた。アシスタントはいない)と実務作業はすべて福生で行っているので赤坂の事務所に来ることはめったになかった。

その友人とその後も何度か事務所へ行くうちに、そいつの世間話が功を奏したのか、番組の公開イベントの時の雑用をアルバイトでやることになった。本当に単なる雑用

『GO! GO! NIAGARA』

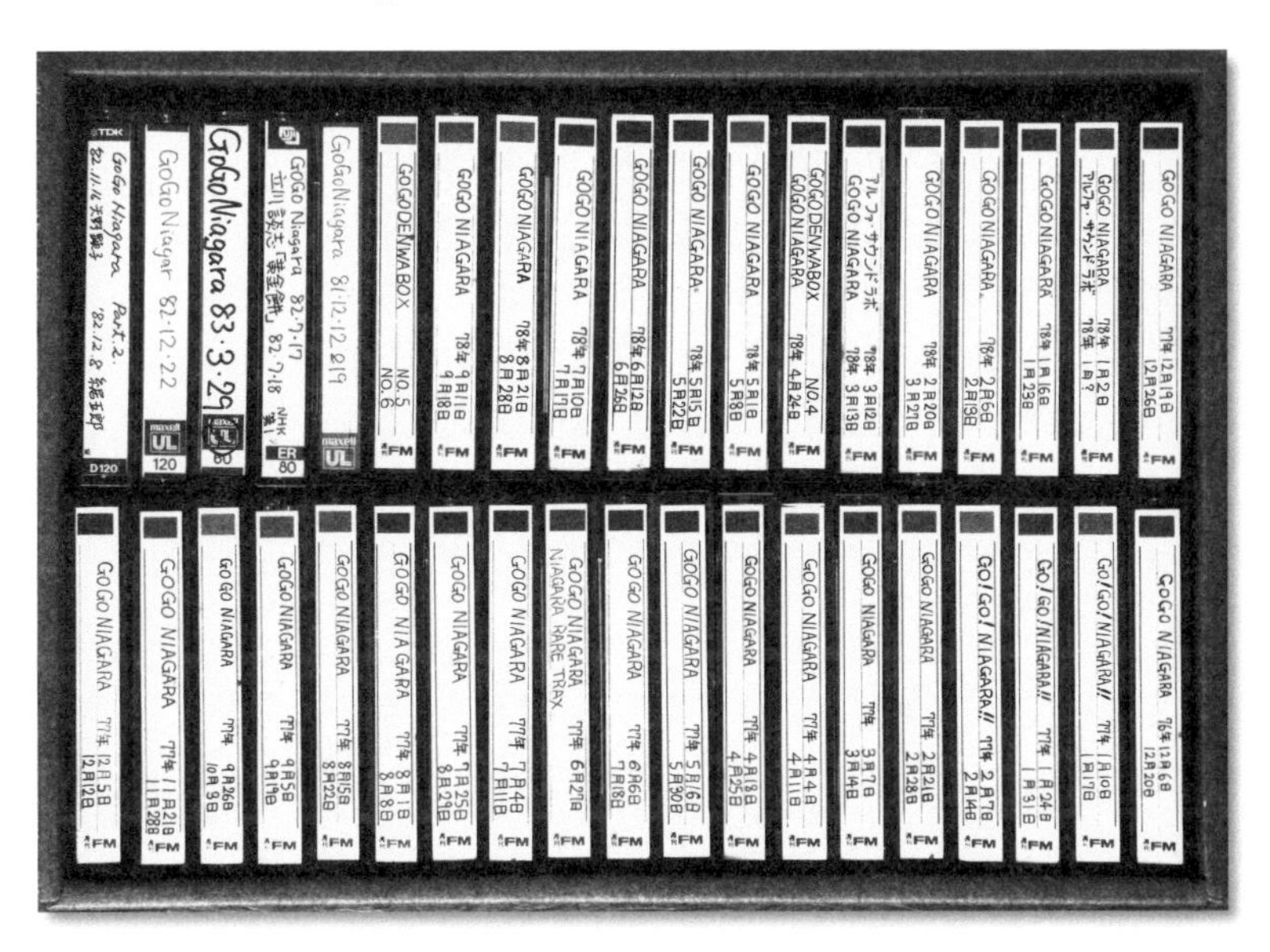

湯浅家に保存されている『ゴー!ゴー!ナイアガラ』のテープ群(の一部)。湯浅氏は1957年生まれなので、18歳からの記録ということになる。ちなみに『ゴー!ゴー!ナイアガラ』でのリスナーネームを以前うかがった時は、教えてくれませんでした(担当)。リスナーネームは金田一伴内です(湯浅)。

だった。大瀧にはその時御挨拶をした。不思議に緊張感はなかった。こちらはずっと、はっぴいえんどの時から見たり聴いたりし続けているから、知っているつもりになっているだけなのだが、大瀧はラジオのリスナーと対面することをとても喜んだ。よく番組でたよりを読まれる人々と話す大瀧はいつもくつろいでいるように見えた。リスナーの多くが番組をカセットに録って繰り返し聴いていることを大瀧に伝えていた。『ゴー！ゴー！ナイアガラ』が70年代の大瀧の活動の重要な部分を占めていたことを、リスナーは〝番組を聴くという習慣〟によって、身体的に感じ取っていた。と思う。75〜78年にリリースされた数々のアルバムの補足的役割も担い、実はいくつもの曲の元ネタがそれとなく開陳されてもいた。大瀧はそれをなんの前フリもなくかけた。録音し、リピートしていて、ある日突然その〝実はネタバラシ〟だったことに気づくことがよくあった。その時の喜びはちょっと別格だった。録っておいて良かった、とカセットテープにお礼を言った。録ったのは自分なのだが。

　ラジオ関東での放送は、60分が50分になりやがて30分になった。30分番組では〝語りいそぎ〟感があり、こちらも〝聴きいそぎ〟ことになった。しかし中身は常に勉強になった。78年になると事務所のバイトというのではなく、福生のスタジオでの連泊の雑用になった。コンサートがある時は都内のプレイガイドに配券したり、ビラ撒き仕事もあったが、主な〝業務〟は福生45スタジオで行った。スタジオの掃除やレコーディングの立ち会い、壁の整備や電話の取り次ぎ、大瀧家の引っ越しの手伝いもあったが、一番時間を割かれたのは、真夜中の雑談だった。音楽に限らない。映画、野球、相撲、落語、お笑い、駄ジャレ大会やもじり合戦が何時間も続くこともあった。雑用係やギターの村松邦男（連泊レコーディング要人）が持参した各自の〝マイテープ〟を聴き合うことは多かった。3日や4日は続くのが普通だったので、お気に入り曲編集カセットは必需品だった。

　ある日俺が『ゴー！ゴー！ナイアガラ』を真似て自宅で吹き込んだＤＪテープをみんなで聴くことになってしまい（大瀧が聴かせろというのを嫌ですとは言えません）、俺以外の全員に爆笑されたことがあった。そのテープの特集はニューオリンズＲ＆Ｂだったのだが、笑い転げた大瀧から「選曲は悪くない」と言われたことは、実は今でも自分の仕事の支えになっている。『ゴー！ゴー！ナイアガラ』の録音テープはもちろん21世紀に入っても現役で、我が家の何代目かのカセットデッキでちょくちょく再生されている。

（２０１６年）

EXTRA TRACKS

vol. 59

Shinro Ohtake

大竹伸朗

雑誌連載の最終回から1年、今も捨てられないカセットテープと音楽人生を巡る旅は東京を飛び出し一路、愛媛県は宇和島へ。この地にアトリエを構える画家・大竹伸朗の所有する膨大なカセットテープの山からは、創作活動の原点とも言える編集感覚が見えてきた!?

「カセットもそうだけど、テープレコーダーってのはさ、かなりな発明だよね。音をそのまま残す、過去の肉声を時間が経った後にまた聴けるというのがね。テープに録音することを考えたやつが凄いんだよな。あとはその方法をできるだけコンパクトにする方向だもんね」

愛媛県宇和島市のアトリエで、大量のカセットテープを前に、画家・大竹伸朗はそう語った。40年を越えるあくなき大竹の活動の中でカセットテープは、ただならぬ役割を担っている。

70年代から80年代初頭のサウンド・ユニット＝JUKE／19.で毎週演奏、録音を繰り返した記録、折に触れて作られた独自選曲集、さらに世界各地へ赴いた際に収集された現地のカセットから、いつ漂着したのか分からない物まで、肩を寄せ合って大竹伸朗の元にある、と聞く。それらはいつでも出番を待っているのだ。すでにそこにあることで大竹の作品群と繋がっているはずだ。つまり〝現役〟のカセットの大群がそこには今も息づいているに違いない。

そう思ったら足は宇和島に向かっていた。

「テープレコーダーに興味を持ったのは自分で編集できるっていうことだね。兄貴がオープン・リールのテープを斜めにカットしてくっつけて、オートリバースにするのを見て、自分でも繋げて遊んでいたからさ。カセットは驚異だったよ。こんな小さいのに録れちゃうんだって。

あとLPを丸ごと録るよりは、曲を選んで編集するほうだね。自分用の道具として使っていたというのが一番だな」

大竹が自分専用のカセットテープレコーダーを持ったのは中学生の時だった。1969年か70年あたりのようだ。

「取材用の小型のやつ。深夜放送は録っていたと思うよ。よく言われることだけど、（エルヴィス・）プレスリーの頃はみんなラジオじゃない？　あの頃のをいいオーディオセットで聴くというのはまた違うことなんだよな。どんなにいいオーディオだってスタジオにはかなわないじゃない？あの頃の勝負はスタジオの音がラジオの小さいスピーカーから流れてきた時、どう聞こえるかということだったと思うのね」

ラジオで音楽を知る。そこにカセットが加わる。音楽への興味がさらに増す。するとカセットとの時間がさらにさらに増えていく。

「今はパソコンでCD－R作るけど、未だに燃えるのは編集作業だよね。カセットは、まず片面の最後にうまくまとめるために曲の長さを調べるんだよね。短めの曲を最後にもってくるとかね。結構ちゃんと入れようと思うと、オシリが空いちゃうんだよね。同じ会社の同じ分数のカセットでも（1本ずつ）長さが微妙に違うんだよ。（テープからテープへ）ダビングしたら最後が切れちゃったりね。

1955年東京都生まれ。武蔵野美術大学在学中に北海道別海町やロンドンに滞在。80年の卒業後、作家活動を開始するとともに、「JUKE／19.」名義でもアルバムをリリース。現代アートを代表する作家として、国内外で個展を開催。主なものに2006年の『大竹伸朗　全景　1955-2006』（東京都現代美術館）、22～23年に東京国立近代美術館で開催した『大竹伸朗展』など。著書多数。

　編集って、曲の並びによってまったく印象が変わるじゃない。曲を入れ替えるだけで変わるというのがまた燃えるんだよね。喜びというか感動だよね。CDになって機械は進んできたんだけど、感性、デリカシーがなくなったらマズいんじゃないか、と思ったのは、LPをCDで出し直していた時。ボーナストラックっていうのが出てきたでしょ。だけど元はアナログで、A面B面最後の曲を決めて、録った音源でも収録時間を超えたら断腸の思いでカットしたわけじゃない。それなのに月日が経ってレコード会社が勝手に曲を入れて水増ししてさ。でも悲しいかな、1曲でも多く入っているほうを買っちゃうわけだよ。CDになって、人は少しでも得をするほうに行ってしまうというのが、音楽でも始まったよね。裏表のデリカシーみたいなものが音楽からなくなっちゃったね。

　レコードやカセットは、形態は違っても裏表はあるんだよね。なのにCDは裏しかない（笑）。（CDは）かたちとして反則なんだよ。ひっくり返す、裏表がないとかたちとしてダメなんじゃないの。レコードに照らし合わせるとCDは盤面を上にして反対に聴いていることになるじゃない。反対に聴くというのが最初は違和感があったよね。表を聴いたら裏を聴くのは仁義を通している感じがあるよね。片面だけ入れて流して聴くのは音楽には合っていないんじゃない？　そのやり方が飽和状態になっているんじゃないかな。だからアナログとかカセットとかが見直されてきているのかもしれないよね」

存在感の違い、物体としてのありようが、CDとレコード、カセットとは圧倒的に異なる。その手触りやたたずまいの違いが、音楽の伝え方の違いを物語っているのかもしれない。

「レコードとカセットの共通項というのは動いているのが見える点だよね。回っているところが見える。動きと音が合体しているのがいいんじゃないかな。感性に訴えかけるもの、絵とか音とかは実体が見えないと届き方が違うと思うんだよね。実体が分からないまま聴いていても、何故音が届くか理由が分からないじゃない？　カセットとレコードはそれが分かる。溝が回転して針が拾う、磁気テープがヘッドを通って回転して音が出る。そういうのが分からないと。CDの回転の速さが信じられないんだよ。CDはやっぱり消えていく物なんでしょ。最初期のCDは剥がれちゃったりしているからね。愛を感じないよね。業者が捌いているというか。なんか愛着が湧かないんだよな。愛がないのよ。音に愛を感じないというか、そういう印象があるのかもな」

可視化されている、というより音を記録し保存し、それが再生され、さらに拡大もされる、ということを実現するための労苦をレコードやカセットは物体の仕組み／構造が表現している。カセットはその体躯が小さいだけにより勤勉でひたむきな印象をもたらす。しかし利便性の高さが価値を軽視する要因になっている面はありそうだ、と大竹も感じている。

「会社に勤め出して結婚でもしたら、青春時代に集めたカセットなんぞまっ先に捨てられる対象だろうしね。それ使うの？　と聞かれるからね。つらいよな。最近団塊世代の遺品としてレコードとかカセットとかが出回り始めているじゃない。もう供養塔みたいな巨大なモニュメントをつくったらいいんじゃないかな。家族は金にしろ、と言うのかもしれないけど、10本ぐらい、これだけは絶対売りたくないというくらいまで絞り込んで保管できる場所があったら凄く集まると思うよ。レコードだってなんだって、みんな思うのは、愛あるところに行ってほしいということだからね。好きで集めていたやつというのは、それを金に換えようということはあまりないと思うんだよ。だから愛情が強いところに行くのは一番気分的にホッとするというかね」

8ミリの編集とカセットのコラージュ

世界各地へ足を運んできた大竹のカセット群の中には、その国々で収集してきた〝現地物〟も数多く保管されている。

「トルコのイスタンブール、バリ。バリ島に初めて行ったのが85年ぐらいなんだけど、その時にカセットが日本だと1本何千円なのに何百円だったのが衝撃でね。町中の屋

JUKE／19.カセット群

『80　12/7　アッ　パトカーだ』と書いたラベルのあるJUKE／19.の録音テープ。レコードになった音源も元はすべてカセットに録ったもの。

旅先で入手したカセットテープ。購入のポイントは中身より外見（ジャケット）だと言う。

台で売っていて、聴くというより土産感覚だったよね。都築（響一。本書27ページ参照）君なんかが言うには、今はどうか分からないけど、アメリカみたいな車社会は車中で聴くのはカセットだ、と。カセットじゃないとダメっていうエリアも絶対あるんだよね。だからCDはなくなってもカセットはなくならないと思うんだよね」

大竹伸朗は40年以上ひたすら創作を続けてきたし、今もその意欲は増すことはあっても衰えることはまったくない。その創作活動の最初期に位置するのが、演奏集団JUKE／19.だ。78年から82年まで毎週のように集合し、音を出し合い、それをカセットに録音していった。メンバーは、大竹、野本卓司、遠山俊明、太田陽子の4人だった。公でのライブは4回ほどしか行わなかったが、80年12月から82年9月までにアルバム4作、シングル1作を発表した。どのジャンルにも括れない、集団即興演奏のピュアな音楽がそこには刻まれている。録音音源はすべてカセットだが、世に送り出す作品はアナログレコードでなければならない。そういう覚悟がJUKE／19.にはあった。21世紀とはまったく異なるハードルが、アナログ盤制作にはいくつもあった時代に、完全な自主制作で前例のない音作品を複数リリースしたことは、日本音楽史上たいへんな重要事だと思う。

「あの頃は作らないのが耐えられなかった。当時はインディーズという言葉はまだなくて、自主制作でバンドを組む連中はメジャーに認められる、メジャー予備軍みたいなのがつまらなかったんだよ。いい曲を書こう、どこかしらウケる曲を書こうというのがさ。JUKE／19.はそういうのはなんにもない。他のやつがやらないことをやらないと、と思っていたからね。4人とも、自分をミュージシャンだと思っていないし目指してもいない。街の中の音と作った楽器の音を組み合わせて何かやるとかね。俺ベースギターに針金張っていたもんな（笑）。針金の音でいいんじゃねえのって。ライブだって、（吉祥寺の）※マイナーでやってて「ひっこめ！」と言われたしな（笑）。あそこでそう言われたら、行くとこないよ（笑）。マイナーはどこにも拾われないやつを拾ってくれる唯一の場だったんだけど、そこでも全否定されたしね」

そこには中学から高校時代に8ミリで映像を撮っていたことも関連しているのでは、

と大竹は言う。

「高校2年の時の文化祭で何人かで20分ぐらいの8ミリ映画を作った。俺はビートルズの『ホワイト・アルバム』で〈レボリューション9〉が好きだったのよ。10代の時現代音楽なんてタイミングないと聴かないじゃない。でもビートルズがやっているとなるとガキがあれを聴くわけよ。こういうのもありなんだ、みたいなね。あれってコラージュじゃない？　8ミリの編集にもコラージュ的な要素があるからね。あとからそういうのをやっていた人がいたと知るんだけど、何分間かマジックでフィルムを塗ったり、画鋲で穴を開けたコマがあったりめちゃくちゃやっていた。別に映っていなくても光を通せば何かは映るんだというかね。そういうほうが面白かったんだよね。それは文化祭で上映したよ。

　最初に作ったのは中学生の頃だったな。8ミリとカセットは俺の中で繋がっているんだよね。8ミリは素人が動画を撮れるという点で、当時では考えられない世界だからね。俺、幕末の写真が好きなんだけどさ、当時の写真って長く見ていられるんだよね。あの頃の写真って露光時間が長いじゃない？　何分かじっとしていなきゃいけないわけよ。同じ静止画でもデジタルは長く見られないけど幕末の写真は長く見ていられるのは時間が写し込まれているからだと思うのよ。リアルタイムの長さみたいなものが。一瞬で撮る物と時間をかけて写り込むのは違うんじゃないかな」

　それはカセットに付属する曲目表を手書きしていたことに通じる、かもしれない。大竹は様々な選曲編集カセットを作るとともにみっしり書き込んだカセットレーベル／曲目表を、時に写真のコラージュなども加えて多くの人に提供してきた。ちょっと色っぽい1本を手にして、「こういうの作るわけよ。古いエロ雑誌から見出しを切って貼りつけて。これが楽しいのよ」と大竹は微笑んだ。とてもこれぞという1本2本を選ぶ状況ではない。次から次へとカセットが現れる。JUKE／19.の山だけ見ても発見の連続だ。

「スタジオでライブ録音だよね。でもとんでもない不発には（カセットの本体に）『不発』と書いてある（笑）。タイトルを付けていくでしょ。曲を決めてやってるわけじゃないから内容がすぐ分かるマークをつけなきゃならない。これなんか『肺ジストマ』だもんね（笑）」

　このカセットの大集団そのものが、大竹伸朗の作品であった。

（2017年）

※マイナー
1978〜80年、吉祥寺で営業していたライブスペース。当初ジャズ喫茶として始まり、じきに自由奔放な表現が跋扈する一大拠点となった。店主はのちにピナコテカ・レコードを立ち上げる佐藤隆史。

vol.
60

藤井隆

Takashi Fujii

強烈なキャラクターとギャグが持ち味のお笑い芸人にして国民的長寿番組の司会者、役者としても忘れがたい印象を残す藤井隆はまた、歌手であるとともにレーベル主宰者でもある。深い音楽愛の土台にあるカセットの思い出を繙(ひもと)く。

「感謝しかないですね、カセットテープには」

と藤井隆は言う。

「実の兄が7つ上で、京都の従兄姉のお兄ちゃんが9つ上、お姉ちゃんが僕より10個上。その人たちが音楽とか映画とか本とか僕に教えてくれたんです。多分同級生たちよりは早めに色々体験してたと思います。父がルールを教えてくれて、（ちゃんと扱えば）レコードとかも自分で自由にしていいって言われたのが小学校低学年ぐらいでした。お小遣いを貯めて、自分のウォークマンみたいなのを買ったのも小学校3年生の頃。ソニーのウォークマンが欲しかったけど、ウチにいつも通ってくれている電気屋さんがナショナルのおじさんだったんで、その人の手前ウォークマン買えなかったんです。ナショナルに〝ウェイ（Way）〟※という、桑田佳祐さんがコマーシャルやっていた携帯カセットプレーヤーがあったんですよ。桑田さんのオリジナルCMソングもあって、買うと音楽テープが1本付いてくる。ソニーにはそれがなかったから、よし、本当はソニーが良いけど……ウェイを買おうって。だから自分用の初めてのカセットテープはウェイの付録なんですよ。てっきり桑田さんのCMソングが入っているものだと思ったら入ってなくて、B面に何故かアバが入ってました」

音楽を聴くのに恵まれた環境だった。とはいえ藤井の好奇心があればこそのものだろう。藤井の音楽人生が加速していく。

「いわゆる音を外に持ち出すという体験が小学校の3年生か4年生の頃に始まって、しばらくしてラジカセを買ったんです。それにレコードのプレーヤーとか外部入力から取り込んで、ダビングにハマっていくのが小学校5年生ですね。従兄のお兄ちゃんが大貫妙子さんとかEPOさんとかを担当していて、実の兄はもっぱら洋楽。2人の影響で、中学に上がると、デッド・オア・アライヴだ、マイケル・ジャクソンだ、マドンナだというのが始まって、MTVの存在を知って、ビデオが欲しい、ビデオが欲しいってなるので、小学校3～6年の4年間が音楽体験としては僕の中では劇的だったかもしれない」

中学生の時に初めてコンサートを体験する。それが大貫妙子だったという。少しあとにはEPOの『GO GO EPO』発売記念ツアーのライブも自分でチケットを取って見に行ったというから、おませな音楽少年だ。高校生の時に念願のソニーのウォークマンを入手。毎日通学に合わせて選曲したカセットを聴きながら登校していたと言う。

「父が運転する車の中で自分だけ別の音楽を聴いているとか、そういうことは小学校の低学年ぐらいからやってました。例えば、神戸からフェリーに乗って母の田舎の高知へ行く時、ウォークマンでEPOさんが高見知佳さんに提供した〈上海エトランゼ〉という中国っぽい曲を聴いていると、風景が上海に見えてくるんですよね。あと、松本隆さんが書かれる詞の世界、東京の青山通りあたりを自分の豊中の生活圏の中に勝手にスライドさせて聴いたり（笑）。ウォークマンで音楽が一気に外に出たことで、音楽で映像がウワッて広がったり、逆に凄くフォーカスしたり。多感な時期にカセットテープでそういう体験をしてました。当時はラジオのポップス・ベスト10とか歌謡ベストテンとか、ランキング番組をわざわざ録音して聴いていましたから。今みたいにデータでパンパンパンってどんどん好きなようにできるのとは違います。今も凄く便利で好きなんですけど、当時の音楽の思い出は他のものに代えられないんですよね。レコードの構造はよく分からないけど、溝から音が出てくる感じは見て分かるじゃないですか。それを磁気テープに閉じ込めるというダビングの作業も大好きでした。科学的なことをやっている感じがしたんです」

衣装／すべてクラウデッドクローゼット

1972年大阪府豊中市生まれ。92年5月に吉本新喜劇に入団。2000年に〈ナンダカンダ〉で歌手デビューし、02年には松本隆プロデュースによるファーストアルバム『ロミオ道行』を発表。14年に音楽レーベル「SLENDERIE RECORD」を設立し、22年に最新作『Music Restaurant Royal Host』をリリースした。

藤井が自ら音楽を制作することのルーツはその辺にもありそうな気がするが。

「いや、音楽制作にはまったく興味がなかったです。僕はCMが凄く好きで、CMの監督になりたかったんですよ。CMが好きだからそれに付随するCMソングも好きですし、出演しているスターも好きでした。いい音楽がいっぱいCMにあったから、そ

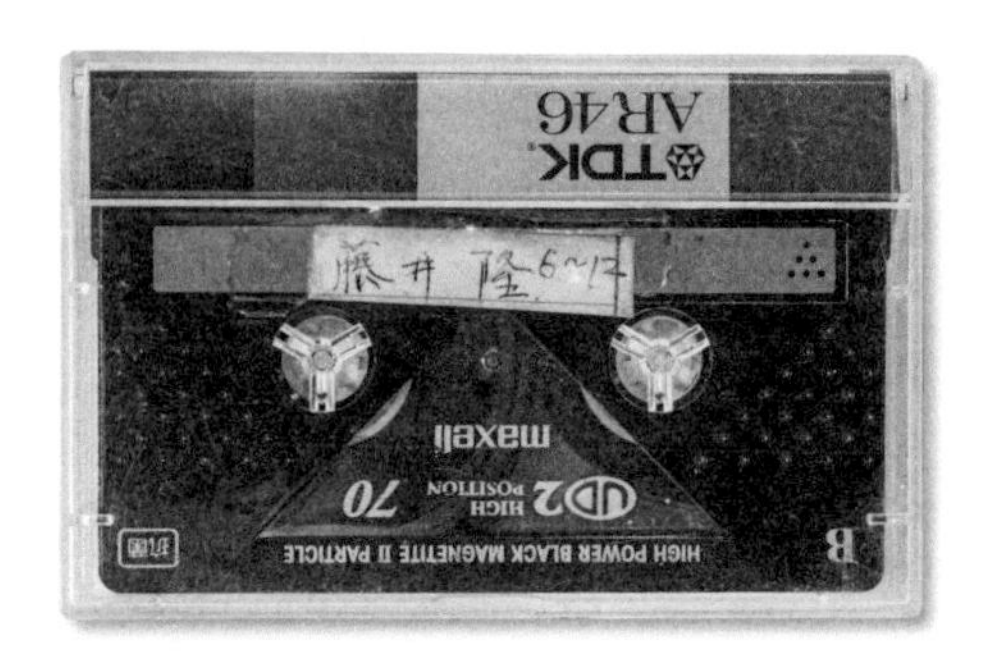

藤井隆6～12

母所有のカセットテープ。中身は藤井のファーストアルバム『ロミオ道行』のCDからのダビング。「ミシン部屋での聴取用」と藤井は推測する。「6～12」の数字は6曲目から12曲目まで収録しているということ。A面には「1～5」のラベルが貼ってあったと思われるが、すでに剥落していた。

藤井隆4/21①

藤井にとってMDは未だ現役。聴取できるのはMD搭載の車中だと言うが……「これは自分のリハーサルのMDなんですが、運転しながら聴いたら、もうダメダメと思って、車停めました。こんなもん聴きながら運転できへんって」

ういうのをローティーンの時に聴けていたのは本当に恵まれていたと思います」

MDの衝撃とカセットテープの原体験

音楽と豊かな交流を持ち続けてきた藤井は、やがてMD（ミニディスク）に出合い、長年のカセット生活に終わりを告げる。

「ウォークマンもカセットも大好きだったんですけど、MDの衝撃には勝てませんでした。90年代は新幹線の移動中、曲ごとにタイトル入れたり、MDウォークマンで音源を編集してました。あの時間が凄い好きだったんですよ。CDが高校生か中3で、自分が歌でデビューした時もCDなんです。8センチCDなのにジャケットは12センチ盤の大きさなんですよ。それはデザイナーの方のこだわりなんですけど、銀の盤から自分の歌声が出てきた時の、あのきらきらとした感じ。さらにMDではそれを手軽に編集してディスクに入れられるというのが何物にも代えがたかった。MDは今やなかったものみたいな感じになってますけど、大好きなんです。実は今も車で聴けるんですよ。珍しいでしょ？　MD搭載車なんです。逆に車でしか聴けないんですけど（笑）。乗り換えられないです、MDのおかげで。
　ただ、今車の中であの当時自分が編集したMDを聴けるか？　と言うと聴けないです、何か。僕にとって当時作ったMDはサンクチュアリなんです。上手く言えないんですけど、車って結局どうあがいても今を生きなきゃいけないでしょう？　その空間で過去の自分が編集したものをかけたら〝うわーっ〟ってなって事故しそう。僕が多感すぎるのかもしれないですけど」

MDに夢中になった時、カセットは処分したと言う。しかしカセットへの愛は体の奥底に残っている。そんな藤井が差し出したカセットは実家で母親が持っていた、と言う物だった。カセットに〝藤井隆〟と書かれたラベルが貼ってある。

「僕のラジオか何かを録ってるのか。今は実家にもラジカセとかがないから母ももう分からないんですって」

藤井自身も聴いたことがないこのカセットを再生してみることにした。テープがスタートする。藤井の〈未確認飛行体〉が流れ出した。

「えっ!?　えっ!?　えっ！　なんでやろう。えーっ、なんで？　聴いてたんだ、やっぱり。へえー、意外。『ロミオ道行』（2002年）。そうですか。母はミシンやる人で、ミシン部屋に多分カセットデッキがあって、ラジオとカセットを聴いてたんでしょうね。母はテレビ見いひんし、舞台も見に来いひんし、『ラジオ深夜便』に僕、今、出させていただいているんですけど、それはもともと聴いていたんで、その流れで聴いてるみたいなんですけど」

密かに息子のアルバムをカセットに録って聴いている母親の姿を、我々もふと想像して、しみじみとした時間が流れた。

「友達との交換日記じゃないけど、音楽を交換するとかありましたよね。それって、自分の文化とか頭の中を交換するようなことですよね。そういうのは、やっぱりカセットから始まっていますよね。録音するのに時間をかけて、そこを愛おしく思うとか、音楽を大事に聴こうとか。予約してレコードがやっと届いて、開けて、1回聴いたら、溝が減る前に録音しておこうとか、凄い丁寧なことをしていましたよね。そのベースはやっぱりカセットだと思うんです。カセットがあってのMDの飛躍だと思う」

音楽を自分のものにできたのが、カセットだった。

「音楽との付き合い方の原体験は絶対、どうしたってカセットなんです、僕らは。この感覚と10歳、11歳とか、そんな多感な時に出合えたのは、僕は本当にラッキーだと思うし、それが後の人生に絶対にいい影響を与えてくれていますもんね」

そして時を経て、カセットは母への感謝も伝えてくれた。

（2022年）

※ウェイ（Way）
ソニーのウォークマンに対抗してナショナル（現パナソニック）が80年代初頭に販売したヘッドホンステレオだが、ほどなくして市場を去った。後継機に「Go」「Jump」など。

vol. 61

折坂悠太

Yuta Orisaka

今も捨てられないカセットテープと音楽人生を語るインタビュー、本編掉尾（ちょうび）を飾るのは、多彩な音楽性と自在な語り口が織りなす2018年の『平成』が、その年を代表する1作との評価を得たシンガー・ソングライター、折坂悠太。平成生まれのMD世代でありながら、その演奏と創作にはカセットテープが深く関わっていた。

「あまりカセットというものには馴染みはなかったんですが、音楽を始めてからは、音源の流通ですとか、あと演奏で、ラジカセを使うことがあります。今日も持ってきているんですけど（と言って小型のラジカセを取り出す）、これでラジオの音を出して、ループさせたりとか、そういう演奏もしていまして。そこから少しカセットに馴染むようになってきたという感じです」

シンガー・ソングライター、折坂悠太はいわゆるカセットテープ世代ではない。しかしカセットテープと親しい印象がある。こちらが勝手にそう感じているだけなのだが、カセットテープについて語ってくれた。

「カセットにシンセの音を入れてそれをマイクでまた拾ってループさせたり、そういうことはちょくちょくやってますね。弾き語りの時は特に。ギター1本で歌うのにプラス、そういうカセットなりラジオなりで環境音みたいなものを作りながら……ということを模索しながらやっています。他にも前のツアーでは、これよりもう少し大きめのラジカセをバンドのメンバーから借りて、イ・ランという韓国のシンガーと一緒にやった〈ユンスル〉という曲では、イ・ランが朗読してくれた音源をカセットに吹き込んで、演奏中にそれを流すということもやっていました」

カセットテープ・レコーダーを新しい音楽素材、あるいは楽器のように機能させている、ということだろうか。

「ライブでは、始めにラジオを即興でチューニングして、言葉が聞き取れるか聞き取れないかぐらいのところで次のチャンネルに回すみたいな、そういうことも行っていました。私は即興でめちゃくちゃ弾けるほどはギターは上手くないので、歌以外に即興で音を出せるものは何かな……と考えた時に、ラジオでその時に放送しているものを即興に使う、ということを思いついたんです。最初はそこから始まり、今はカセットに家で音を仕込んできて流すようになった。ただのシンセのポンポンポンポンみたいな電子音なんですが、それをマイクでルーパーを通して回転させるようなことをする。ラジオの延長です。実はラジオだと会場が大きくなると機材によっては電波が入らないんですよ。ノイズだけになっちゃう。昔は喫茶店みたいな小さいライブハウスだったので綺麗に入ったんですけど、今のように大きい会場だと難しい。だからカセットにラジオや電子音を吹き込んで即興っぽく流すみたいな。そういうツールというか、ライブのためのひとつのエフェクトみたいな感覚で考えてます。それも上手くいく時よりいかないことのほうが多いとは思うんですけど（笑）」

上手くいかないことも、ひとつの発見、ということではと思う。

「（ライブで）即興と言っても自分が切り取っている時点で……それは作為ではあるんですけど、切り取るもの自体はなるべく自然に出たものというか、そのあたりに転がっているものにしたいというか。

私は結構意味づけしてしまう人間と言うか、歌詞とか書いてても放っておくと〝これはこういうことを言っていて……〟と意味を探ってしまうんですけど、そういう曲はたいてい長く歌わない。だから〝なんでこういうものにしたんだろう？〟というものが出てくるのを待つというか。そういうことのほうが大事だなあと思います」

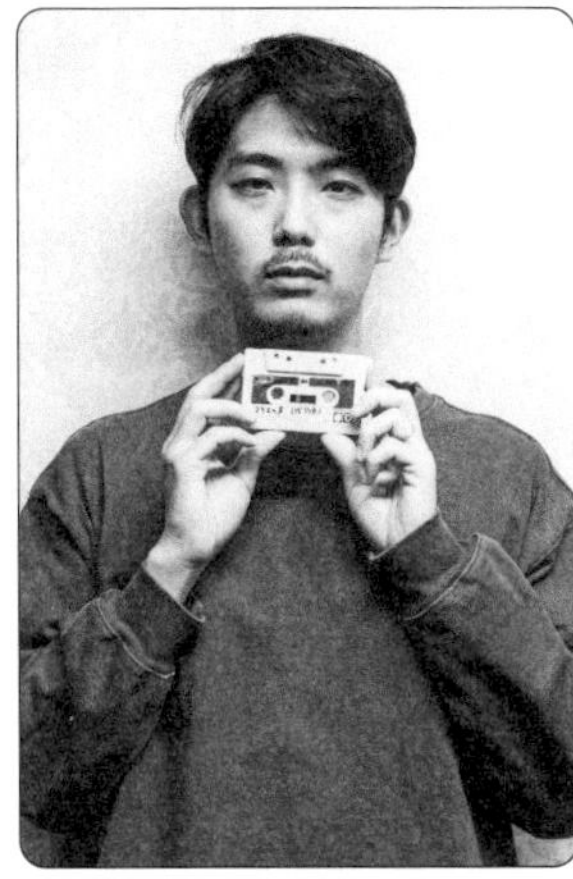

平成元（1989）年鳥取県生まれ。幼少期をロシアやイランで過ごし、帰国後は千葉に。2013年よりライブ活動を開始し、18年、2作目の『平成』がCDショップ大賞を受ける。コロナ禍の20年、ワンマンライブ中止にともない配信ライブを行い、同年4月に新曲〈トーチ〉を、21年にサードアルバム『心理』をリリースした。

作為なくただ録るカセットが育む感覚

そう語る折坂が持参したカセットテープは、彼の妻が持っていた物だという。

「年上の妻はカセット世代なので、他にもB'zとかあって、きっとウォークマンで聴いてたんだと思うんですよ。その中にひときわ古いテープがあったんです。ラベルに〝1才7ヶ月〟と書いてあって妻の生後1歳7か月の声が入ってる。この録音が凄く長いんです。それは録音した私の義母の人柄みたいなものだと思うんですけど、義母は作為がない人なんですね。だから歌ってる声とかを録ろうというのじゃなくて、ただずーっと回しっぱなし。だから私も真剣

▷SIDE A: ×××の声（1才7ヶ月）／▷SIDE B: ×××の声（1才7ヶ月）お父さんの声も少し

生後1歳7か月の妻の声のみが入っているかと思いきや、突然音楽が始まり、テレビ番組や環境音や逝去した義父の声なども聞こえる回しっぱなしの120分テープ。録音は義母。その作為から自由な構成は自身の『平成』にも影響を与えたと言う。

2021年の『心理』収録の〈윤슬(ユンスル)〉に客演した韓国人アーティスト、イ・ランの朗読を収めた1本。「ユンスル」とは「水面に反射する光」の意。

に全部聞いたわけじゃない（笑）。最初はもしかしたら流しっぱなしで聞いたかもしれないですけど、別にそんなに面白いもんじゃない。なんですけど、突然赤ちゃん（妻）の声がパッと切れて、えーっと……曲名が思い出せない……♪私かーらあなたへー、この歌ーを届けよう〜♪（と歌う。曲は財津和夫〈切手のないおくりもの〉）が凄くいい少年合唱団の歌で始まって、次はそれがブチッと切れて、昔テレビやラジオで放送していた【青年の主張】が始まるんです。

私の『平成』というアルバムにはこのカセットテープの影響があります。〈坂道〉という曲の最初のメロディーや、〈take 13〉という曲ではそれこそテープで録ったピアノの旋律にスタジオで録った楽器を合わせるという手法を用いています。その前の〈夜学〉という曲は完全に【青年の主張】がモデルです。『平成』の構成を考えた時に曲はもう何曲もできていたんですけど、制作途中でこのカセットを聴いて〝ああこういうアルバムにしたい〟と。

このカセットをモデルに『平成』というアルバムの要になる曲ができたんです」

創作の元にカセットがあった。ヒントではなく、縁によって音楽が導き出された。

「ずっと環境を録ってたのが、バチッと切り替わって素晴らしい曲が始まって、それでまた切り替わって【青年の主張】がまくし立てられるように始まるという。この飛躍が素晴らしいと思ったんです。

ウチの妻は当時北海道の団地に住んでいたのですが、住居が道路に面していたようで、カセットのB面は〝サーッ〟というノイズの中に時々赤ちゃんの声が入る感じなんです。車の音とか宣伝カーの声とかが入っているのも聴いていると面白い。この〝サーッ〟という感じがやりたくて〈take 13〉はああいう音作りになりました。初めは妻の実家でなんの気なしに〝面白いなあ〟と聴いてて、こんな音がずっと続くんだろうなと思って聴いてたら、さっき言ったように急に曲が入ってたりするのに刺激を受けました。妻のお父さんは割と早く亡くなってるんですけど、その声もちょっと入ってたりするので、記録として意味のあるものでもある。そう考えると、『平成』という名前のアルバムの中には、このカセットが録音された〝昭和〟の影響がしっかり入っている（笑）」

カセットテープのヒスノイズが時と空間を呼び戻した。そこに折坂の創意が働いた。それは特別な時間だっただろう。

「今は携帯で〝あ、面白い！〟と思った瞬間に録るじゃないですか？　でも当時のカセットやビデオとかって何が起こるか分からないからずっと回しているんですね。私が子供の頃のビデオなんて〝何が面白いのこれ？〟というような映像ばかりですからね（笑）。ウチは姉がいるんで、私の時はあまりないんですけど、姉の時は親も嬉しかったみたいでずーっと長回しでビデオを撮っている。編集しようという考えもない。一般の人がこうやって長回しで作為もないものをただ録る、これはもう失われた感覚かもしれない。それは感性の形成にも影響するかもしれないですね」

あるがままをただ記録する。シャッター・チャンスを考えることも、あとで盛ることもない記録。だからこそ後の時代の〝心〟を捉えるのかもしれない。

「私自身は凄く作為のある人間なので、かえってこっちに惹かれるというか。作為のない義母のような人が凄く憧れなんです。だからこういう録音に出合った時に〝いいな〟と思っちゃう。そういうものを入れたくなっちゃう。まあその時点で、それは作為なんですけど」

折坂悠太の音楽の泉にカセットがあった。

（2022年）

あとがきと著者近影にかえて

湯浅学

Manabu Yuasa

1957年神奈川県横浜市生まれ。東京造形大学在学中の77年より大瀧詠一のナイアガラで丁稚修行。82年に根本敬、船橋英雄と「幻の名盤解放同盟」を結成。著書に『音楽が降りてくる』『音楽を迎えにゆく』『嗚呼、名盤』『大音海』『ボブ・ディラン ロックの精霊』『あなのかなたに』など。ロックバンド湯浅湾のリーダー。

〝カセットっていつからあるんですか〟という質問を取材中しばしば受けました。ちょっと振り返ります。

フィリップス社（オランダ）の製品開発部長ルー・オッテンスが主導して1962年に生まれたそうです。正式名称はコンパクトカセットだというが、確かに〝Compact Cassette〟の文字が本体や箱に記されていました、としばし回想。約60年前だったのか。日本で最初にコンパクトカセットレコーダーが発売されたのは65年だそうです。その時はフィリップス製の輸入品で2万7千円だったというから、とても高い。市販日本製の第1号は66年のアイワのTP－707Pでした。この年には国産テープも、日立マクセル（7月）、東京電気化学工業（TDK）（9月）、ソニー（12月）と続々生産販売されます。松下電器産業（ナショナル／パナソニック）が凄いのは、翌67年にラジオ付きカセットレコーダーを独自開発で生産販売していることです。

フィリップスが65年に、互換性厳守を条件に基本特許を無償公開してくれたことに感謝しなければいけませんね。フィリップスはCDでも先んじていた会社ですが、コンパクトカセットは相当な自信作だったのでしょう。確かに歴史を変えた発明です。70年代、80年代、90年代前半頃までカセットテープは音楽のみならずカジュアルな音声記録メディアの主役でした。音を記録することを、生活のありふれたと言うか、緊張せずにできる領域に導いてくれました。カセットなかりせば人類にとって音との出合いはここまで広く深くならなかったことは確かです。その恩恵は計り知れないものです。しかし。

この連載を始めた頃、カセットは生活空間から消え去る身になっていました。邪魔

物扱いされるのをよく見かけるようになりました。消えゆくものの末路をたどるのではなく、カセットがどう活かされたかを記録したい、その恩に報えるかどうかは分かりませんが、人とカセットがどう交わり活きたかを知りたい、そんなことを、カセットに浸り続けた身として考えたのです。

オープン・リールの小型のテープレコーダーが我が家に来たのは65年頃だったでしょうか？　その機材はすでに手元にないのですが、テープ類は家のどこかにあると思います。マイクを繋いでテレビやラジオを録っていましたが、オープン・リールを使う度にカセットが欲しくなっていきました。手軽に使えそうだったからです。ああ、あの時カセットがあったらなあ、と今も少し寂しく思うことはいくつかあります。50年以上心にとどまっているのは、深夜放送を日曜日以外はほぼ毎日聴いていた70年のこと。私はちょくちょく番組に投稿していたのですが、それを最初に読んでくれたのは、ナレーターの大村麻梨子さんでした。麻梨子さんの「パック・イン・ミュージッ

自宅の母屋2階にて大量の書籍を前に箒とカセットを手にする著者(2022年12月26日)。

ク」、毎週金曜日の深夜の放送でした。数ある番組の中で最も愛聴していたものです。読んでくださったところは、毎週聴いていたので、聴けました。しかし、読まれた日の放送で、麻梨子さんのパックがその翌々週に終わってしまうことが告げられました。私は、朝日が臙脂色に見えるほどショックでした。あとで考えるとほぼ失恋と同じ気持ちだったのです。陰鬱な気分で2週間を過ごしました。最終回は録音したのですが我が家のテープレコーダーが絶不調で走行が遅く、あとでテープを聴くと速く再生されてしまうのです。結局番組の前半のわずかな部分しか録れませんでした。この日の放送、確か70年の10月9日だったと思います、悲しい別れとして心の奥に刻まれました。

私は真夜中に聞く麻梨子さんのお喋り／声に恋していたのでしょう。その後も麻梨子さんの声をラジオやテレビから聴くことはあったし、その度にトキメキは覚えましたが、パックの時のような没入感というか恋慕の情は湧きませんでした。あの時は真夜中に対面しているような、特別なものでした。

もしもカセットテープに麻梨子パック最終回が記録されていたら、心のさざなみはもっと穏やかかもしれません。トニー・ベネットの〈ストレンジャー・イン・パラダイス〉を聴くと切ない心のスウィッチが今でも入るのは、その最終回で麻梨子さんがかけたからです。もしもその録音があるのなら、もちろん聴いてみたいですし、コピーを手元に置いておきたい、と思います。しかしそのコピーはデータやCDではなく、あくまでカセットに収めた物にしたい。磁気テープのヒスノイズとAMラジオの音は一体のものです。私の体感はそうなっています。

麻梨子パック終了から3年後、私は自分用のカセットデンスケ、ソニーのTC2850SDを買いました。あの頃録れなかったあれこれそれを想いながら、やたらに録音する生活になりました。そこには、麻梨子パックへの悔しさがとりわけ色濃くある、と50年経っても思うのです。

これまで手にした選曲編集、取材、ライブ録音、海外での購入物、ラジオのエアチェック、友人との交換、資料として送付された物、そのほとんどのカセットを手元に保管しています。これは血や汗というより、飲料水に近しい物です。カセットを捨てる日は来ません。霊になってもカセットは使える、今はそう思っています。

（2023年1月4日）

手にするは秘蔵の1本、1990年にニューヨークの友人から回ってきたプリンスの『ブラック・アルバム』のカセット。

本書製作陣による想い出のカセットテープ

塩田正幸（カメラマン）

戦慄!プルトニウム人間

FISH CAN TALK

20代前半の頃、音楽好きの友人たちからMIXテープをもらって、
かっこいい音楽をたくさん教えてもらいました。

松村正人（構成・編集協力）

My Favorite Avant-Garde

実家に山とある学生の頃のエアチェック+編集テープ。ジョン・ケージ率高し。
しかし〈4分33秒〉を録ってどうするつもりだったのか。

待永倫（編集者）

特選 !! 米朝落語全集 第二十七集

桂枝雀独演会 第十五集

中学1年生の時に突然父親が買ってきてくれた落語のカセット2本。
毎晩毎晩聴き込みました。米朝一門になった自分を何度も夢想しました。

セキネシンイチ（デザイナー）

エロテープ

中学生のときに友達から回ってきたタイトルがどぎついエロテープ。
中身は、お姉さんが話してるだけでした。次の人に回しました。

Like a Rolling Cassette

ライク・ア・ローリングカセット
カセットテープと私――インタビューズ61

2023年3月25日　初版第一刷発行

著　者　湯浅 学

発行人　村山 広

発行所　株式会社小学館
〒101-8001　東京都千代田区一ツ橋2-3-1
編集 03-3230-5496　販売 03-5281-3555

印刷所　萩原印刷株式会社

製本所　株式会社若林製本工場

DTP　株式会社昭和ブライト

装　丁　セキネシンイチ制作室

写　真　塩田正幸（P.167を除く）

構　成・編集協力　松村正人

編　集　待永 倫

初出
「ビッグコミックスペリオール」
2011年 第6号、8号、10号、12号、14号、16号、18号、20号、22号、24号、2012年 第2号、6号、8号、10号、12号、14号、16号、18号、20号、22号、24号、2013年 第2号、4号、6号、8号、10号、12号、14号、16号、18号、20号、22号、24号、2014年 第2号、4号、6号、8号、10号、12号、14号、16号、18号、20号、22号、24号、2015年 第2号、4号、6号、8号、10号、14号、16号、18号、20号、22号、24号、2016年 第2号、4号、6号、その他書き下ろし

Printed in Japan
ISBN 978-4-09-388899-8